U0258022

高等院校精品课程系列教材·国家级

电路实验与 Multisim 仿真设计

主　编　陈晓平　李长杰
参　编　傅海军　温军玲
　　　　殷春芳　朱爱国

机 械 工 业 出 版 社

电路实验与 Multisim 仿真设计是电路课程必要的实践教学环节。本书共分 5 章。第 1 章为电路实验须知，主要介绍电路实验前学生所必须了解的预备知识。第 2 章为实际操作实验，主要是利用实际的元器件进行电路实验。通过这部分内容使学生掌握常用的电子仪器、仪表的使用方法以及基本电路的搭建与测量。第 3 章为 Multisim 13 软件基础，主要介绍了 Multisim 13 软件的菜单命令、元件库、基本仿真分析功能以及基本使用方法，为后续章节的电路图绘制、电路分析、电路仿真、仿真仪器测试等多种应用打下基础。第 4 章为虚拟仿真实验，主要是利用 Multisim 13 软件进行电路仿真实验。通过这部分内容使学生学会 Multisim 13 软件的使用方法，掌握利用计算机分析电路和解决电路问题的基本技能。第 5 章是电路设计，通过这部分内容的训练使学生能够利用所学得到的电路理论基础知识设计出实际应用的电路，并掌握将理论应用于实际的基本方法与技巧。

本书是根据《电路教学大纲》以及由陈晓平、李长杰主编的《电路原理第 2 版》（机械工业出版社，2011 年）一书的内容和体系编写的，适合普通高等学校电类（强、弱电）专业师生使用，也可供专业技术人员参考。

图书在版编目（CIP）数据

电路实验与 Multisim 仿真设计/陈晓平,李长杰主编 . —北京：机械工业出版社，2015. 7（2025. 1 重印）
高等院校精品课程系列教材
ISBN 978-7-111-50910-3

Ⅰ．①电⋯　Ⅱ．①陈⋯　②李⋯　Ⅲ．①电路-实验-高等学校-教材②电子电路-计算机仿真-应用软件-高等学校-教材　Ⅳ．①TM13-33②TN702

中国版本图书馆 CIP 数据核字（2015）第 164778 号

机械工业出版社（北京市百万庄大街 22 号　邮政编码　100037）
策划编辑：时　静　责任编辑：时　静　尚　晨
责任校对：张艳霞
责任印制：郜　敏

北京富资园科技发展有限公司印刷

2025 年 1 月第 1 版第 11 次印刷
184mm×260mm・14. 75 印张・360 千字
标准书号：ISBN 978-7-111-50910-3
定价：35. 00 元

前　言

　　培养实验能力和实际操作技能是高等工科学校教育的重要内容之一。实验教学是帮助学生学习和运用理论处理实际问题，验证、消化和巩固基本理论，获得实验技能和科学研究方法训练的重要环节。为了加强电路实验教学，根据《电路教学大纲》以及由陈晓平、李长杰主编的《电路原理第 2 版》（机械工业出版社，2011 年）一书的内容和体系，编写了《电路实验与 Multisim 仿真设计》一书。

　　本书主要内容有电路实验须知、实际操作实验、Multisim 13 软件基础、虚拟仿真实验及电路设计 5 大部分。电路实验须知内容包括：实验目的和实验要求；实验的步骤；实验中的几个问题等有关进入实验前所需要了解的基本知识。实际操作实验内容涉及：元件特性的伏安测量法；集成运算放大器外特性的研究；运算放大器和受控源；叠加定理的验证；戴维宁定理；特勒根定理的验证；一阶电路的响应；二阶电路的响应与状态轨迹；交流参数的测量；LC 网络正弦频率特性的分析与研究；RLC 串联谐振电路；并联交流电路的谐振及功率因数的提高；常用 RC 网络的设计与测试；交流电路中的互感；三相电路的电压、电流及功率；非正弦周期电流电路；二端口网络参数的测定；负阻抗变换器及其应用；回转器特性及并联谐振电路的研究共 19 个实际操作实验内容。Multisim 13 软件基础内容包括：Multisim 13 的主界面及菜单；Multisim 13 的元件库与基本操作；Multisim 13 的虚拟仪器；Multisim 13 的仿真分析与实例共 4 个方面对 Multisim 13 给予了详细的说明。虚拟仿真实验内容包括：电压源与电流源外特性的研究及等效变换；直流电路的结点电压分析；互易定理的验证；RLC 串联电路的动态过程分析；谐振电路的分析；无源滤波器特性分析；有源滤波器特性分析；整流滤波电路的分析；稳压电路的分析；非正弦交流电路的分析；二端口网络的分析；负阻抗变换器的应用与分析共 12 个虚拟仿真实验内容。电路设计实验内容包括：电阻温度计的设计；衰减器的分析与设计；一端口网络等效参数测量与最大功率传输电路设计；数字模拟信号转换器的设计；波形发生器的设计；简易白炽灯调光器的设计；阻容移相装置的设计；相序仪的分析与设计；RC 低通滤波器频率特性设计；非正弦信号的滤波设计；电压 - 频率及电流 - 电压转换电路的设计；用谐振法测量互感线圈参数共 12 个开发性设计内容。

　　为了保证电路实验与设计的顺利进行，本书还编写了 1 个附录，在附录中简要介绍了 MSDZ - 6 智能型直流综合实验箱；GDDS - 2C. NET 电工与 PLC 智能网络型实验系统；JDS 交流电路实验箱；智能网络型实验系统使用中的注意事项。附录内容以自学为主，目的是让学生了解实际操作实验所需的实验装置及仪器仪表的使用方法，了解实验装置性能，以便更好地开展实验操作。

　　本书是在原有《电路实验与仿真设计》（陈晓平、李长杰主编，东南大学出版社 2008 年 7 月出版）的基础上，考虑科学技术的更新与发展，将原有的仿真实验软件 Multisim 10 更新为 Multisim 13 而重新编写的。本书由陈晓平教授、李长杰副教授担任本书主编，负责确定全书的内容及统稿。本书由陈晓平、李长杰、傅海军、殷春芳、温军玲、朱爱国共同编写。在本书编写过程中得到电气信息工程学院领导的关心以及电工电子实验中心同事们的支持，在此一并表示衷心的感谢。

　　由于编者水平有限，本实验教程难免有不当之处，恳请读者批评指正。

编　者

目　录

第1章 电路实验须知

电路实验教学是电路课程教学的重要组成部分，是培养学生科学精神、独立分析问题和解决问题能力的重要环节。通过必要的实验技能训练和验证性实验，使学生将理论与实践相结合，巩固所学知识。通过实验培养学生有关电路连接、电工测量及故障排除等实验技巧，学会掌握常用仪器仪表的基本原理、使用与选择方法以及在实验测量中学习数据的采集与处理、各种现象的观察与分析。随着计算机应用的广泛普及，电路中的计算机辅助分析已成为电路理论分析的重要组成部分，所以以利用计算机对电路性能进行分析和仿真成为培养电气工程技术人员必需的基本训练。总之，电路实验课及电路仿真设计训练可为今后从事工程技术工作、科学研究以及开拓技术领域工作打下坚实的基础。

1.1 实验目的和实验要求

1.1.1 实验目的

（1）进行实验基本技能训练。

（2）巩固加深并扩大所学到的理论知识，培养运用基本理论分析、处理实际问题的能力。

（3）培养实事求是、严肃认真、细致踏实的科学作风和良好的实验习惯，为今后的专业实践与科学研究打下坚实的基础。

1.1.2 实验课程的要求

通过电路实验课，学生在实验技能方面应达到下列要求：

（1）正确使用万用表、电流表、电压表、功率表及常用的一些电工实验仪表。初步掌握实验中用到的信号发生器、示波器、稳压电源、变压器等实验仪器和 MSDZ – 6 智能型直流综合实验箱、GDDS – 2C. NET 电工与 PLC 智能网络型实验系统、JDS 交流电路实验箱的使用方法。

（2）根据各个实验的要求，能够正确地设计电路，选择实验设备及器件。学会按电路图连接实验电路。要求做到连线正确、布局合理、测试方便。

（3）能够认真观察和分析实验现象，运用正确的实验手段，采集实验数据，绘制图表、曲线，科学地分析实验结果，正确书写实验报告。

（4）正确地运用实验手段来验证一些定理和理论。

（5）对设计型实验，要根据实验任务，在实验前确定实验方案，设计实验电路，正确选择仪器、仪表、元器件，并能独立完成实验要求的内容。

（6）了解 Multisim 13 软件，利用 Multisim 13 所提供的元件来搭制模拟电路。通过 Multisim 13 所提供的测量仪器仪表来观察电路现象，由此提高实验分析和研究的能力。

1.2 实验的步骤

实验课一般分为课前预习、实验过程及课后写实验报告三个阶段。

1.2.1 课前预习

实验能否顺利进行和收到预期效果，很大程度上取决于预习准备是否充分。因此，在预习过程中应仔细阅读实验教程和其他参考资料。明确实验的目的、内容，了解实验的基本原理以及实验的方法、步骤。清楚实验中哪些现象要观察，哪些数据要记录以及哪些事项应注意。

学生必须认真预习，做好预习报告后方可进入实验室。不预习者不得进入实验室进行实验。

1.2.2 实验过程

良好的工作方法和操作程序，是使实验顺利进行的有效保证，一般实验按照下列程序进行：

（1）教师在实验前讲授实验要求及注意事项。

（2）学生在规定的桌位上进行实验，并做好以下准备工作：

① 按本次实验的仪器设备清单清点设备，注意仪器设备类型、规格和数量，辅助设备是否齐全，同时了解设备的使用方法及注意事项。

② 做好实验桌面的整洁工作，暂时不用的设备在一边放整齐。

③ 做好记录的准备工作。

（3）连接电路。仪表设备应布置到便于操作和读数的位置。接线时，按照电路图先接主要串联电路（由电源的一端开始，顺次而行，再回到电源的另一端），然后再连接分支电路。应尽量避免同一端上接很多的导线。连线完毕后，不要急于通电，应仔细检查，经自查无误并请老师复查同意后，才能够通电开始实验。

（4）设备的操作与数据的记录。按照实验教程上实验步骤进行操作。操作时要注意：手合电源，眼观全局；先看现象，再读数据。读数据前要弄清仪表量程及刻度。读数时要注意姿势正确，要求"眼、针、影成一线"。记录要完整清晰，一目了然。数据记录在事先准备好的统一的实验原始数据记录纸上，要尊重原始记录，实验后不得涂改。

当需要把读数绘成曲线时，应以足够描绘一条光滑而完整的曲线为准，来确定读数的多少。读取数据后，可先把曲线粗略地描绘一下，发现不足之处应及时弥补。

（5）结束工作。完成全部规定的实验内容后，不要先急于拆除线路。应先自行核查实验数据，有无遗漏或不合理的情况，再经老师复查记分后，方可进行下列结尾工作：

① 拆除实验线路（注意：一定先断电，再拆线）。

② 做好仪器设备、桌面、环境清洁的管理工作。

③ 经教师同意后方可离开实验室。

做完实验后应及时将实验数据进行整理，一般情况下，可以直接对实验记录的数据进行计算，得出结果。

1.2.3 课后书写实验报告

实验报告是对实验工作的全面总结，是实验课的重要环节。其目的是为了培养学生严谨的科学态度，要用简明的形式将实验结果表达出来。实验报告一律用专用实验报告纸来写，报告要求文理通顺、简明扼要、字迹端正、图表清晰、结论正确、分析合理、讨论深入。

实验报告应包括下列内容：

（1）实验目的。

（2）实验原理：包括实验原理和公式。

（3）实验内容：列出具体实验内容与要求，画出实验电路图，拟定主要步骤和数据记录表格。

（4）实验仪器与设备：列出实验所需用的仪器与设备的名称、型号、规格和数量等。

（5）注意事项：实验中应注意哪些问题。

（6）实验结论与分析：根据实验数据分析实验现象，对产生的误差，分析其原因，得出结论。并将原始数据或经过计算的数据整理为数据表，如需画出曲线或相量图，应绘制在方格纸上。对实验中出现的问题应进行讨论，得出体会。

（7）回答提出的思考题。

学生在实验后，应及时书写实验报告。每次实验报告与实验原始数据记录纸装订在一起，按指定时间准时交给指导教师，否则不得进行下次实验。

1.3 实验中的几个问题

1.3.1 学生实验守则

学生在实验前应仔细阅读实验守则并严格执行，其内容如下：

（1）实验课前必须认真预习教程，写好预习报告，未预习者，不得进行本次实验。

（2）实验室内要保持安静和整洁。

（3）遵守"先接线后通电源，先断电源后拆线"的操作程序。严禁带电操作，遇到事故应立即关断电源，并报告教师处理。

（4）接线完毕后要仔细检查并经教师复查，确认无误后才能接通电源。做完实验，将数据整理后交给教师检查数据，检查结果正常后，方可拆除电路（注意：一定要先断电源，后拆线），做好整理工作。

（5）爱护国家财产，实验中因违反操作规则，损坏仪器设备者按制度负责赔偿。

1.3.2 人身安全和设备安全

要求切实遵守实验室各项安全操作规程，以确保实验过程中的安全。为此，应注意以下几个方面：

（1）不得擅自接通电源。

（2）不得触及带电部分，遵守"先接线后通电源，先断电源后拆线"的操作程序。

（3）发现异常现象（声响、过热、焦臭味等）应立刻断开电源，并及时报告指导教师检查。

（4）注意仪器设备的规格、量程和操作规程，不了解性能和用法时不得随意使用该设备。

（5）实验中交流设备的金属外壳/部件必须与 PE 线（保护接地线）可靠连接。

（6）实验人员在进行实验的过程中应站在绝缘垫上操作。

1.3.3　仪器仪表的选择与使用

注意仪器设备容量、参数要适当。工作电源电压不能超过额定值。仪器仪表种类、量程、准确度等级要合适。

1. 仪表量程的选择

（1）电流表、电压表

仪表量程应大于被测电量，加大幅度一般在 1.1 ~ 1.5 倍，以减少测量误差。选用仪表时被测值越接近仪表的量程，则所测值精确度越高。

例如：一只 300 V、0.5 级电压表，用来测量 250 V 和 25 V 电压时，其相对误差是大不相同的。因为该电压表的精度等级为 S，而 S 表达式为

$$S\% = \frac{\Delta U_a}{U_m} \times 100\%$$

式中，U_m 为仪表量程值；ΔU_a 为测量的最大绝对误差。

因此在 $S = \pm 0.5$，$U_m = 300$ V 时，测量的最大绝对误差 ΔU_a 为

$$\Delta U_a = \frac{S \times U_m}{100} = \pm 0.5 \times \frac{300}{100} = \pm 1.5 \text{ V}$$

当用此表测 250 V 电压时引入的相对误差 R_{a1} 为

$$R_{a1} = \pm \left(\frac{1.5}{250}\right) \times 100\% = \pm 0.6\%$$

而该表测 25 V 电压时引入的相对误差 R_{a2} 为

$$R_{a2} = \pm \left(\frac{1.5}{25}\right) \times 100\% = \pm 6\%$$

可见，用 300 V 量程的电压表来测量 25 V 电压是不恰当的，故选用仪表时被测值越接近仪表量程，所测值精确度越高。

（2）功率表

功率表的量程是电流量程与电压量程的乘积。但功率表一般不标功率量程，只标明电流量程和电压量程。因此，在选用功率表时，要使功率表中电流线圈和电压线圈的额定值（即量程值）大于被测负载的最大电流值和最大电压值。

（3）调压器

交流实验中的电源有时采用调压器，调压器的输出电压是可调的。实验时，在将调压器接入电路前，应先将调压器的调节手轮（或旋钮）逆时针旋转到"0"位。调节调压器手轮（或旋钮）的丝杆滑丝，可将电压表接在调压器的次级通电检查，使电压表指示为零伏，以确保实验时，调压器的输出电压从零伏开始。当顺时针旋转调节手轮（或旋钮）时，要使实验电压从零伏缓慢上升，同时注意仪表指示是否正确，有无声响、冒烟、焦臭味及设备发

烫等异常现象。一旦发生上述现象，应立即切断电源或把调压器的调节手轮（或旋钮）退到零位再切断电源，然后根据现象分析原因，查找故障。

2. 使用电子仪器的一般规则

（1）预热

实验中常用的电子仪器有示波器、信号发生器、毫伏表、直流稳压电源，这些仪器都需要交流供电。为了保证仪器运行的稳定性和测量精度，一般需预热 3～5 min 后才能使用。

（2）接地

实验中信号电压或电流在传递和测量时，易受到干扰。一般应注意以下两点：第一，各仪器和实验装置应实现共地，即把各仪器和实验装置的接地端可靠地接在一起，再接至 PE（保护接地）线。第二，各仪器及实验装置之间的连线尽可能短。

1.3.4 线路的连接

（1）合理布局

将仪器设备合理布置，使之便于操作、读数和接线。合理布局的原则是：安全、方便、整齐，防止相互影响。

（2）正确连线

接线前应先弄清楚电路图上的结点与实验电路中各元件接头的对应关系，先把元件参数调到应有的数值，调压设备及电源设备应放在输出电压最小的位置上，然后按电路图接线。

根据电路的结构特点，选择合理的接线步骤，一般是"先串后并，先主后辅"。实验线路应力求接得简单、清楚、便于检查。走线要合理，导线的长度、粗细选择适当，防止连线短路。接线端头不要过于集中于某一点，电表接头上原则上不接两根导线。接线松紧要适当，不允许在线路中出现没固定端钮的裸露接头。

1.3.5 操作、观察、读数和记录

操作时要注意：手合电源、眼观全局；先看现象，再读数据。数据测量和实验观察是实验的核心部分，读数前一定要先弄清仪表的量程和表盘上每一小格（刻度）所代表的实际数值，仪表的实际读数为

$$实际读数 = \frac{使用量程}{刻度极限值} \times 指针指数 = K \times 指针指数$$

对于普通功率表，其读数值为

$$实际读数 = \frac{电压量程 \times 电流量程}{刻度极限值} \times 指针指数 = K \times 指针指数$$

对于低功率因数功率表，其读数值为

$$实际读数 = \frac{电压量程 \times 电流量程 \times 0.2}{刻度极限值} \times 指针指数 = K \times 指针指数$$

上列式中，K 为仪表某量程时每一小格代表的数值。

正确读取数据，读数时注意姿势要正确。要求"眼、针、影成一线"，即读数时应使自己的视线同仪表的刻度标尺相垂直。当刻度标尺下有弧形玻璃片时，要看到指针和镜片中的指针影子完全重合时，才能开始读数。要随时观察和分析数据。测量时既要忠实于仪表读

数，又要观察和分析数据的变化。

数据记录要求完整，力求表格化，一目了然。数据须记在规定的实验原始数据记录纸上，要尊重原始记录，实验后不得随意涂改。交报告时须将原始记录一起附上。

波形、曲线一律画在坐标纸上，坐标要适当。在标轴上应注明物理量的符号和单位，标明比例和波形、曲线的名称。

1.3.6　故障的分析

实验过程中常会遇到因断线、接错线等原因造成故障，使电路工作不正常，严重时可能损坏设备，甚至危及人身安全。为尽量避免故障的出现，实验前一定要预习，实验中应按电路图有顺序地接线，避免在同一端钮上接很多导线，接线完毕后应对电路认真检查，不要急于通电。

在实验课上出现一些故障是难免的，关键是学生在出现故障时能够通过自己的分析，检查并找出故障原因，使实验顺利进行下去，从而提高分析问题和解决问题的能力。

处理故障的一般步骤如下

（1）若电路出现短路现象或其他损坏设备的故障时，应立即切断电源查找故障。一般首先检查接线是否正确。

（2）根据出现的故障现象和电路的具体结构判断故障的原因，确定可能发生故障的范围。

（3）逐步缩小故障范围，直到找出故障点为止。

另外，也可用万用表、电压表来检查故障。

总之，在实验过程中遇到故障时，要耐心细致地去分析查找或请老师帮助检查，切不可遇难而退，只有动脑筋分析查找故障，才能提高自己分析问题和解决问题的能力，才能在实验过程中培养严肃认真的科学态度和细致踏实的实验作风。具有良好的实验基本技能，才能为今后的专业实验、生产实践与科学研究打下坚实的基础。

第 2 章   实际操作实验

本章共 19 个实验,覆盖了《电路》教科书的主要内容。实验课可根据实际教学时数选做其中部分实验。

2.1   元件特性的伏安测量法

1. 实验目的

(1)学习测量线性和非线性定常电阻伏安特性的方法。

(2)加深线性元件的可加性和齐次性的理解。

(3)学习用图解法绘出线性电阻的串并联特性曲线。

(4)研究实际独立电源的外特性。

(5)学会直流稳压电源和直流电压表、电流表的使用方法。

2. 实验原理

(1)电阻的伏安特性

线性定常电阻的伏安特性曲线由 $u - i$ 平面(或 $i - u$ 平面)上的一条通过原点的直线来表示,如图 2.1.1a 所示。非线性定常电阻的伏安特性曲线则由 $u - i$ 平面上的一条曲线来表示。非线性电阻可分为双向型(对称原点)和单向型(不对称原点)两类。图 2.1.1b、c、d、e、f 分别为钨丝电阻(灯泡)、稳压管、充气二极管、隧道二极管和普通二极管的 $u - i$ 特性曲线。

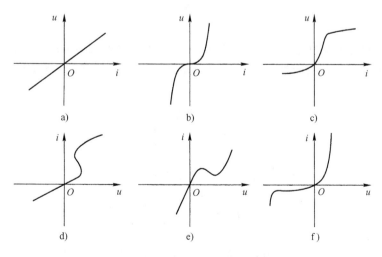

图 2.1.1   电阻的伏安特性曲线

a)线性定常电阻的伏安特性曲线   b)钨丝电阻的伏安特性曲线   c)稳压管的伏安特性曲线

d)充气二极管的伏安特性曲线   e)隧道二极管的伏安特性曲线   f)普通二极管的伏安特性曲线

其中图 2.1.1c、d 为电流控制型非线性电阻器伏安特性曲线，图 2.1.1e 为电压控制型非线性电阻伏安特性曲线，其余 b、f 为单调型非线性电阻伏安特性曲线。非线性电阻种类很多，由于它们的特性各异，被广泛应用在工程检测（传感器）、保护和控制电路中。

（2）电阻伏安特性的测量

电阻的伏安特性可以通过在电阻上施加电压，测量电阻中的电流来获得，如图 2.1.2 所示，在测量过程中，只用到电压表（伏特表）、电流表（安培表），此法称为伏安法。伏安法的最大优点是不仅能测量线性电阻的伏安特性，而且能测量非线性电阻的伏安特性。由于电压表的内阻不是无限大，电流表的内阻不为零，因此，无论图 2.1.2a 或 b 的接线方式都会给测量带来一定的误差。比较而言，电压表的前接法（图 2.1.2a），适合于测量阻值较大的电阻，而电压表的后接法（图 2.1.2b），适用于测量阻值较小的电阻。

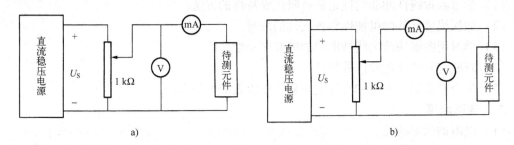

图 2.1.2　测量电阻伏安特性的原理电路图

a）电压表的前接法　b）电压表的后接法

（3）电阻端电压与电流的关系

线性定常电阻的端电压 $u(t)$ 与其电流 $i(t)$ 之间的关系符合欧姆定律，即

$$u(t) = Ri(t)$$

或

$$i(t) = Gu(t)$$

式中，R 称为电阻，G 称为电导，都是与电压、电流和时间无关的常量。上式表明，对于线性定常电阻，$u(t)$ 是 $i(t)$ 的线性函数（或 $i(t)$ 是 $u(t)$ 的线性函数），满足可加性和齐次性。亦即，若

$$u_1(t) = R\,i_1(t)$$
$$u_2(t) = R\,i_2(t)$$

则有

$$u(t) = R[i_1(t) + i_2(t)] = u_1(t) + u_2(t)$$

又若

$$u_1(t) = R\,i_1(t)$$

则有

$$u(t) = R[\alpha i_1(t)] = \alpha u_1(t)$$

（4）电阻的串联和并联

线性定常电阻的端电压 $u(t)$ 是其电流 $i(t)$ 的单值函数，反之亦然。两个线性电阻串联电路如图 2.1.3a 所示，串联后的 $u-i$ 特性曲线可由 u_1-i 和 u_2-i 对应的 i 叠加而得（对应

于图 2.1.3b 中的 $u=f(i)$ 特性曲线)。对于两个线性电阻并联电路如图 2.1.4a 所示，并联后的 $i-u$ 特性曲线可由 i_1-u 和 i_2-u 对应的 u 叠加而得到（对应于图 2.1.4b 中的 $i=g(u)$ 特性曲线)。

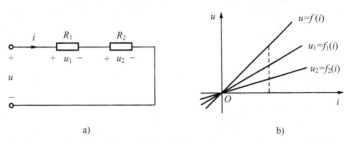

图 2.1.3　电阻的串联及其特性曲线
a）电阻串联　b）伏发特性

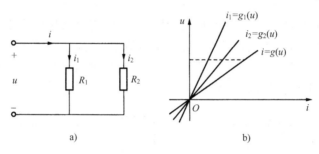

图 2.1.4　电阻的并联及其特性曲线
a）电阻并联　b）伏安特性

（5）电压源的伏安特性

理想电压源的端电压 $u_S(t)$ 是确定的时间函数，与流过电压源中的电流大小无关。如果 $u_S(t)$ 不随时间变化（即为常数），则该电压源称为理想的直流电压源 U_S，其伏安特性曲线如图 2.1.5 中曲线 a 所示。实际电压源的特性曲线如图 2.1.5 中曲线 b 所示，它可以用一个理想电压源 U_S 和电阻 R_S 相串联的电路模型来表示（如图 2.1.6 所示）。显然，R_S 越大，图 2.1.5 中的角 θ 也越大，其正切的绝对值代表实际电压源的内阻值 R_S。

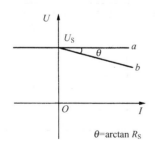

图 2.1.5　电压源的伏安特性

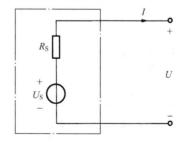

图 2.1.6　实际电压源的电路模型

3. 实验任务

（1）采用图 2.1.2b 的电路分别测定小阻值线性电阻 R_1 和 R_2 的伏安特性曲线。

（2）采用同一电路测定电阻 R_1 和 R_2 串联后的总电阻的伏安特性曲线。

（3）采用同一电路测定电阻 R_1 和 R_2 并联后的总电阻的伏安特性曲线。

以上三项任务的测试数据记录在表 2.1.1 中。

表 2.1.1　实验任务（1）～（3）测量数据

任　务	待 测 项 目	1	2	3	4	5	6	7	8
	u/V								
1	流过 R_1 的电流/mA								
	流过 R_2 的电流/mA								
2	R_1 和 R_2 串联时的总电流/mA								
3	R_1 和 R_2 并联时的总电流/mA								

（4）采用图 2.1.7 所示电路，测量一非线性电阻（二极管 VD）的伏安特性曲线。图 2.1.7a 为测量二极管正向特性的连接图，图 2.1.7b 为测量二极管反向特性的连接图。串联电阻 R_0 作为限流保护电阻。在测二极管反向特性时，电流表换接微安表，电压表一端接在微安表正极上。在测二极管正向特性时，正向电流值不要超过二极管最大整流电流值（I_m = 16 mA）。实验数据记录于表 2.1.2 中（注意 1 kΩ 电位器电阻 R 应先调至最小值后再接入电路）。直流稳压电源输出电压 U_S = 5 V。

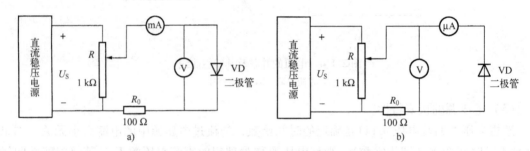

图 2.1.7　测量二极管伏安特性的原理电路图

a）测量二极管正向特性的电路　b）测量二极管反向特性的电路

表 2.1.2　实验任务（4）测量数据

正向实验	电压 /V	0.2	0.4	0.6	0.7	0.8	0.9	
	电流/mA							<10 mA
	静态电阻/Ω							
反向实验	电压 /V	1	2	3	4	5	6	
	电流/μA							
	动态电阻/Ω							

＊注：为了防止二极管损坏，通过二极管的正确电流应小于 10 mA。

（5）测定实际电压源的伏安特性曲线。按图 2.1.8 所示电路接线。实验中实际电压源采用一台直流稳压电源 U_S 串联一个电阻 R_S 来模拟。图中 R_0 为限流保护电阻。

① 断开开关 S，把直流稳压电源 U_S 及电阻 R_S 调到给定的数值，即

$$U_S = 5 V，\quad R_S = 200 Ω$$

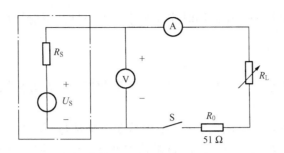

图 2.1.8　测量实际电压源伏安特性的原理电路图

② 接通开关 S，调节 R_L 以改变电路中的电流，分别测量对应的电流和电压的数值，并记录于表 2.1.3 中。（注意：调节 R_L 时，不要使电流表过载）

表 2.1.3　实验任务（5）测量数量（$R_S = 200\ \Omega$）

给定值	R_L/Ω							
测量值	I/mA							
	U/V							

③ 增大电阻 R_S，重复上述实验步骤②，将数据记录于表 2.1.4 中。

表 2.1.4　实验任务（5）测量数据（$R_S = \underline{\hspace{2cm}}\ \Omega$）

给定值	R_L/Ω							
测量值	I/mA							
	U/V							

4. 注意事项

（1）实验过程中，直流稳压电源不能短路，以免损坏电源设备。

（2）实验前电位器滑动头应置于输出电压最小处。

（3）万用表的电流档及欧姆档不能用来测量电压。

（4）直流稳压电源的输出电压必须用电压表或万用表的电压档校对。

（5）记录所用仪表的内阻，必要时考虑它们对实验结果带来的影响。

（6）关于直流电压表与电流表的使用说明如下：

① 电压表：它的内阻极大，在使用时必须并联接在被测电路的两端，使用一个电压表可测量多处电压。

② 电流表：它的内阻很小，在使用时一定不能与负载或电源并联，必须串联接在被测支路中。使用时必须固定接入，不允许用测棒。

③ 各种仪表使用：必须注意其量程的选择，量程选大了将增加测量误差；选小了则可能损坏电表。在无法估计合适量程时，应采用从大到小的原则，先采用最高量程，然后根据测试结果，适当改变至合适量程进行测量。

④ 直流电压表和电流表：在使用时应注意它们的极性，不能接反，否则易损坏指针及电表。

5. 实验报告要求

（1）列表表示出任务（1）、（2）、（3）的实验数据，并在方格纸上绘出它们的伏安特性曲线。

（2）由测量数据验证线性电阻的 $u - i$ 关系满足叠加性与齐次性。

（3）用作图法绘出 R_1 与 R_2 串联与并联的伏安特性曲线，并与实验测得的伏安特性曲线相比较。

（4）根据任务（4）的实验结果绘出二极管的伏安特性曲线。

（5）根据测量数据绘出不同内阻 R_S 下的实际电压源的伏安特性曲线。

6. 思考题

（1）若电阻的伏安特性曲线为一根不通过坐标原点的直线，它满足叠加性与齐次性吗？为什么？

（2）为什么对两个电阻串联后的总特性，要强调它们是电流控制型，而对两个电阻并联后的总特性，要强调它们是电压控制型的？

（3）非线性电阻的伏安特性曲线有何特征？

（4）由实际电源的伏安特性曲线中求出各种情况下实际电源的内阻值，并与实验给定的内阻值进行比较，看是否相同。如果不相同，为什么？

7. 仪器设备

MSDZ – 6 电子技术、电路实验箱	1 台
直流电压表	1 只
直流毫安表	1 只
直流微安表	1 只
半导体晶体管	1 只
导线	若干

2.2　集成运算放大器外特性的研究

1. 实验目的

（1）通过实验掌握集成运算放大器的正确使用方法，了解运算放大器的外部特性。

（2）掌握运算放大器在模拟信号运算方面的应用。

（3）学会设计与调试运算放大器模拟信号运算电路。

2. 实验原理

集成运算放大器简称运放，是电路中重要的多功能有源多端器件，它既可以用来放大输入电压，也可以完成比例、加法、积分、微分等数学运算，其名称因此而来，但它在实际中的应用远远超出了上述范围，几乎渗透到电子技术的各个领域，成为组成电子系统的基本功能单元。

集成运算放大器作为一种集成模块，经过长期的发展型号很多，电路也很复杂。这里只介绍一种通用的运算放大器——MA741，并测试其外特性。

（1）集成运算放大器引脚排列图的认识

集成运放 μA741 除了有同相、反相两个输入端，还有两个 ±12 V 的电源端，一个输出端，另外还留出外接大电阻调零的两个端口，是多脚元件。引脚顺序为：将引脚朝下，从缺口逆时针数起，依次为 1、2、…、8 脚，其外形如图 2.2.1a 所示，引脚排列如图 2.2.1b 所示。

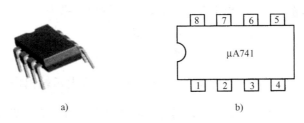

图 2.2.1　集成运算放大器的外形及其引脚图

a）外形　b）引脚排列

引脚 2 为运放的反相输入端，引脚 3 为同相输入端，这两个输入端对于运放的应用极为重要，实用中和实验时注意绝对不能接错。

引脚 6 为集成运放的输出端，实用中与外接负载相连；实验时接示波器探针。

引脚 1 和管脚 5 是外接调零补偿电位器端，集成运放的电路参数和晶体管特性不可能完全对称，因此，在实际应用中，若输入信号为零而输出信号不为零时，就需调节引脚 1 和引脚 5 之间电位器 R_W 的数值，调至输入信号为零、输出信号也为零时方可。

引脚 4 为负电源端，接 –12 V 电位；引脚 7 为正电源端，接 +12 V 电位。这两个引脚都是集成运放的外接直流电源引入端，使用时不能接错。

引脚 8 是空脚，使用时可以悬空处理。

（2）集成运算放大器的电路模型

集成运算放大器是一种高增益（可达几万倍甚至更高）及高输入电阻、低输出电阻的放大器。为了分析简便，常假设运放为理想状态，理想运算放大器的电路符号如图 2.2.2 所示，电路模型如图 2.2.3 所示，在图 2.2.3 中，$A = \infty$，$R_i = \infty$，$R_o = 0\ \Omega$

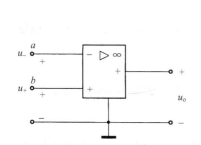

图 2.2.2　理想运算放大器的电路符号

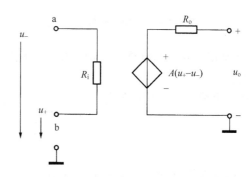

图 2.2.3　运算放大器的电路模型

（3）理想运算放大器的特点

① 由于 $R_i = \infty$，所以输入电流为零，输入端可认为断路，称为"虚断"。

② 由于 $A = \infty$，要使输出电压有限，则输入电压必须为零，即 $u_+ = u_-$，输入端可认为短路，称为"虚短"。

③ 由于 $R_o = 0\,\Omega$，输出电路为电压源，输出电压与外电路无关。

（4）由理想运算放大器构成的几种基本的运算电路

① 反相比例放大器。反相比例放大器电路如图 2.2.4 所示，输入信号 u_i 经过 R_1 从运算放大器的反相输入端输入，在理想情况下，其输入、输出关系为

$$\frac{u_o}{u_i} = -\frac{R_f}{R_1}$$

选择不同的 $\dfrac{R_f}{R_1}$ 的比值，可实现不同的比例放大，负号表示输出电压与输入电压极性相反。R_f、R_1 的取值范围一般为 $100\,\Omega \sim 500\,k\Omega$，$R_2$ 是平衡电阻，$R_2 = R_1 /\!/ R_f$。

② 同相比例放大器。同相比例放大器电路如图 2.2.5 所示，输入信号 u_i 经过 R_2 从运算放大器的反相输入端输入，$R_2 = R_2 /\!/ R_f$，在理想情况下，输入、输出关系为

$$\frac{u_o}{u_i} = \frac{R_1 + R_f}{R_1} = 1 + \frac{R_f}{R_1}$$

选择不同的 $\dfrac{R_f}{R_1}$ 的值，可实现不同的比例放大，输入、输出电压的极性相同。R_f、R_1 的取值范围一般为 $100\,\Omega \sim 500\,k\Omega$，$R_2$ 是平衡电阻，$R_2 = R_1 /\!/ R_f$。

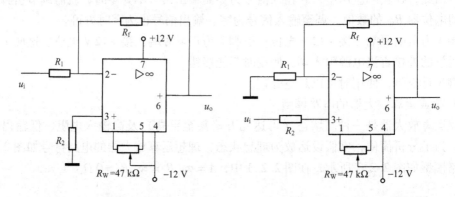

图 2.2.4　反相比例放大器电路　　　图 2.2.5　同相比例放大器电路

③ 反相求和运算电路。反相求和运算电路如图 2.2.6 所示，输入端的个数可根据需要进行调整。

在理想情况下，其输出电压与输入电压的关系为

$$u_o = -\left(\frac{R_f}{R_1}u_1 + \frac{R_f}{R_2}u_2 + \frac{R_f}{R_3}u_3 \right)$$

它可以模拟方程：$u_o = -(a_1 u_1 + a_2 u_2 + a_3 u_3)$。它的特点与反相比例电路相同，可以十分方便地通过改变某一支路的输入电阻，来改变该电路的比例关系，而不影响其他支路的比例关系，总的输入、输出电压的极性相反。

特别地，当 $R_1 = R_2 = R_3 = R_f = R$ 时，有

$$u_o = -(u_1 + u_2 + u_3)$$

④ 减法运算电路。减法运算电路如图 2.2.7 所示，输入信号 u_{i1} 和 u_{i2} 分别通过 R_1、R_2 输入到运算放大器的反相端和同相端，在理想情况下，其输出电压与输入电压的关系为

$$u_o = \frac{R_1 R_3 + R_3 R_f}{R_1(R_2 + R_3)} u_{i2} - \frac{R_f}{R_1} u_{i1}$$

当 $R_1 = R_2, R_3 = R_f$ 时，则可简化为

$$u_o = \frac{R_f}{R_1} u_{i2} - \frac{R_f}{R_1} u_{i1} = \frac{R_f}{R_1}(u_{i2} - u_{i1})$$

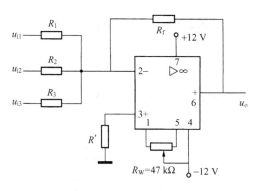

图 2.2.6 反相求和运算电路

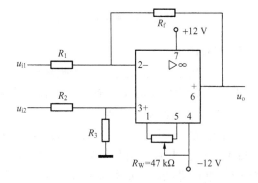

图 2.2.7 减法运算电路

可见电路实现了减法功能。

特别地，当 $R_1 = R_2 = R_3 = R_f = R$ 时，有

$$u_o = u_{i2} - u_{i1}$$

⑤ 积分运算电路。积分运算电路如图 2.2.8 所示，利用电容元件的充放电来实现积分运算。

输入信号 u_i 通过 R_1 输入运算放大器反相输入端，在理想情况下，有

$$\frac{u_i}{R_1} = -C \frac{\mathrm{d}u_o}{\mathrm{d}t}$$

所以有

$$u_o = -\frac{1}{C} \int_{-\infty}^{t} \frac{u_i}{R_1} \mathrm{d}t = -\frac{1}{R_1 C} \int_{-\infty}^{t} u_i \mathrm{d}t$$

选择不同的 R_1、C 的取值，可以得到不同的积分时间常数。如果电路输入的电压波形是方形，则产生三角波形输出。

⑥ 微分运算电路。微分运算电路如图 2.2.9 所示，输入信号 u_i 通过 C 输入运算放大器反相输入端，在理想情况下，有

$$C \frac{\mathrm{d}u_i}{\mathrm{d}t} = -\frac{u_o}{R}$$

所以有

$$u_o = -RC \frac{\mathrm{d}u_i}{\mathrm{d}t}$$

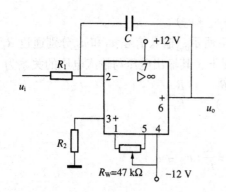

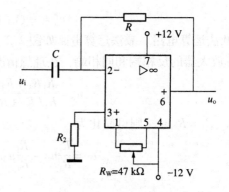

图 2.2.8　积分运算电路　　　　　　图 2.2.9　微分运算电路

3. 实验任务

（1）检查实验板上的运放是否损坏

① 用万用表电阻测量运放的 1 端和 4 端，5 端和 4 端，电阻约为 1 kΩ。

② 使用运放前应先调零。

调零电路如图 2.2.10 所示。接通电源（±12 V）后，当输入信号为零（接地）时，调解调零电位器 R_w（通常为几十千欧），使运放输出端 6 对地电压为零。

（2）反向比例电路的测试

① 运放调零。

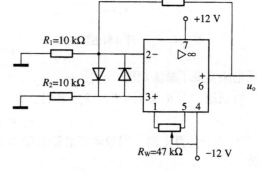

图 2.2.10　调零电路

② 将实验板按图 2.2.4 所示电路连接，选择四组不同的电阻参数，参见表 2.2.1，注意 $R_2 = R_1 /\!/ R_f$。

③ 用低频信号发生器在反相输入端 2 接入 1 kHz、100 mV 的正弦信号，用交流毫伏表输出端 6 的对地电压，记录在表 2.2.1 中。

④ 比较理论计算值与测量值，试分析产生误差的原因。

表 2.2.1　实验任务（2）测量数据

组　数	R_1	R_f	$\dfrac{R_f}{R_1}$	u_i	$u_o = -\dfrac{R_f}{R_1} u_i$	
					计算值	实测值
1	10 kΩ	10 kΩ				
2	10 kΩ	20 kΩ				
3	10 kΩ	50 kΩ		100 mV		
4	10 kΩ	100 kΩ				

（3）同相比例电路的测试

① 运放调零。

16

② 将实验板按图 2.2.5 所示电路连接，选择四组不同的电阻参数，参见表 2.2.2，注意 $R_2 = R_2 \// R_f$。

③ 用低频信号发生器在同相输入端 3 接入 1 kHz、100 mV 的正弦信号，用交流毫伏表输出端 6 的对地电压，记录在表 2.2.2 中。

④ 比较理论计算值与测量值，试分析产生误差的原因。

表 2.2.2　实验任务（3）测量数据

组　数	R_1	R_f	$\dfrac{R_f}{R_1}$	u_i	$u_o = \left(1 + \dfrac{R_f}{R_1}\right)u_i$	
					计算值	实测值
1	10 kΩ	10 kΩ				
2	10 kΩ	20 kΩ		100 mV		
3	10 kΩ	50 kΩ				
4	10 kΩ	100 kΩ				

（4）反相加法运算电路

① 运放调零。

② 将实验板按图 2.2.6 所示的电路连接，选择 $R_1 = R_2 = R_3 = R_f = 10\ \text{k}\Omega$，$R' = 5.1\ \text{k}\Omega$

③ 三个输入电压取自如图 2.2.11 所示的电阻分压器，将测得的电压 u_1、u_2、u_3 记录在表 2.2.3 中。

④ 按照表 2.2.3 的不同情况，用电压表测输出端 6 的对地电压，记录在表 2.2.3 中。

⑤ 比较理论计算值与测量值，试分析产生误差的原因。

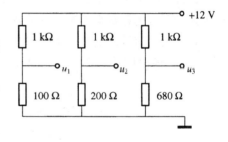

图 2.2.11　电阻分压器

表 2.2.3　实验任务（4）测量数量

输　入	$u_1 =$ $u_2 =$ $u_3 =$	令 $u_1 = 0$ $u_2 =$ $u_3 =$	令 $u_2 = 0$ $u_1 =$ $u_3 =$	令 $u_3 = 0$ $u_1 =$ $u_2 =$
u_o 计算值				
u_o 实测值				

其中，$u_o = -(u_1 + u_2 + u_3)$。

（5）减去运算电路的测量

① 运放调零。

② 将实验板按图 2.2.7 所示的电路连接，选择三组不同的电阻参数，参见表 2.2.4。

③ 用函数信号发生器分别产生两个输入正弦交流电源：$u_{i1} = 1\ \text{kHz}$、100 mV、$u_{i2} =$

1 kHz、200 mV，用交流毫伏表输出端6的对地电压，记录在表2.2.4中。

④ 比较理论计算值与测量值，试分析产生误差的原因。

表2.2.4　实验任务（5）测量数据

组　数	R_1	R_2	R_3	R_f	$\dfrac{R_f}{R_1}$	u_{i1}	u_{i2}	u_o	
								计算值	实测值
1	10 kΩ	10 kΩ	100 kΩ	100 kΩ					
2	10 kΩ	10 kΩ	20 kΩ	20 kΩ		10 mV	200 mV		
3	10 kΩ	10 kΩ	10 kΩ	10 kΩ					

其中，当 $R_1 = R_2$，$R_3 = R_f$ 时，有 $u_o = \dfrac{R_f}{R_1}(u_{i2} - u_{i1})$。

（6）积分运算电路测量

① 运放调零。

② 将实验板按图2.2.12所示的电路连接，R_f 是作为直流负反馈，以保证静态时输出电压为零。但 R_f 的存在会影响积分关系，所以 R_f 应该取大一些。

③ 输入用信号发生器产生的如图2.2.13所示的方波信号 u_i，用双踪示波器同时观察输入信号 u_i、输出信号 u_o 的波形，并记录下来。

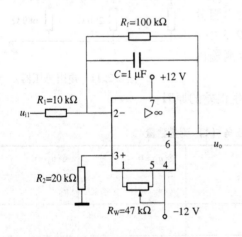

图2.2.12　积分实验电路

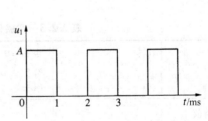

图2.2.13　输入方波信号

④ 分析不同的 R_1C 对波形的影响。

（7）微分运算电路的测量

① 运放调零。

② 将实验板按图2.2.14所示电路连接。

③ 输入如图2.2.15所示的三角波信号 u_i，用双踪示波器同时观察输入信号 u_i、输出信号 u_o 的波形，记录下来。

④ 分析不同的 RC 对波形的影响。

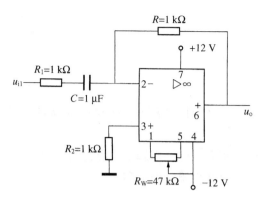

图 2.2.14 微分实验电路

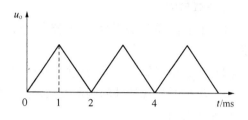

图 2.2.15 输入三角信号

4. 注意事项

（1）运放的 ±12 V 电压最好从低往高调。

（2）在接通电源之前，必须确认实验电路无误，每次在运算放大器外部更换电路元件时，必须先断开电源。

（3）试验中，作为受控元件的运算放大器的输出端不能与地短接。

（4）运放的引线脚比较多，注意识别，不得接错或互相碰擦。

（5）测试不正常时，应该首先判断运放是否被损坏，调零是否正常。

（6）运放输出端不得短接入地。

5. 实验报告要求

（1）记录各实验任务的数据，比较理论计算值与测量值，试分析产生误差的原因。

（2）画出积分电路和微分电路的输入、输出波形（同一时间轴上，画上实验时实测到的波形），分析参数对波形的影响。

（3）对实验的结果做出合理的分析和结论，并谈谈对运放应用的认识和理解。

（4）回答思考题。

6. 思考题

（1）运算放大器各引脚的作用和接法如何？

（2）推导出前四种基本运算放大器的外部特性（运算性能）公式。

7. 仪器设备

MSDZ - 6 电子技术、电路实验箱	1 台
直流毫安表	2 台
数字万用表	1 台
直流数字电压表	1 台
可变电阻箱	1 台
YB43020D 型双踪示波器	1 台
1615P 功率函数信号发生器	1 台
导线	若干

2.3 运算放大器和受控源

1. 实验目的

（1）了解简单运算放大器电路的分析方法，获得对运算放大器和有源器件的感性认识。

（2）了解由运算放大器构成的四种受控源的原理和方法，理解受控源的实际意义。

（3）掌握受控源特性的测量方法，进一步加深对受控源的理解和认识。

2. 实验原理

受控（电）源又称"非独立"电源，就本身性质而言，可分为受控电压源和受控电流源。受控源是一个具有 4 个端子的电路模型，其中受控电压源或受控电流源具有一对端子，另一对端子则引入控制量，对应于控制量是开路电压或短路电流。

受控电压源或受控电流源因控制量是电压或电流的不同，可分为电压控制电压源（VCVS）、电流控制电压源（CCVS）、电压控制电流源（VCCS）和电流控制电流源（CCCS）。

受控源是表征电子器件中发生的某处电压或电流控制另一处电压或电流的一种理想化模型。现代电子线路中普遍使用的一种称为"运算放大器（Operational Amplifier）"的器件，它可以用受控源模型表示的器件。其相关内容可参见 2.2 节。

由运算放大器可组成如下几种基本受控源电路：

（1）电压控制电压源电路

由运算放大器构成的电压控制电压源电路如图 2.3.1 所示。

由运算放大器的"虚短路"规则，有

$$u_- = u_+ = u_1$$

所以

$$i_{R_1} = \frac{u_-}{R_1} = \frac{u_1}{R_1}$$

由"虚断路"可知

$$i_{R_2} = i_{R_1} = \frac{u_1}{R_1}$$

又因为

$$u_2 = i_{R_2}R_2 + i_{R_1}R_1 = i_{R_1}(R_1 + R_2) = \frac{u_1}{R_1}(R_1 + R_2) = \left(1 + \frac{R_2}{R_1}\right)u_1$$

即运算放大器的输出电压 u_2 受输入电压 u_1 的控制，它的理想电路模型如图 2.3.2 所示。其电压比为

$$\mu = \frac{u_2}{u_1} = 1 + \frac{R_2}{R_1}$$

该电路是一个非倒相比例放大器，构成了电压控制电压源。

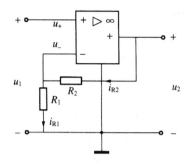

图 2.3.1　电压控制电压源电路

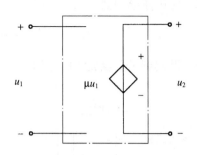

图 2.3.2　电压控制电压源的理想电路模型

（2）电压控制电流源电路

由运算放大器构成的电压控制电流源电路如图 2.3.3 所示。

由电路分析可知，运算放大器的输出电流 i_S 受输入电压 u_1 的控制：

$$i_S = i_{R_1} = \frac{u_1}{R_1}$$

它的理想电路模型如图 2.3.4 所示，其转移电导为

$$g = \frac{i_S}{u_1} = \frac{1}{R_1}$$

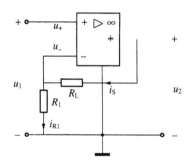

图 2.3.3　电压控制电流源电路

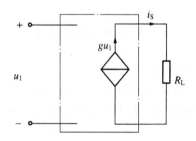

图 2.3.4　电压控制电流源的理想电路模型

（3）电流控制电压源电路

由运算放大器构成的电流控制电压源电路如图 2.3.5 所示。

由电路分析可知，运算放大器的输出电流 u_2 受输入电流 i_1 的控制：

$$u_2 = -R_2 i_1$$

它的理想电路模型如图 2.3.6 所示，其转移电阻为

$$r = \frac{u_2}{i_1} = -R_2$$

（4）电流控制电流源电路

由运算放大器构成的电流控制电流源电路如图 2.3.7 所示。

由电路分析可知，运算放大器的输出电流 i_S 受输入电压 i_1 的控制：

$$i_S = \left(1 + \frac{R_2}{R_3}\right) i_1$$

它的理想电路模型如图 2.3.8 所示。其转移电导为

$$\beta = \frac{i_S}{i_1} = 1 + \frac{R_2}{R_3}$$

这个电路起到了电流放大的作用。

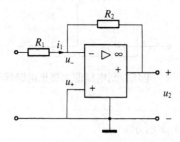

图 2.3.5　电压控制电流源电路

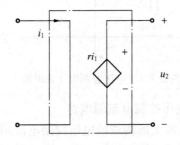

图 2.3.6　电压控制电流源的电路模型

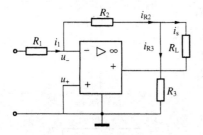

图 2.3.7　电流控制电流源电路

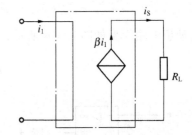

图 2.3.8　电流控制电流源的电路模型

3. 实验任务

（1）电压控制电压源特性的测量

实验线路及参数如图 2.3.9 所示，根据上述相关分析可知

$$u_2 = \left(1 + \frac{R_2}{R_1}\right)u_1$$

u_2 和 u_1 满足 VCVS 的关系。

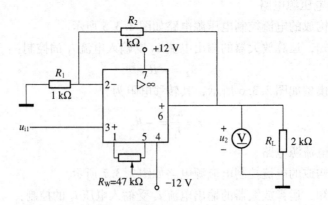

图 2.3.9　电压控制电压源特性的测量电路

① 按图 2.3.9 接好电路，调零，先令激励 u_1 为零，将理想运算放大器的"＋"端对地短路，当运算放大器的电源正常工作时，应有 $u_2 = 0$。

② 接入激励源 u_1，$R_1 = R_2 = 1\,\text{k}\Omega$，取 u_1 分别为 2 V、2.5 V、3 V、3.5 V、4 V、4.5 V，测量 u_2，并计算电压比 μ，记录于表 2.3.1 中。

表 2.3.1　实验任务（1）测量数据一

u_1/V	0	2	2.5	3	3.5	4	4.5
u_2/V							
μ	/						

③ 保持 u_1 为 1.5 V，$R_1 = 1\,\text{k}\Omega$，在 1～10 kΩ 改变 R_2 的阻值，测量相应的 u_2 值，并计算电压比 μ，记录于表 2.3.2 中。

表 2.3.2　实验任务（1）测量数据二

$R_1/\text{k}\Omega$							
u_2/V							
μ							

④ 保持 u_1 为 1.5 V，$R_1 = R_2 = 1\,\text{k}\Omega$，调节可变电阻箱 R_L 的阻值，测量相应的 u_2 值，并记录表 2.3.3 中，并绘制负载特性曲线。

表 2.3.3　实验任务（1）测量数据三

R_L/Ω	10 000	1 000	500	400	200	100	70	50
u_2/V								

⑤ 核算表 2.3.1、表 2.3.2 中 μ 的值及表 2.3.3 的数据，分析受控源特性。

（2）电压控制电流源的特性的测量

实验线路及参数如图 2.3.11 所示，根据上述相关分析可知

$$i_\text{S} = i_{R_1} = \frac{u_1}{R_1}$$

i_S 和 u_1 满足 VCCS 的关系。

① 按图 2.3.10 接好电路，调零，先令激励 u_1 为零，将理想运算放大器的"＋"端对地短路，当运算放大器的电源正常工作时，应有 $u_2 = 0$，电流表读数 i_S 为零。

② 接入激励源 u_1，$R_1 = R_\text{L} = 1\,\text{k}\Omega$，取 u_1 分别为 2 V、2.5 V、3 V、3.5 V、4 V、4.5 V，测量电流表读数 i_S，并计算转移电导 g，记录表于 2.3.4 中。

表 2.3.4　实验任务（2）测量数据一

u_1/V	0	2	2.5	3	3.5	4	4.5
i_S/mA							
g/S	/						

③ 保持 u_1 为 2 V，$R_\text{L} = 1\,\text{k}\Omega$，在 1～10 kΩ 间改变 R_1 的阻值，分别测量 i_S 值，并计算转移电导 g，并记录于表 2.3.5 中。

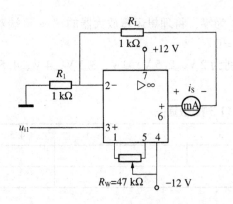 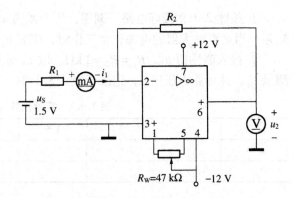

图 2.3.10　电压控制电流源特性的测量电路　　　图 2.3.11　电流控制电压源特性的测量电路

表 2.3.5　实验任务（2）测量数据二

$R_1/\text{k}\Omega$					
i_S/mA					
g/S					

④ 保持 u_1 为 2 V，$R_1 = 1\,\text{k}\Omega$，调节可变电阻箱 R_L 的阻值，测量相应的 i_S 值，并记录于表 2.3.6 中，并绘制负载特性曲线。

表 2.3.6　实验任务（2）测量数据三

$R_L/\text{k}\Omega$	50	20	10	5	2	1	0.5	0.2
u_2/V								

⑤ 核算表 2.3.4、表 2.3.5 中 g 的值及表 2.3.6 的数据，分析受控源特性。

（3）测试电流控制电压源特性

实验线路及参数如图 2.3.11 所示，u_2 和 i_1 的关系为

$$u_2 = R_2 i_1$$

其满足 CCVS 关系。

① 按图 2.3.11 接好电路，调零，先令激励 u_S 为零（输入端接地），调节 R_W，使 $u_2 = 0$。

② 接入激励 u_S，$R_2 = 1\,\text{k}\Omega$，在 $1 \sim 10\,\text{k}\Omega$ 改变 R_1 的值，分别测量 i_1 和 u_2 的值，并计算转移电阻 r，记录于表 2.3.7 中。

表 2.3.7　实验任务（3）测量数据一

给定值	$R_1/\text{k}\Omega$					
测量值	i_1/mA					
	u_2/V					
计算量	r/Ω					

③ 保持 u_S 为 2 V，$R_1 = 1\,\text{k}\Omega$，在 $1 \sim 10\,\text{k}\Omega$ 改变 R_2 的阻值，分别测量 i_1 和 u_2 的值，并计算转移电阻 r，记录于表 2.3.8 中。

24

表 2.3.8　实验任务（3）测量数据二

给定值	$R_2/\text{k}\Omega$					
测量值	i_1/mA					
	u_2/V					
计算量	r/Ω					

④ 核算表2.3.7和表2.3.8中的 r 的值，试分析受控源特性。

（4）测试电流控制电流源特性

实验线路及参数如图2.3.12所示，i_S 和 i_1 的关系为

$$i_S = \left(1 + \frac{R_2}{R_3}\right)i_1$$

其满足 CCCS 的关系。

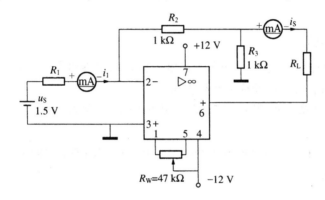

图 2.3.12　电流控制电流源特性的测量电路

① 按图2.3.12接好电路，调零，先令激励 u_S 为零（输入端接地），调节 R_W，使输出端为零。

② 输入激励 $U_S = 1.5\,\text{V}$，$R_1 = 3\,\text{k}\Omega$，$R_2 = R_3 = 1\,\text{k}\Omega$，负载 R_L 分别取 $0.5\,\text{k}\Omega$、$2\,\text{k}\Omega$、$3\,\text{k}\Omega$ 时，分别测量 i_1 和 i_S 的值，并记录于表2.3.9中相应位置。

③ 保持 $U_S = 1.5\,\text{V}$，$R_L = 1\,\text{k}\Omega$，$R_2 = R_3 = 1\,\text{k}\Omega$，$R_1$ 分别取 $3\,\text{k}\Omega$、$2.5\,\text{k}\Omega$、$2\,\text{k}\Omega$、$1.5\,\text{k}\Omega$、$1\,\text{k}\Omega$ 时，分别测量 i_1 和 i_S 的值，并记录于表2.3.9中相应位置。

④ 保持 $U_S = 1.5\,\text{V}$，$R_L = 3\,\text{k}\Omega$，$R_3 = 1\,\text{k}\Omega$，R_2 分别取 $1\,\text{k}\Omega$、$2\,\text{k}\Omega$、$3\,\text{k}\Omega$、$4\,\text{k}\Omega$、$5\,\text{k}\Omega$ 时，分别测量 i_1 和 i_S 的值，并记录于表2.3.9中相应位置。

⑤ 核算表2.3.9中的 β 的值，试分析受控源特性。

4. 注意事项

（1）运放的 $\pm 12\,\text{V}$ 电压最好从低往高调。

（2）在接通电源之前，必须确认实验电路无误，每次在运算放大器外部更换电路元件时，必须先断开电源。

（3）试验中，作为受控元件的运算放大器的输出端不能与地短接。

（4）做受控电流源实验时，不要使电流源负载开路。

表 2.3.9　实验任务（4）测量数量

给定值	U_S/V		1.5				1.5					1.5			
	$R_1/k\Omega$		3		3	2.5	2	1.5	1			3			
	$R_2/k\Omega$		1				1			1	2	3	4	5	
	$R_3/k\Omega$		1				1					1			
	$R_L/k\Omega$	0.5	2	3			1					1			
测量值	i_1/mA														
	i_S/mA														
计算量	β														

（5）本次实验中受控源全部由直流电源激励（输入），对于交流激励和其他电源激励，实验结果完全相同。由于运算放大器的输出电流较小，因此，测量电压时必须用高内阻电压表，如万用表。

5. 实验报告要求

（1）记录各实验任务的数据，并在方格纸上分别绘出四种受控源的转移特性曲线和所需要的负载特性曲线，并求出相应的转移参量。

（2）参考表的数据，说明转移参量受电路中哪些参数的影响？如何改变它们的大小？

（3）对实验的结果做出合理的分析和结论，并总结对四种受控源的认识和理解。

（4）回答思考题。

6. 思考题

（1）若受控源控制量的极性反向，试问其输出极性是否发生变化？

（2）如何由两个基本的 CCVC 和 VCCS 获得其他两个 CCCS 和 VCVS，它们的输入/输出如何连接？

（3）了解运算放大器的特性，分析四种受控源实验电路的输出、输入关系。

7. 仪器设备

MSDZ – 6 电子技术、电路实验箱	1 台
直流毫安表	2 台
数字万用表	1 台
直流数字电压表	1 台
可变电阻箱	1 台
导线	若干

2.4　叠加定理的验证

1. 实验目的

（1）验证线性电路叠加定理的正确性，从而加深对线性电路的叠加性和齐次性的理解。

（2）通过实验加深对测量仪表的正负极性以及对电路参考方向的掌握和运用能力。

（3）正确使用直流稳压电源和万用电表。

2. 实验原理

叠加定理只适用于线性系统，它是解决许多工程问题的基础，也是分析线性电路的常用方法之一。如果元件的约束方程满足线性关系，这类元件称为线性元件。由线性元件组成的电路是线性电路，这类电路具备线性性质（叠加性与齐次性）。

叠加性：在有几个独立源共同作用下的线性电路中，通过每一个元件的电流或其两端的电压，可以看成是由每一个独立源单独作用时在该元件上所产生的电流或电压的代数和。

在线性电路中，任一支路中的电流（或电压）等于电路中各个独立源分别单独作用时在该支电路中产生的电流（或电压）的代数和，所谓一个电源单独作用是指除了该电源外其他所有电源的作用都去掉，即理想电压源用短路代替，理想电流源用开路代替，但保留它们的内阻，电路结构也不作改变。对各独立源单独作用产生的响应（支路电流或电压）求代数和时，要注意到单电源作用时的支路电流或电压方向是否与原电路中的方向一致。一致时此项前为"＋"号，反之取"－"号。

由于功率是电压或电流的二次函数，因此叠加定理不能用来直接计算功率。

齐次性：当激励信号（某独立源的值）增加或减小 K 倍时，电路的响应（即在电路其他各元件上所建立的电流和电压值）也将增加或减小 K 倍。

3. 实验任务

（1）验证叠加定理

① 将电压源的输出电压 U_{S1} 调到 12 V，电压源的输出电压 U_{S2} 调至 5 V，然后关闭电源，待用。

② 按图 2.4.1 所示连接实验电路，也可自行设计实验电路。

③ 依次按图 2.4.2a、b、c 连接电路，按以下三种情况进行实验：两个电压源共同作用；电压源 U_{S1} 单独作用，电压源 U_{S2} 不作用；电压源 U_{S2} 单独作用，电压源 U_{S1} 不作用。电路中各电阻值分别为：$R_1 = 100\,\Omega$，$R = 200\,\Omega$、$R = 680\,\Omega$、$R_4 = 1\,k\Omega$、$R_5 = 1\,k\Omega$、$R_6 = 2\,k\Omega$；电源电压 $U_{S1} = 12$ V，$U_{S2} = 5$ V，电流 I_2、I_5 以及电压 U_6 的参考方向如图 2.4.2 所示。测量并记录 R_2 支路电

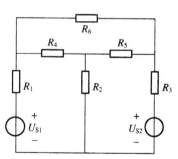

图 2.4.1　叠加定理验证电路

流 I_2、R_5 支路电流 I_5 及 R_6 两端电压 U_6 填入表 2.4.1 中。计算出叠加结果，验证是否符合叠加定理。

（2）验证齐次性

在图 2.4.3 中将 U_{S2} 提高一倍，测量并记录 R_2 支路电流 I_2、R_5 支路电流 I_5 及 R_6 两端电压 U_6 填入表 2.4.1 中，验证线性电路的齐次性。

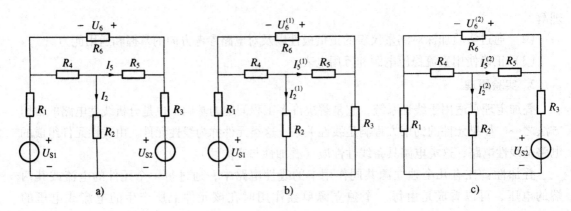

图 2.4.2 叠加定理验证电路

a）两电压源共同作用时的电路 b）U_{S1}单独作用时的电路 c）U_{S2}单独作用时的电路

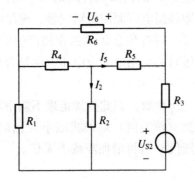

图 2.4.3 齐次性验证电路

表 2.4.1 实验任务（1）和任务（2）测量数据

	测 量 值			理 论 值		
	I_2/mA	I_5/mA	U_6/V	I_2/mA	I_5/mA	U_6/V
U_{S1}与U_{S2}共同作用						
U_{S1}单独作用						
U_{S2}单独作用						
$U_{S1}+U_{S2}$叠加结果						
$2U_{S2}$作用						

（3）验证非线性电路的叠加性和齐次性

半导体二极管是一种非线性电阻元件，它的电阻随电流的变化而变化，电压、电流不服从欧姆定律。半导体二极管的电路符号如图2.4.4所示。

二极管的伏安特性曲线如图 2.4.5 所示，其对于坐标原点是不对称的，具有单向性特点。因此，半导体二极管的电阻值随着端电压的大小和极性的不同而不同，当直流电源的正极加于二极管的阳极而负极与阴极连接时，二极管的电阻值很小，反之二极管的电阻值很大。

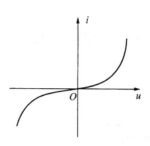

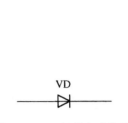

图 2.4.4　二极管电路符号　　　　图 2.4.5　二极管伏安特性曲线

把 R_2 换成二极管，重复实验任务 1，测出所需实验数据，填入表 2.4.2 中。

表 2.4.2　实验任务（3）测量数据

	测量值			计算值		
	I_2/mA	I_5/mA	U_6/V	I_2/mA	I_5/mA	U_6/V
U_{S1} 与 U_{S2} 共同作用						
U_{S1} 单独作用						
U_{S2} 单独作用						
$U_{S1} + U_{S2}$ 叠加结果						

4. 注意事项

（1）电压源不作用时，应关掉电压源并移开，将该支路短路，即用导线将空出的两点连接起来。

（2）注意电流（或电压）的正、负极性；注意用指针表时，凡表针反偏的表示该量的实际方向与参考方向相反，应将表针反过来测量，数值取为负值。

（3）电流插座有方向，约定红色接线柱为电流的流入端，接电流表量程选择端，黑色接线柱为电流的流出端，接电流表的负极。

（4）实验前应根据所选参数理论计算所测数据，为方便读取，各支路电流应大于 5 mA，否则应改变电路参数。

（5）注意仪表量程的及时更换。

（6）改接线路时，必须关掉电源。

（7）实验结束后先检测一下数据。

（8）注意测量数据的实际方向和参考方向之间的关系。

5. 实验报告要求

（1）根据表 2.4.1 所测实验数据，验证支路的电流是否符合叠加原理，并对实验误差进行适当分析。

（2）用实测电流值、电阻值计算电阻 R_S 所消耗的功率为多少？能否直接用叠加原理计

29

算？试用具体数值说明之。

6. 思考题

（1）图 2.4.1 中，U_{S1}、U_{S2} 单独作用时，可否直接将不作用的电源短接置零？

（2）如果把 R_2 换成二极管，电路是否满足叠加定理，为什么？

7. 仪器设备

MSDZ－6 电子技术、电路实验箱	1 台
直流电压表	1 台
直流电流表	1 台
导线	若干

2.5　戴维宁定理

1. 实验目的

（1）加深对戴维宁定理的理解。

（2）学习线性有源一端口网络等效电路参数的测量方法。

2. 实验原理

（1）戴维宁定理

戴维宁定理指出：一个线性有源一端口电阻网络，对外电路来说，一般可以用一条由电源、电阻串联的有源支路来等效替代，该有源支路的电压源电压等于有源一端口网络的开路电压 U_{OC}；其电阻等于有源一端口网络化成无源网络后的输入电阻 R_i，如图 2.5.1 所示。

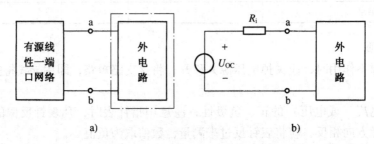

图 2.5.1　戴维宁定理等效电路

a）有源一端口网络　b）等效电路

所谓等效，是指它们的外部特征，就是说在有源一端口网络的两个端口 a 和 b，如果接相同的负载，则流过负载的电流相同。

（2）开路电压的测量方法

可以用实验的方法测定该有源一端口网络的开路电压 U_{OC}。正确地测量 U_{OC} 的数值是获得等效电路的关键，但电压表和电流表都有一定内阻，在测量时，由于改变了被测电路的工作状态，因而给测量结果会带来一定的误差。

现介绍一种测量开路电压 U_{OC} 的方法——补偿法。用这种方法测量电压时，可以排除仪表内阻对测量结果的影响。补偿电路实际上是一个分压器电路，如图 2.5.2 所示。

在测量电压 U_{ab} 时，先将 a′、b′ 与 a、b 对应相接，调节分压器电压，使微安表（或检流计 G）的指示为零。这时，补偿电路的接入不影响被测电路的工作状态。在电路中，a 点和

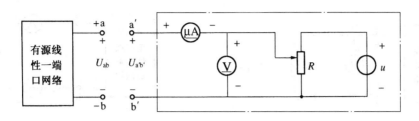

图 2.5.2　补偿法测量电路

a'点的电位相等，所以电压表的读数等于被测电压 U_{ab}。

（3）输入电阻的测量方法

测量有源一端口网络输入电阻 R_i 的方法有多种。如果采用测量有源一端口网络的开路电压 U_{OC} 和短路电流 I_{SC}，则根据戴维宁定理可知 $R_i = U_{OC}/I_{SC}$，这种方法最简便，但是对于不允许将外部电路直接短路的网络（例如有可能因短路电流过大而损坏网络内部的器件时），不能采用此法，下面介绍几种测量 R_i 的方法。

① 二次电压测量法

测量电路如图 2.5.3 所示。在第一次测量出有源一端口网络的开路电压 U_{OC} 后，在 a、b 端口处接一已知负载电阻 R_L，然后第二次测出负载电阻的端电压 U_{RL}，因为

$$U_{RL} = \frac{U_{OC}}{R_i + R_L} R_L$$

则输入电阻 R_i 为

$$R_i = \left(\frac{U_{OC}}{U_{RL}} - 1 \right) R_L$$

② 外加电压源测量法

测量电路如图 2.5.4 所示。把有源一端口网络中的所有独立电源置零，然后在端口 a、b 处外加一给定电压源 u，测得流入端口的电流 i，则

$$R_i = \frac{u}{i}$$

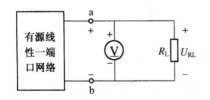

图 2.5.3　第二次测量 R_L 上电压 U_{RL} 电路

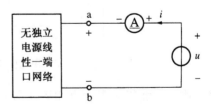

图 2.5.4　外加电压测量 R_i 电路

③ 半电压测量法

测量电路如图 2.5.5 所示。调节负载电阻 R_L，当电压表的读数为开路电压 U_{OC} 的一半时，电阻 R_L 的阻值即为所求的输入电阻 R_i。

④ 半电流测量法

测量电路如图 2.5.6 所示。调节负载电阻 R_L，当电流表读数为 R_L 等于零时读数的一半时，电阻 R_L 的阻值即为所求的输入电阻 R_i。

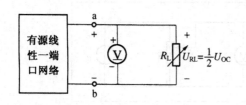

图 2.5.5　半电压测量 R_i 电路

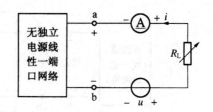

图 2.5.6　半电流测量 R_i 电路

3. 实验任务

（1）按图 2.5.7 接线，用电压表直接测量出该网络 a、b 端口的开路电压 U_{OC}。

（2）用补偿法间接测出图 2.5.7 网络 a、b 端口的开路电路 U'_{OC}。

注意：在补偿电路与网络连接前，必须预先调节 a'、b' 之间的电压，使 $U_{a'b'} \approx U'_{OC}$，以免 $U_{a'b'}$ 与 U'_{OC} 相差太大而损坏微安表（更不能把极性搞错）。

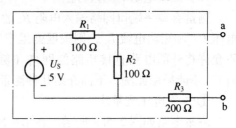

图 2.5.7　有源线性一端口网络

（3）将图 2.5.7 的 a、b 端口接上一个负载电阻 R_L（$R_L = 680\,\Omega$），用直接法和补偿法分别测量出负载电阻 R_L 两端电压 U_{RL} 和 U'_{RL}。

（4）利用二次电压测量法中输入电阻 R_i 计算公式 $R_i = \left(\dfrac{U_{OC}}{U_{RL}} - 1 \right) R_L$，分别求出对应 U_{OC}、U_{RL} 的输入电阻 R_i 和 U'_{OC}、U'_{RL} 的输入电阻 R'_i。

（5）用 U_{OC} 和 R_i 的数值获得图 2.5.7 有源线性一端口网络的等效有源支路，如图 2.5.8 所示。测出图 2.5.8 中负载电阻 R_L 中的电流 I_1。

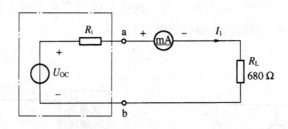

图 2.5.8　用电压表直接测量的戴维宁等效电路

（6）用 U'_{OC} 和 R'_i 的数值获得图 2.5.7 有源线性一端口网络的等效有源支路，如图 2.5.9 所示，测出图 2.5.9 中负载电阻 R_L 中的电流 I_2。

（7）将图 2.5.7 中的 a、b 端口接上一个负载电阻 R_L（$R_L = 680\,\Omega$），并测量出负载电阻 R_L 中的电流 I_3。

（8）根据实验任务（5）、（6）得到的数据与实验任务（7）得到的原网络的数据进行比较，求出相对误差。

（9）将负载电阻 R_L 用可变电阻器来实现。利用半电压测量法或半电流测量法求 R_i，将 R_i 的数值与实验任务（1）的 U_{OC} 和实验任务（2）的 U'_{OC} 分别组成戴维宁等效电路，并把这两种戴维宁等效电路分别与负载电阻 R_L（$R_L = 680\,\Omega$）相连接，求得对应的电流 I_1 和 I_2，再

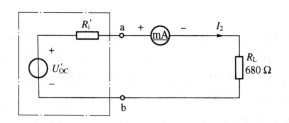

图 2.5.9　用补偿法测量的戴维宁等效电路

与实验任务（7）中的电流 I_3 相比较。

4. 注意事项

（1）测量 I_1、I_2、I_3 时，要用同一只电流表的同一量程。

（2）使用万用表时，电流档、欧姆档不能用来测电压。

（3）直流稳压电源的输出端不能短路。

（4）直流稳压电源的输出电压值必须用万用表或电压表进行校对。

（5）万用表使用完毕后，将转换开关旋至交流 500 V 位置。

5. 实验报告要求

（1）记录各实验任务的数据。

（2）对实验结果进行比较和讨论，验证戴维宁定理的正确性。

（3）回答思考题。

6. 思考题

（1）对图 2.5.2 所示电路，如果在测量时 a′ 与 b 相接，b′ 与 a 相接，是否达到用补偿法测量电压 U_{oc} 的目的，为什么？

（2）解释图 2.5.5 中用半电压法测量 R_i 的原理。

（3）在求有源线性一端口网络等效电路中的 R_i 时，如何理解"原网络中所有独立电源为零值"？实验中怎样将独立电源置零？

7. 仪器设备

MSDZ –6 电子技术、电路实验箱	1 台
直流电压表	1 只
直流电流表	1 只
直流微安表	1 只
标准电阻箱	1 台
导线	若干

2.6　特勒根定理的验证

1. 实验目的

（1）加深对特勒根定理的理解。

（2）了解特勒根定理的适用范围和验证方法，学习设计验证特勒根定理的实验方案。

（3）进一步熟悉电压表、电流表及稳压电源等设备的使用。

2. 实验原理

特勒根定理是由基尔霍夫定律推导出的一个电路普遍定理。它和基尔霍夫定律一样与网络元件的特性无关。特勒根定理不仅适用于某网络的一种工作状态，而且适用于同一网络的两种不同工作状态，以及拓扑图相同的两个不同网络。因此，它是适用于任何具有线性和非线性、时变和非时变元件组成的网络。该定理有以下两部分内容：

定理1（又名"功率守恒定理"）：对于一个具有 n 个结点和 b 条支路的集总参数电路网络，设其支路电压 u_k 和支路电流 i_k 为关联参考方向，则对任何时间 t 有

$$\sum_{k=1}^{b} u_k i_k = 0$$

这个定理实质上是功率守恒的数学表达式，它表明任何一个电路的全部支路吸收的功率之和恒等于0，体现了能量守恒这一物理现象。

定理2（又名"拟功率守恒定理"）：对于两个不同的网络 N 和 $\hat{N}$，其拓扑图相同，各有 b 条支路，设网络 N 的支路电压为 u_k，支路电流为 i_k，$\hat{N}$ 网络的支路电压、支路电流分别为 $\hat{u}_k$、$\hat{i}_k$，且各网络中支路上的电压与电流为关联参考方向，则

$$\sum_{k=1}^{b} u_k \hat{i}_k = 0 \qquad \text{及} \qquad \sum_{k=1}^{b} i_k \hat{u}_k = 0$$

该定理不能用功率守恒来解释，但它仍有功率之和的形式，所以又称为拟功率守恒定理。

特勒根定理本质上是能量守恒原理的表现形式。在直流电路中，可以直接用电压表、电流表测量有关之路上的电压、电流值来验证特勒根定理。

3. 实验任务

（1）验证特勒根定理1

实验电路如图2.6.1a所示，取 $R_1 = 100\ \Omega$、$R_2 = 200\ \Omega$、$R_3 = 680\ \Omega$、$R4 = 1\ \text{k}\Omega$、$R_5 = 1\ \text{k}\Omega$、$R_6 = 2\ \text{k}\Omega$；电源电压 $U_{S1} = 12\ \text{V}$、$U_{S2} = 5\ \text{V}$，电压、电流取关联参考方向。测试各支路电压 U 和各支路电流 I，填入表2.6.1中，验证特勒根定理内容1。

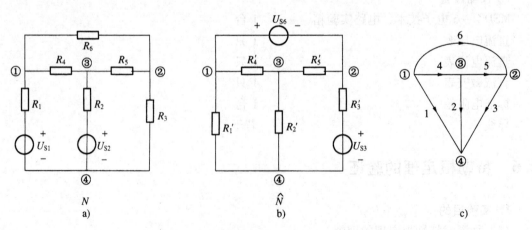

图2.6.1　特勒根定理1及2的实验电路

a）实验电路1　b）实验电路2　c）实验电路1及2的拓扑图

表 2.6.1 验证特勒根定理 1 的实验数据

测量值	支 路						
	1	2	3	4	5	6	$\sum P$
U/V							
I/mA							
P/W							

（2）验证特勒根定理 2

实验电路如图 2.6.1a、b 所示，图 a 参数如任务（1）或自行给定参数，图 b 取 $R_1' = 100\,\Omega$、$R_2' = 200\,\Omega$、$R_3' = 680\,\Omega$、$R_4' = 500\,\Omega$、$R_5' = 1\,000\,\Omega$；电源电压 $U_{S3} = 12\,V$、$U_{S6} = 5\,V$（也可自行给定参数），两个电路中电压、电流取关联参考方向。测试所需支路电压和支路电流，填入表 2.6.2 中，验证特勒根定理内容 2。

表 2.6.2 验证特勒根定理 2 的实验数据

测量值	支 路						
	1	2	3	4	5	6	$\sum P$
U/V							
$\hat{I}/mA$							
$\hat{P}/W = U\hat{I}$							
$\hat{U}/V$							
I/mA							
$P/W = U\hat{I}$							

（3）更换元件验证特勒根定理 2

若将 R_3' 换成二极管，其余元件的参数同实验任务（2）。测量所需数据，画出实验表格，验证特勒根定理 2。

4. 注意事项

（1）特勒根定理与元件性质无关。

（2）特勒根定理只要求 u_k、i_k 在数学上受到一定的约束（KVL、KCL 的约束），而并不要求它们代表某一物理量，所以特勒根定理不仅适用于同一网络的同一时刻，也适用于不同时刻及不同的网络（但要求具有相同拓扑图）。

（3）测量和记录时，应注意电压和电流的实际方向。

（4）测量某一支路电流时，应将电流表串接于该支路中。由于待测电流通过电流表，电流表的内阻会造成一定的压降，引起待测电路中工作电流的变化，造成测量误差。电流表的量程愈小，内阻愈大，造成的误差愈大。

（5）当测量电压时，电压表与被测部分并联，即使电压表内阻很大，也会从被测电路分流，引起电路工作状态的改变，造成测量误差。电压表内阻愈高，被测电路受到的影响愈小，引起的误差也就愈小。

5. 实验报告要求

（1）根据测量的实验数据填写数据表格。

（2）由测得的数据验证两个定理。

（3）分析研究实验数据，得出实验结论。

（4）本次实验的主要收获、体会及存在的问题。

（5）回答思考题。

6. 思考题

（1）各支路电压和支路电流要求取关联参考方向，如果为非关联参考方向，记录数据时该怎样处理？

（2）根据实验任务（3）的实验结果，特勒根定理是否适用于非线性电路？

7. 实验设备

MSDZ – 6 电子技术、电路实验箱	1 台
直流电压表	1 台
直流电流表	1 台
导线	若干

2.7 一阶电路的响应

1. 实验目的

（1）学习用示波器观察和分析电路的响应，验证时间常数对过渡过程的影响。

（2）研究 RC 电路在零输入、零状态、阶跃激励和方波激励情况下，响应的基本规律和特点。

（3）研究 RC 微分电路和积分电路。

2. 实验原理

（1）一阶电路

含有电感、电容储能元件（动态元件）的电路，其响应可以由微分方程求解。凡是可用一阶微分方程描述的电路，称为一阶电路。一阶电路通常由一个储能元件和若干个电阻元件组成。

（2）一阶电路的零状态响应。

当储能元件初始值为零的电路对外加激励的响应称为零状态响应。对于图 2.7.1 所示的一阶电路，在 $t<0$ 时开关 S 置于 2，$u_C(0_-)=0$ V。当 $t=0$ 时开关 S 由位置 2 转到位置 1，直流电源经 R 向 C 充电，此电路就是 RC 电路的零状态响应。

由方程

$$u_C + RC \frac{\mathrm{d}u_C}{\mathrm{d}t} = U_S \quad (t \geq 0)$$

初始值

$$u_C(0_-) = 0$$

可以得出电容的电压和电流随时间变化的规律：

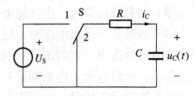

图 2.7.1 RC 一阶电路

$$u_C(t) = U_S(1 - \mathrm{e}^{-\frac{t}{\tau}}) \quad (t \geq 0)$$

$$i_C(t) = \frac{U_S}{R} \mathrm{e}^{-\frac{t}{\tau}} \quad (t \geq 0)$$

上述式子表明，零状态响应是输入的线性函数。其中，$\tau = RC$，具有时间的量纲，称为时间常数，它是反映电路过渡过程快慢的物理量。τ 越大，暂态响应所持续的时间越长，即过渡过程的时间越长。反之，τ 越小，过渡过程的时间越短。

（3）一阶电路的零输入响应

电路在无激励情况下，由储能元件的初始状态引起的响应称为零输入响应。在图 2.7.1 中，在 $t < 0$ 时开关 S 置于位置 1，$u_C(0_-) = u_S$，当 $t = 0$ 时将开关 S 由位置 1 转到位置 2，电容上的初始电压 $u_C(0_-)$ 经 R 放电，此电路就是 RC 电路的零输入响应。

由方程：

$$u_C + RC \frac{\mathrm{d}u_C}{\mathrm{d}t} = 0 \quad (t \geqslant 0)$$

初始值由换路定律，可得：

$$u_C(0_+) = u_C(0_-) = U_S$$

可以得出电容上的电压和电流随时间变化的规律：

$$u_C(t) = u_C(0_+) \mathrm{e}^{-\frac{t}{\tau}} \quad (t \geqslant 0)$$

$$i_C(t) = -\frac{u_C(0_+)}{R} \mathrm{e}^{-\frac{t}{\tau}} \quad (t \geqslant 0)$$

上式表明，零输入响应是初始状态的线性函数。

（4）一阶电路的全响应

电路在输入激励和初始状态共同作用下引起的响应称为全响应。对图 2.7.2 所示的电路，当 $t = 0$ 时合上开关 S，则描述电路的微分方程为

$$u_C + RC \frac{\mathrm{d}u_C}{\mathrm{d}t} = U_S$$

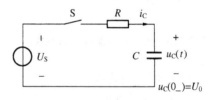

图 2.7.2 RC 一阶电路的全响应

初始值为

$$u_C(0_+) = u_C(0_-) = U_o$$

可以得出全响应为

$$u_C(t) = \underbrace{U_S(1 - \mathrm{e}^{-\frac{t}{\tau}})}_{\text{零状态分量}} + \underbrace{u_C(0_+) \mathrm{e}^{-\frac{t}{\tau}}}_{\text{零输入分量}} = \underbrace{[u_C(0_+) - U_S] \mathrm{e}^{-\frac{t}{\tau}}}_{\text{自由分量}} + \underbrace{U_S}_{\text{强制分量}} \quad (t \geqslant 0)$$

$$i_C(t) = \underbrace{\frac{U_S}{R} \mathrm{e}^{-\frac{t}{\tau}}}_{\text{零状态分量}} + \underbrace{\left[-\frac{u_C(0_+)}{R} \mathrm{e}^{-\frac{t}{\tau}} \right]}_{\text{零输入分量}} = \underbrace{\frac{U_S - u_C(0_+)}{R} \mathrm{e}^{-\frac{t}{\tau}}}_{\text{自由分量}} \quad (t \geqslant 0)$$

上式表明：

① 全响应是零状态分量和零输入分量之和，它体现了线性电路的可加性。

② 全响应也可以看成是自由分量和强制分量之和，自由分量的起始值与初始状态和输入有关，而随时间变化的规律仅仅取决于电路的 R、C 参数。强制分量则仅与激励有关。当 $t \to \infty$ 时，自由分量趋于零，过渡过程结束，电路进入稳态。

（5）响应波形的观察

对于上述零状态响应、零输入响应和全响应的一次过程，$u_C(t)$ 和 $i_C(t)$ 的波形可以用示波器直接显示出来。示波器工作在慢扫描状态，输入信号接在示渡器的直流输入端。

（6）一阶电路的方波响应

对于 RC 电路的方波响应，在电路的时间常数远小于方波周期时，可以视为零状态响应和零输入响应的多次过程。方波的前沿相当于给电路一个阶跃输入，其响应就是零状态响应；方波的后沿相当于在电容具有初始值 $u_C(0_+) = u_C(0_-) = U_o$ 时把电源用短路置换，电路响应转换成零输入响应。

为了清楚地观察到响应的全过程，可使方波的半周期 $T/2$ 和时间常数 $\tau = RC$ 保持 5：1 左右的关系。由于方波是周期信号，可以用普通示波器显示出稳定的图形（如图 2.7.3 所示），以便于定量分析。

（7）时间常数 τ 的估算

RC 电路充放电的时间常数 τ 可以从响应波形中估算出来。对于充电曲线来说，幅值上升到终值的 63.2% 所对应的时间即为一个 τ（如图 2.7.4a 所示）。对于放电曲线，幅值下降到初值的 36.8% 所对应的时间即为一个 τ（如图 2.7.4b 所示）。

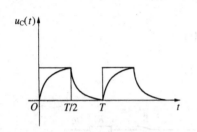

图 2.7.3　RC 一阶电路的方波响应

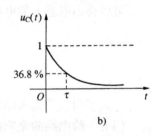

a)

b)

图 2.7.4　$u_C(t)$ 的充电、放电波形

a）充电曲线　b）放电曲线

（8）RC 微分电路

对于图 2.7.5 所示电路，若输入电压为方波时，适当的选择电路参数 R、C，使 RC 电路的时间常数 τ 远小于方波周期 T，即 $\tau \ll T$ 且 $u_R \ll u_C$，则电阻 R 上的电压 u_R 和输入电压 u_S 的关系近似为微分关系，此时，这种电路称为微分电路，其 u_R 输出电压的表达式为

$$u_R(t) = R \cdot i = RC \frac{\mathrm{d}u_C}{\mathrm{d}t} \approx RC \frac{\mathrm{d}u_S}{\mathrm{d}t}$$

微分电路的输出电压波形为正负相同的尖脉冲，其输入、输出电压波形对应关系如图 2.7.6 所示。在数字电路中，经常用微分电路将方波波形变换成尖脉冲作为触发信号。

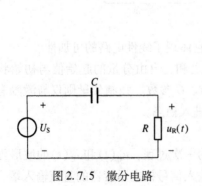

图 2.7.5　微分电路

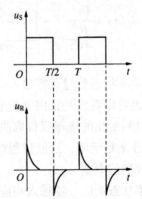

图 2.7.6　微分电路输入 u_S 及输出 u_R 波形

38

（9）RC 积分电路

对于图 2.7.7 所示电路，若输入电压为方波时，适当的选择电路参数 R、C，使 RC 电路的时间常数 τ 远大于方波周期 T，即 $\tau \gg T$ 且 $u_R \gg u_C$，则电容 C 上的电压 u_C 和输入电压 u_S 的关系近似为积分关系，此时这种电路称为积分电路。其 u_C 输出电压的表达式为

$$u_C(t) = \frac{1}{C}\int i\mathrm{d}t \approx \frac{1}{RC}\int u_S \mathrm{d}t$$

积分电路的输出电压波形为锯齿波。当电路处于稳态时，其输入、输出电压波形对应关系如图 2.7.8 所示。

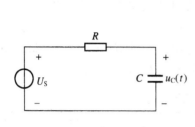

图 2.7.7 积分电路

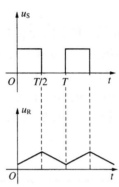

图 2.7.8 积分电路的输入 u_S 及输出 u_C 波形

3. 实验任务

（1）研究 RC 电路的零输入响应与零状态响应

实验电路如图 2.7.9 所示。U_S 为直流电压源，r 为电流采样电阻。开关首先置于位置 2，当电容电压为零以后，开关由位置 2 转到位置 1，即可用示波器观察到零状态响应的波形；当电路达到稳态以后，开关再由位置 1 转到位置 2，即可观察到零输入响应的波形。保持电阻 R、电容 C 和电压 U_S 的数值中的两个不变，改变第三个参数的值，分别观察并描绘出零输入响应和零状态响应时 $u_C(t)$ 和 $i_C(t)$ 的波形。

（2）研究 RC 电路的全响应

在图 2.7.10 中，电源电压调到 $U_{S1} = 5\,\mathrm{V}$ 的值，开关 S 置于位置 1，电容 C 具有初始值 $u_C(0_-) = 5\,\mathrm{V}$ 后，快速改变开关位置使其置于位置 2，此时，$u_C(0_+) = u_C(0_-) = 5\,\mathrm{V}$，即可观察全响应 $u_C(t)$ 和 $i_C(t)$ 的波形。

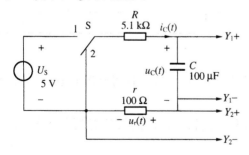

图 2.7.9 RC 零状态响应和零输入响应实验电路

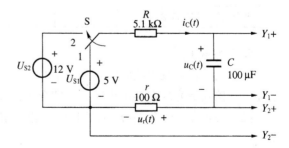

图 2.7.10 RC 全响应实验电路

（3）研究 RC 电路的方波响应

实验电路原理图如图 2.7.11 所示，$u_S(t)$ 为方波信号发生器产生的周期为 T 的信号电

压。适当选取方波电源的周期和 R、C 的数值，观察并描绘出 $u_C(t)$ 和 $i_C(t)$ 的波形。改变 R 或 C 的数值，使 $RC = T/10$、$RC \ll T/2$、$RC = T/2$，$RC \gg T/2$ 观察 $u_C(t)$ 和 $i_C(t)$ 如何变化，并作记录。（R、C、f 的参考数值：在 $T \gg RC$ 时，可取 $f = 5\ \text{kHz}$，$R = 51\ \Omega$，$C = 0.1\ \mu\text{F}$；在 $T \ll RC$ 时，可取 $f = 100\ \text{kHz}$，$R = 250\ \Omega$，$C = 0.1\ \mu\text{F}$）

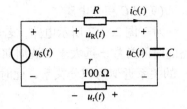

图 2.7.11　RC 方波响应实验电路

（4）观察微分电路输出电压波形及时间常数对波形的影响

按图 2.7.12 接线，调节信号发生器，使其输出频率为 10 kHz 的方波并使输出电压幅值为最大，适当调节示波器，使屏幕上出现 3~5 个稳定波形，将电阻箱分别调至 $R = 10\ \Omega$、$51\ \Omega$、$100\ \Omega$、$200\ \Omega$、$500\ \Omega$、$1\ \text{k}\Omega$，电容 C 为 0.1 μF，分别观察并描绘波形，记入表 2.7.1 中。

（5）观察积分电路输出电压波形及时间常数对波形的影响

按图 2.7.13 接线，调节步骤如同任务（4），将电阻箱分别调至 1 kΩ、2 kΩ、6 kΩ、16 kΩ、26 kΩ、100 kΩ，电容 C 为 1 μF，观察并描绘波形，记入表 2.7.2 中。

表 2.7.1　微分电路实验记录

R/Ω	10	51	100	200	500	1 000
τ/s						
微分电路的输出波形 u_R						

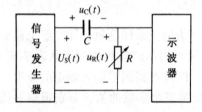

图2.7.12　微分电路实验用图

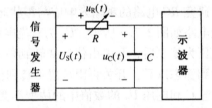

图2.7.13　积分电路实验用图

表 2.7.2　积分电路实验记录

$R/\text{k}\Omega$	1	2	6	16	26	100
τ/s						
积分电路的输出波形 u_C						

4. 注意事项

（1）用示波器观察响应的一次过程时（如图 2.7.9 所示）扫描时间要选取适当，当扫描亮点开始在荧光屏左端出现时，立即合上开关 S。

（2）观察 $u_C(t)$ 和 $i_C(t)$ 的波形时，由于其幅度相差较大，因此要注意调节 Y 轴的灵敏度。

（3）由于示波器和方波信号发生器的公共地线必须接在一起，因此在实验中，方波响应、零输入和零状态响应的电流取样电阻 r 的接地端不同，在观察和描绘电流响应波形时，注意分析电流响应波形的实际方向。

5. 实验报告要求

（1）把观察描绘出的各响应的波形分别画在坐标纸上，并作出必要的说明。

（2）从方波响应 $u_C(t)$ 的波形中估算出时间常数 τ，并与计算值相比较。

（3）回答思考题（1）、（3）、（4）。

6. 思考题

（1）当电容具有初始电压时，RC 电路在阶跃激励下是否会出现没有暂态的现象，为什么？

（2）如何用实验方法证明全响应是零状态响应分量和零输入响应分量之和。

（3）总结实验任务（4）、（5）中随着电阻 R 的变化，输出电压波形的变化规律，构成微分和积分电路的条件是什么？

（4）改变激励电压的幅度，是否会改变过渡过程的快慢？为什么？

7. 仪器设备

MSDZ－6 电子技术、电路实验箱	1 台
YB43020D 型双踪示波器	1 台
YB1615P 功率函数信号发生器	1 台
电阻箱	1 台
万用表	1 只
导线	若干

2.8 二阶电路的响应与状态轨迹

1. 实验目的

（1）研究 RLC 串联电路所对应的二阶微分方程的解的类型特点及其与元件参数的关系。

（2）观察分析各种类型的状态轨迹（相迹）。

2. 实验原理

（1）RLC 串联二阶电路

凡是可用二阶微分方程来描述的电路称为二阶电路，图 2.8.1 表示的线性 RLC 串联电路是一个典型的二阶电路（图示 U_s 为直流电压源），它可以用下述线性二阶常系数微分方程来描述

$$LC \frac{\mathrm{d}^2 u_C}{\mathrm{d}t^2} + RC \frac{\mathrm{d}u_C}{\mathrm{d}t} + u_C = U_s$$

初始值为

$$\begin{cases} u_C(0_-) = U_o \\ \left. \dfrac{\mathrm{d}u_C(t)}{\mathrm{d}t} \right|_{t=0_-} = \dfrac{i_L(0_-)}{C} = \dfrac{I_0}{C} \end{cases}$$

求解微分方程,可以得出电容上的电压 $u_C(t)$。再根据

$$i_C(t) = C \frac{\mathrm{d}u_C(t)}{\mathrm{d}t}$$

求得 $i_C(t)$。

（2）二阶电路的零输入响应

RLC 串联电路零输入响应（如图 2.8.2 所示）的类型与元件参数有关。设电容上的初始电压为 $u_C(0_-) = U_o$，流过电感的初始电流 $i_L(0_-) = I_0$；定义衰减系数（阻尼系数）$\alpha = \dfrac{R}{2L}$，谐振角频率 $\omega_0 = \dfrac{1}{\sqrt{LC}}$，则

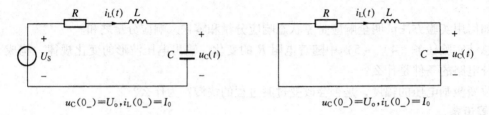

$$u_C(0_-) = U_o, i_L(0_-) = I_0 \qquad\qquad u_C(0_-) = U_o, i_L(0_-) = I_0$$

图 2.8.1　RLC 串联二阶电路　　　　　图 2.8.2　RLC 串联零输入响应电路

① 当 $\alpha > \omega_0$，即 $R > 2\sqrt{\dfrac{L}{C}}$ 时，响应是非振荡性的，称为过阻尼情况。响应为

$$u_C(t) = \frac{U_o}{p_1 - p_2}(p_1 e^{p_2 t} - p_2 e^{p_1 t}) + \frac{I_0}{(p_1 - p_2)C}(e^{p_1 t} - e^{p_2 t}) \qquad (t \geqslant 0)$$

$$i_L(t) = U_o\frac{p_1 p_2 C}{p_1 - p_2}(e^{p_2 t} - e^{p_1 t}) + \frac{I_0}{(p_1 - p_2)}(p_1 e^{p_1 t} - p_2 e^{p_2 t}) \qquad (t \geqslant 0)$$

其中，p_1、p_2 是微分方程的特征根，分别为：

$$p_1 = -\alpha + \sqrt{\alpha^2 - \omega_0^2}$$

$$p_2 = -\alpha - \sqrt{\alpha^2 - \omega_0^2}$$

② 当 $\alpha = \omega_0$，即 $R = 2\sqrt{\dfrac{L}{C}}$ 时，响应临近振荡，称为临界阻尼情况。响应为

$$u_C(t) = U_o(1 + \alpha t)e^{-\alpha t} + \frac{I_0}{C}te^{-\alpha t} \qquad (t \geqslant 0)$$

$$i_L(t) = -U_o\alpha^2 Cte^{-\alpha t} + I_0(1 - \alpha t)e^{-\alpha t} \qquad (t \geqslant 0)$$

③ 当 $\alpha < \omega_0$，即 $R < \sqrt{\dfrac{L}{C}}$ 时，响应是振荡性的，称为欠阻尼情况，其衰减振荡角频率为

$$\omega_d = \sqrt{\omega_0^2 - \alpha^2} = \sqrt{\frac{1}{LC} - \frac{R^2}{4L^2}}$$

响应为

$$u_C(t) = U_o\frac{\omega_0}{\omega_d}e^{-\alpha t}\cos(\omega_d t - \theta) + \frac{I_0}{\omega_d C}e^{-\alpha t}\sin\omega_d t \qquad (t \geqslant 0)$$

$$i_L(t) = -U_o\frac{\omega_0^2 C}{\omega_d}e^{-\alpha t}\sin\omega_d t + I_0\frac{\omega_0}{\omega_d}e^{-\alpha t}\cos(\omega_d t - \theta) \qquad (t \geqslant 0)$$

式中，$\theta = \arccos \dfrac{\alpha}{\omega_0}$。

④ 当 $R = 0$ 时，响应是等幅振荡性的，称为无阻尼情况。等幅振荡角频率即为谐振角频率 ω_0，响应为

$$u_C(t) = U_o\cos\omega_0 t + \frac{I_0}{\omega_0 C}\sin\omega_0 t \qquad (t \geqslant 0)$$

$$i_L(t) = -U_o\omega_0 C\sin\omega_0 t + I_0\cos\omega_0 t \qquad (t \geqslant 0)$$

⑤ 当 $R < 0$ 时，响应是发散振荡性的，称为负阻尼情况。

（3）二阶电路的衰减系数

对于欠阻尼情况，衰减振荡角频率 ω_d 和衰减系数 α 可以从响应波形中直接测量并计算出来。例如响应 $i(t)$ 的波形（如图 2.8.3 所示）可以利用示波器直接测出，其测量方法参看附录 B 中有关示波器的部分。对于 α，由于有

$$i_{1m} = Ae^{-\alpha t_1}$$
$$i_{2m} = Ae^{-\alpha t_2}$$

故

$$\frac{i_{1m}}{i_{2m}} = e^{-\alpha(t_1 - t_2)} = e^{\alpha(t_2 - t_1)}$$

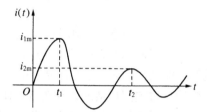

显然，$(t_2 - t_1)$ 即为周期 $T_d = \dfrac{2\pi}{\omega_d}$，所以

图 2.8.3　电流 $i(t)$ 衰减振荡曲线

$$\alpha = \frac{1}{T_d}\ln\frac{i_{1m}}{i_{2m}}$$

由此可见，用示波器测出周期 T_d 和幅值 i_{1m}、i_{2m} 后，就可以算出 ω_d 与 α 的值。

（4）二阶电路的状态轨迹

对于图 2.8.1 所示的电路，也可以用两个一阶方程的联立（即状态方程）来求解

$$\frac{du_C(t)}{dt} = \frac{i_L(t)}{C}$$

$$\frac{di_L(t)}{dt} = -\frac{u_C(t)}{L} - \frac{Ri_L(t)}{L} + \frac{U_S}{L}$$

初始值为

$$u_C(0_-) = U_0$$
$$i_L(0_-) = I_0$$

其中，$u_C(t)$ 和 $i_L(t)$ 为状态变量。

对于所有 $t \geqslant 0$ 的不同时刻，由状态变量在状态平面上所确定的点的集合，就叫做状态轨迹。

示波器置于水平工作方式。当 Y 轴输入 $u_C(t)$ 波形，X 轴输入 $i_L(t)$ 波形时，适当调节 Y 轴和 X 轴幅值，即可在荧光屏上显现出状态轨迹的图形，如图 2.8.4 所示。

3. 实验任务

（1）研究 RLC 串联电路的零状态响应和零输入响应 $u_C(t)$、$i_L(t)$ 的波形。

实验线路如图 2.8.5 所示，U_S 为直流电压源。改变电阻 R 的数值，使其在 $0 \sim 1\,000\,\Omega$

范围内取值，观察上述两种响应的过阻尼、欠阻尼和临界阻尼情况，并描绘出 $u_C(t)$ 和 $i_L(t)$ 的波形。对于回路的总电阻，要考虑到实际电感中的直流电阻 R_L 和电流取样电阻 r。本任务要求实际直流电压源的内阻要很小。

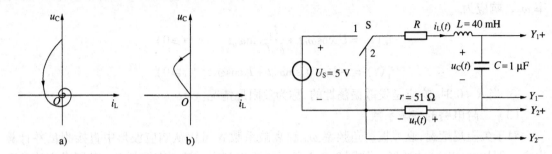

图 2.8.4　二阶电路的状态轨迹　　　　　图 2.8.5　二阶电路的实验用图
a）零输入欠阻尼　b）零输入过阻尼

（2）将示波器置于水平工作方式，观察并描绘出上述各种情况下的状态轨迹。

（3）将图 2.8.5 中的直流电压源 U_S 用信号发生器替换，并使信号发生器产生峰－峰值为 2 V 的方波电压。开关 S 置于位置 1。观察并描绘过阻尼、临界阻尼和欠阻尼情况下的方波响应。对欠阻尼情况，在改变电阻 R 时，注意衰减振荡角频率 ω_d 及衰减系数 α 对波形的影响，用示波器测量并算出一组 ω_d 和 α 的值。

为了清楚地观察到响应的全过程，可选取方波信号源的半周期和电路谐振时的周期保持 5:1 左右的关系。

（4）观察并描绘方波激励时上述各种情况下的状态轨迹。

参考数据：$U_{S,p-p} = 2\ \text{V}$　$f = 40\ \text{Hz}$；

过阻尼时，$R = 510\ \Omega$，$L = 40\ \text{mH}$，$C = 1\ \mu\text{F}$；

欠阻尼时，$R = 100\ \Omega$，$L = 40\ \text{mH}$，$C = 1\ \mu\text{F}$。

4. 注意事项

（1）参见 2.3 节中的注意事项。

（2）观察零输入响应和零状态响应的状态轨迹时，除适当调节 X 轴与 Y 轴的衰减外，尚需注意轨迹的起点、终点以及出现最大值的位置。

（3）在实验任务（3）中应由示波器的 X 轴偏转标尺来确定（$t_2 - t_1$）值，并由此得到 ω_d。

5. 实验报告要求

（1）把观察到的各个波形分别画在坐标纸上，并结合电路元件的参数加以分析讨论。

（2）根据实验参数，计算欠阻尼情况下方波响应中 ω_d 的数值，并与实测数据相比较。

（3）回答思考题（1）。

6. 思考题

（1）当 RLC 电路处于过阻尼情况时，若再增加回路的电阻 R，对过渡过程有何影响？当电路处于欠阻尼情况时，若再减小回路的电阻 R，对过渡过程又有何影响？为什么？在什么情况下电路达到稳态的时间最短？

（2）不做实验，能否根据欠阻尼情况下的 $u_C(t)$、$i_L(t)$ 波形定性地画出其状态轨迹？

7. 仪器设备

MSDZ－6 电子技术、电路实验箱	1 台
YB43020D 型双踪示波器	1 台
YB1615P 功率函数信号发生器	1 台
万用表	1 只
导线	若干

2.9 交流参数的测量

1. 实验目的

（1）学习使用交流电压表、交流电流表和功率表测量元件的等效参数。

（2）熟悉交流电路实验中的基本操作方法，加深对阻抗、阻抗角和相位角等概念的理解。

（3）掌握调压器和功率表的正确使用方法。

2. 实验原理

（1）用交流电压表、交流电流表和功率表测量元件的等效参数

在交流电路中，元件的阻抗值（或无源一端口网络的等效阻抗值）可以用交流电压表、交流电流表和功率表分别测出元件（或网络）两端的电压有效值 U，流过元件（或网络端口）的电流有效值 I 和它所消耗的有功功率 P 之后，再通过下式计算可得出待测元件的等效参数。

则在图 2.9.1 电路中，待测阻抗 Z 为

$$Z = \frac{\dot{U}}{\dot{I}} = \frac{U}{I}\angle\varphi = R + \mathrm{j}X$$

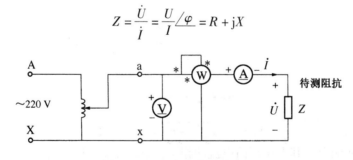

图 2.9.1　交流电路的测量图

有功功率 P 为

$$P = UI\cos\varphi = I^2R$$

待测阻抗的模 $|Z|$ 为

$$|Z| = \frac{U}{I}$$

功率因数 $\cos\varphi$ 为

$$\cos\varphi = \frac{P}{UI}$$

则等效电阻 R 为

$$R = \frac{P}{I^2} = |Z|\cos\varphi$$

等效电抗 X 为

$$X = |Z|\sin\varphi$$

这种测量方法简称为三表法，它是测定交流阻抗的基本方法。

（2）用实验方法测量元件的等效参数

交流电路中的参数一般是指电路中的电阻、电感和电容的数值。实际电路元件的等效参数可以用测量的方法得到。

在正弦交流情况下，若被测元件是一个电阻元件，在测出电阻两端的电压有效值 U、流过电阻的电流有效值 I 以及电阻吸收的有功功率 P 后，可按下列关系计算出电阻 R 的参数

$$U = RI$$

$$P = UI = I^2R$$

故

$$R = \frac{U}{I} = \frac{P}{I^2}$$

上式表明，通过实验可以算出电阻 R 的数值。

在正弦交流情况下，若被测元件是一个电感线圈，由于在低频时，电感线圈的匝间分布电容可以忽略，故它的等效参数由导线电阻 R_L 和电感 L 组成，即：

$$Z_L = R_L + jX_L = R_L + j\omega L = |Z_L| \underline{/\varphi}$$

通过用三表法测量电路（如图 2.9.1 所示），测出电感线圈两端的电压 U、流过电感的电流 I 及功率 P 后，可按下式计算其等效参数：

$$|Z_L| = \frac{U}{I}$$

$$\cos\varphi = \frac{P}{UI}$$

$$R_L = \frac{P}{I^2} = |Z_L|\cos\varphi$$

$$X_L = \sqrt{|Z_L|^2 - R_L^2} = |Z_L|\sin\varphi$$

注意在电感线圈上，其电压超前电流的相位为 φ，且 $\varphi > 0$。

在正弦交流情况下，若被测元件是一个电容器，由于在低频时，电容器的引入电感及介质损耗均可忽略，故可以看成纯电容。因此，

$$\dot{I} = j\omega C\dot{U} = \omega C\dot{U}\underline{/90°}$$

通过用三表法测量电路（如图 2.9.1 所示），测出电容器两端的电压 U 和流过电容器的电流 I 后，按下式计算其等效参数

$$C = \frac{I}{\omega U}$$

注意电容器上的电压相量滞后电流相量 $90°$，电容器吸收的有功功率为零。

将上述的电阻、电容、电感线圈相串联后，可得到一个复阻抗。利用图 2.9.1 所示电路测得 U、I 及 P 后，再根据它们之间的关系（参见实验原理（1））求得总阻抗、功率因数及

相位角的绝对值。

通过本实验测量的训练，一方面熟悉几种常用仪表的使用方法，另一方面加深理解元件参数的电路特性。结合实验数据绘出相量图以巩固理论知识。

（3）判断被测元件阻抗性质的方法

根据三表法测得的 U、I 及 P 的数值不能判别被测元件是属于感性还是属于容性，所以需要其他实验手段来判断。一般可以用下列方法加以确定。

① 在被测元件两端并联一只适当容量的小试验电容，若电流表的读数增大，则被测元件属于容性；若电流表的读数减小，则被测元件属于感性。

这是因为，对图 2.9.2 所示电路，设已经测得并联小试验电容以前的各表读数，并计算出被测元件的等效电导 G 和等效电纳 $|B|$（此时 B 的正负未知），并联小试验电容 C' 的导纳为 jB'（$B' = \omega C' > 0$），则并联小试验电容 C' 以前电流表的读数为

$$I = U|G + jB| = U\sqrt{G^2 + B^2}$$

并联小试验电容 C' 以后，电流表的读数为

$$I' = U|G + jB + jB'| = U\sqrt{G^2 + (B + B')^2}$$

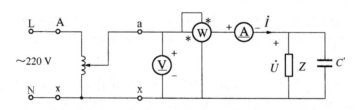

图 2.9.2　判断阻抗性质的实验电路图

若被测元件属于容性，则 $B > 0$，并联 C' 后电流表读数必然增大。

若被测元件属于感性，则 $B < 0$，只要取 $B' < |2B|$，则 $|B + B'| < |B|$ 总成立，故并联 C' 后电流表的读数必然减小，这就是选取小试验电容器来并联的原因。因此可以通过观察并联小试验电容 C' 前后电流表的读数变化来判断被测元件是属于容性还是属于感性。

② 利用示波器测量被测元件的端电流及端电压之间的相位关系，若电流超前电压则被测元件属于容性，反之电流滞后电压则为感性。

本实验采用并联小试验电容的办法判别被测元件的性质。

（4）有功功率的测量方法

阻抗元件所消耗的有功功率可以使用功率表测量出来。

（5）单相调压器的使用方法

本实验中，三表法测量交流参数所用的电源是单相调压器。

3. 实验任务

（1）测定负载电阻 R

按图 2.9.3 所示电路接线（电阻元件采用 3 只灯泡），将测量所得数据记录于表 2.9.1，并根据 $R = U/I$（或 $R = P/I^2$）计算负载电阻。图 2.9.3 中的 J_1 为电流插笔的插孔。

（2）测量电容器的电容 C

将被测元件换成电容元件（可用实验箱上的 $2\mu F$ 或 $4\mu F$ 电容器），观察功率表有无读数并思考原因。记录测量数据于表 2.9.1 中，计算出相应的参数。

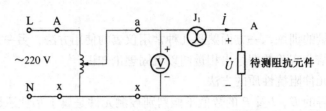

图 2.9.3　交流参数的测量电路图

表 2.9.1　实验任务（1）~（3）测量数据

被测元件量值	测　量　值				计　算　值						
	U/V	I/A	P/W	$\cos\varphi'$	Z/Ω	R/Ω	X/Ω	$C/\mu F$	L/mH	$\cos\varphi$	φ
电阻											
电容											
电感					R_L/Ω						

（3）测量电感线圈的参数 R_L 和 L

将被测元件换成电感器件（可用日光灯的镇流器），记录测量数据于表 2.9.1，通过所测得的 U、I 及 P 计算电感线圈的功率因数等参数，并绘出相应的相量图。

（4）＊测量未知阻抗元件

把上述的灯泡（电阻为 R）、电容器（电容为 C）和镇流器（电阻为 R_L，电感为 L）相串联作为被测元件，根据以下要求自拟测量电路：要求测量各元件两端的电压 U_R、U_C、U_L（镇流器两端的电压有效值）；测量电路的总电压 U、电路中的电流 I 及电路所吸收的功率 P。记录测量数据于表 2.9.2，计算电路的阻抗及功率因数，并按比例作电路的相量图。通过并联一个小试验电容 C' 的方法判别被测串联电路属于感性还是属于容性。

表 2.9.2　实验任务（4）测量数据

测　量　值						计　算　值				
U/V	I/A	P/W	U_R/V	U_L/V	U_C/V	Z/Ω	R/Ω	X/Ω	$\cos\varphi$	φ

4. 注意事项

（1）单相变压器使用之前，先把电压调节手轮调在零位，接通电源后再从零位开始逐渐升压。每做完一项实验之后，都要把调压器调回零位，然后断开电源。

（2）本实验中电源电压较高，必须严格遵守安全操作规程，身体不要触及带电部位，以保证安全。接好线后，先进行检查，无误后再通电；每项实验结束后，先断电后再拆线；严禁带电接线、拆线。

（3）本次实验中电压表量程用 250 V 量限档，其每小格是 2 V。

（4）用电流插笔测电流及功率时，插笔往插孔插的过程中，手不能接触插笔头部的金属部分。

＊ 表示选做内容，下同。

（5）参见附录中"JDS 交流电路实验箱"中的使用说明和注意事项。拔导线插头时，先顺时针稍加旋转，再向上用力，即可拔出。

5. 实验报告要求

（1）根据测量数据计算各元件的参数，填于相应的表中。

（2）根据测得的数据及计算结果，按比例绘出相应的相量图。

（3）回答思考题（1）。

6. 思考题

（1）用三表法测参数时，试用相量图来说明通过在被测元件两端并联小试验电容 C' 的方法可以判断被测元件的性质。如果改用一个电容为 C'' 与被测元件串联，还能判断出被测元件的性质吗？若不能，试说明理由；若能，试计算出此时该电容 C'' 所应满足的条件。设被测元件的参数 R、$|X|$ 已经测得（X 未知正负）。

（2）通过按比例画出的相量图，思考交流电路的基尔霍夫定律是如何得以证明的。

（3）对于某元件 $G + jB$ 来说，当 $B < 0$ 时，该元件是感性的；当 $B > 0$ 时，该元件是容性的，试说明原因。

（4）在测量电容参数的实验中，功率表的读数为何为零？

（5）本实验中交流参数的计算公式是在忽略仪表内阻的情况下得出来的，若考虑到仪表的内阻，则测量结果中显然存在方法误差。若设包括电流表线圈和功率表电流线圈的总电阻值和总电抗值分别为 R 和 X，按图 2.9.1 接线时，如何进行误差校正？试给出此时被测元件的参数计算公式。

7. 仪器设备

GDDS – 2C. NET 电工与 PLC 智能网络型实验装置	1 台
JDS 交流电路实验箱	1 台
电流插笔	1 只
表笔	3 根
导线	若干

2.10 *LC* 网络正弦频率特性的分析及研究

1. 实验目的

（1）深刻理解 *LC* 元件的正弦稳态阻抗概念。

（2）了解 *RC* 正弦稳态电路和 *RL* 正弦稳态电路各电压的相量关系。

（3）掌握 *LC* 一端口网络的阻抗模和阻抗角的测量方法。

2. 实验原理

（1）一端口网络端口电压与端口电流相量之比，称为一端口网络的阻抗 Z，即 $Z = \dfrac{\dot{U}}{\dot{I}}$，

阻抗是复数，其模值表示电压和电流有效值（或最大值）之比，其辐角是端口电压和电流的相位差，对于如图 2.10.1 所示的单一阻抗元件，其特性如下：

电阻：$Z_R = \dfrac{\dot{U}}{\dot{I}} = R = R \angle 0^\circ$，其电阻 R 和频率 f 的关系如图 2.10.2 所示。

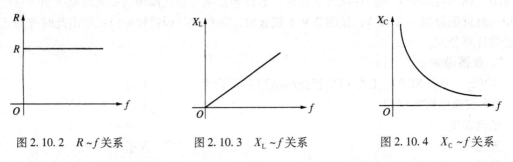

图 2.10.1　阻抗元件

电感：$Z_L = \dfrac{\dot{U}}{\dot{I}} = j\omega L = j2\pi fL = \omega L \angle 90°$，显而易见，式中 j 正是电压领先于电流 90° 的相位关系的表示，而其大小 $X_L = \omega L = 2\pi fL$ 和频率 f 的关系如图 2.10.3 所示，即感抗与频率成正比，频率越高，意味着电流的交变速度越快，自感效应对电流的阻碍作用就越大，亦即电感元件在电路中具有通直流（$f=0$），阻碍高频交流的作用。正是由于这种频率特性的存在，电感元件在交流电路中的应用才更加广泛，其作用与地位更加重要。

电容：$Z_C = \dfrac{\dot{U}}{\dot{I}} = \dfrac{1}{j\omega C} = \dfrac{1}{j2\pi fC} = \dfrac{1}{\omega C} \angle -90°$，其大小 $X_C = \dfrac{1}{\omega C} = \dfrac{1}{2\pi fC}$ 和频率 f 的关系如图 2.10.4 所示。即容抗与频率成反比，频率越高，意味着电容充放电的速度越快，对电流的阻碍作用就越小。亦即电容元件具有通高频交流、隔直流的作用。也正是由于这种频率特性的存在，电容在电路与电子技术中有着更广泛的应用。

| 图 2.10.2　$R \sim f$ 关系 | 图 2.10.3　$X_L \sim f$ 关系 | 图 2.10.4　$X_C \sim f$ 关系 |

以上各式表明，在正弦稳态电路的计算过程中，元件的伏安特性如果用阻抗表示，元件阻抗的模值随频率和相位随频率变化的特性可一目了然。

阻抗的测量归结为端口（或元件两端）电压与电流的测量。因为阻抗上的电压和电流都是相量，既有大小，又有相位差，因此测量时一般采用双踪示波器测量。电压有效值可以用示波器一个通道直接测得，而示波器无法直接测得电流有效值，电流的测量可以在电路中串入一个小阻值的取样电阻，测得此取样电阻的端电压 U_r，该电路的电流有效值则为该电压与取样电阻的比值，即 $I = \dfrac{U_r}{r}$。取样电阻的阻值显然应远小于电流回路的阻抗值，以避免测试结果产生较大的误差，如图 2.10.5 所示。阻抗的相位差可以通过测量两个通道上波形的延时时间 Δt，则两个波形的相位差 $\varphi = \dfrac{\Delta t}{T} \times 360°$。

（2）正弦稳态电路各元件上的电压、电流相量仍遵循基尔霍夫定律，即 $\sum \dot{U} = 0$，$\sum \dot{I} = 0$。

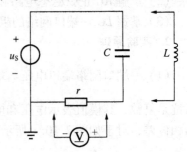

图 2.10.5　测量端口电流电路

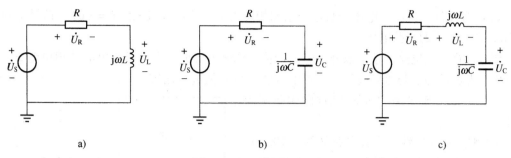

图 2.10.6　元件串联电路

a)*RL*串联电路　b)*RC*串联电路　c)*RLC*串联电路

对于简单的*RL*串联电路、*RC*串联电路和*RLC*串联电路,如图 2.10.6a、b、c 所示,因为*L*、*C*元件上的电压相量总是与*R*元件上的电压相量垂直,因此存在以下关系:

$U_\mathrm{S} = \sqrt{U_\mathrm{L}^2 + U_\mathrm{R}^2}$、$U_\mathrm{S} = \sqrt{U_\mathrm{C}^2 + U_\mathrm{R}^2}$、$U_\mathrm{S} = \sqrt{U_\mathrm{R}^2 + (U_\mathrm{L} - U_\mathrm{C})^2}$,它们对应的电压相量关系分别如图 2.10.7a、b、c 所示。

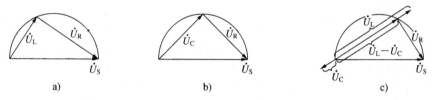

图 2.10.7　串联电路电压相量关系

a) $U_\mathrm{S} = \sqrt{U_\mathrm{L}^2 + U_\mathrm{R}^2}$　b) $U_\mathrm{S} = \sqrt{U_\mathrm{C}^2 + U_\mathrm{R}^2}$　c) $U_\mathrm{S} = \sqrt{U_\mathrm{R}^2 + (U_\mathrm{L} - U_\mathrm{C})^2}$

3. 实验任务

(1)*RLC*单个元件的电压电流关系

① 电阻元件上电流、电压的数量关系和相位关系。实验电路如图 2.10.8 所示,用信号源输出的正弦信号作为激励电源,在电阻 $R = 1\,\mathrm{k\Omega}$ 与取样电阻 $R_0 = 51\,\Omega$ 的串联电路上施加 $f = 1\,\mathrm{kHz}$,$U_\mathrm{m} = 1\,\mathrm{V}$ 的正弦电压。用示波器测量电阻 *R* 上电压与电流的相位差 φ。标明电压与电流的超前与落后关系。

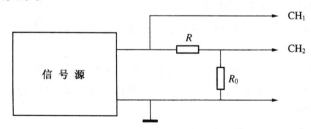

图 2.10.8　测量电阻元件电压电流关系电路

用示波器测量电阻 *R* 上电压与电流的幅值,求出电阻值,与 *R* 值进行比较。

② 电感元件上电流、电压的数量关系和相位关系。给定电感元件 $L = 10\,\mathrm{mH}$,信号源频率 1 kHz,$U_\mathrm{m} = 1\,\mathrm{V}$ 的正弦电压。

要求自行画出电路,选定取样电阻的数值,测量电感元件上电压与电流的相位差 φ。标明电压与电流的超前与落后关系。求出电感值,与 *L* 值进行比较。

③ 电容元件上电流、电压的数量关系和相位关系。给定电感元件 $C = 1\ \mu F$，信号源频率 1 kHz，$U_m = 1$ V 的正弦电压。

要求自行画出电路，选定取样电阻的数值，测量电容元件上电压与电流的相位差 φ。标明电压与电流的超前与落后关系。求出电容值，与 C 值进行比较。

（2）正弦交流电路中 RLC 元件的阻抗频率特性

① 测量 $R \sim f$ 曲线。实验电路如图 2.10.9 所示，$R = 1\ k\Omega$。调节信号源 $U = 1$ V，频率（50 ~ 5000 Hz）取 10 点，自选 R_0 值，用电压表测量电阻 R 上的电压及 R_0 上的电压，求出 R 上的电流。

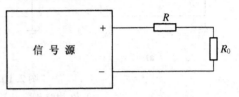

图 2.10.9　测量电阻元件频率特性电路

将实验数据记录在表 2.10.1 中，求出 R，绘出 $R \sim f$ 曲线。

表 2.10.1　各元件与频率关系记录表格

项　目		频率 f/Hz									
		50									5000
R	U_{R_0}/mV										
	$I_R = \dfrac{U_{R_0}}{R_0}$/mA										
	$R = \dfrac{U_R}{I_R}$/kΩ										
L	U_{R_0}/mV										
	$I_L = \dfrac{U_{R_0}}{R_0}$/mA										
	$X_L = \dfrac{U}{I_L}$/kΩ										
C	U_{R_0}/mV										
	$I_C = \dfrac{U_{R_0}}{R_0}$/mA										
	$X_C = \dfrac{U}{I_C}$/kΩ										

② 测量 $X_L \sim f$ 曲线。取 $L = 10$ mH，自行设计实验电路，调节信号源 $U = 1$ V，频率（50 ~ 5000 Hz）取 10 点，自选 R_0 值，用电压表测量，将实验数据记录在表 2.10.1，求出 X_L，绘出 $X_L \sim f$ 曲线。

③ 测量 $X_C \sim f$ 曲线。取 $C = 0.033\ \mu F$，自行设计实验电路，调节信号源 $U = 1$ V，频率（50 ~ 5 000 Hz）取 10 点，自选 R_0 值，用电压表测量，将实验数据记录在表 2.10.1 中，求出 X_C，绘出 $X_C \sim f$ 曲线。

（3）测量 RLC 一端口电路的阻抗模与阻抗角

① 测量电路如图 2.10.10a 所示，$R = 10\ k\Omega$，$L = 10$ mH，$C = 0.33\ \mu F$。仍按前面方法增加一个小电阻 $r = 51\ \Omega$，如图 2.10.10b 所示，测试其阻抗模。由函数发生器提供有效值为 1 V，频率为 15 kHz 的正弦波信号 U_S，用电压表测量 U_r 值，则 $I = \dfrac{U_r}{r}$，$|Z| = \dfrac{U_S}{I}$。

② 测量阻抗角的电路如图 2.10.10c 所示，用双踪示波器测量相位差 φ，振荡频率仍为 $f = 15$ kHz。

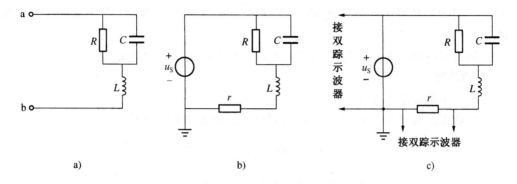

图 2.10.10 *RLC* 一端口网络

a）测量电路　b）增加一个电阻　c）测量阻抗角电路

4. 注意事项

（1）正确使用电压表量程，避免损伤电压表。

（2）注意取样电阻的大小取值，应远小于电流回路的阻抗值，以避免测试结果产生较大的误差。

5. 实验报告要求

（1）画出所需实验电路图，整理实验数据，绘制相关波形和相量图，并进行必要的讨论分析。

（2）在上述讨论分析中，回答思考题中的问题。

6. 思考题

（1）为什么电路要串联一个电阻来测量 R、L、C 的阻抗角？用一个大电容、小电感可否代替？为什么？

（2）在图 2.10.5 电路中，$L = 10$ mH，$C = 0.33$ μF，当测试信号频率为 $2 \sim 10$ kHz 时，为什么 $r = 51$ Ω 就能根据其电压计算 L、C 元件上的电流？

（3）对图 2.10.10b 一端口网络进行分析计算，回答以下问题：

① 阻抗的值。

② 为什么能忽略小电阻对电流测试的影响？

③ 定性画出阻抗模和阻抗角的频率特性曲线。

7. 仪器设备

JDS 交流电路实验箱	1 台
交流电压表	1 台
YB43020D 型双踪示波器	1 台
1615P 功率函数信号发生器	1 台
导线	若干

2.11　*RLC* 串联谐振电路

1. 实验目的

（1）加深对串联谐振电路特性的理解。

（2）学习测绘 *RLC* 串联谐振电路的通用谐振曲线的方法，了解电路 Q 值对通用谐振曲线的影响。

（3）通道对电路的 $U_L(\omega)$ 与 $U_C(\omega)$ 的测量，了解电路 Q 值的意义。

2. 实验原理

（1）*RLC* 串联电路的特性

RLC 串联电路（如图 2.11.1 所示）的阻抗 Z 是电源角频率 ω 的函数，即

$$Z = R + \mathrm{j}\left(\omega L - \frac{1}{\omega C}\right) = |Z|\angle\varphi$$

当 $\omega L - \dfrac{1}{\omega C} = 0$ 时，电路处于串联谐振状态，谐振角频率为

$$\omega_0 = \frac{1}{\sqrt{LC}}$$

谐振频率为

$$f = \frac{1}{2\pi\sqrt{LC}}$$

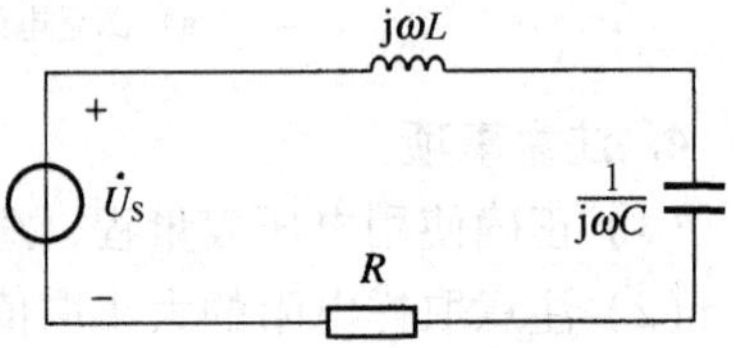

显然，谐振频率仅与元件电感 L、电容 C 的数值有关，而与电阻 R 和激励电源的角频率 ω 无关。当 $\omega < \omega_0$ 时，电路呈容性，阻抗角 $\varphi < 0$；当 $\omega > \omega_0$ 时，电路呈感性，阻抗角 $\varphi > 0$。

图 2.11.1　*RLC* 串联谐振电路

（2）电路处于谐振状态时的特性

① 由于回路总电抗 $X_0 = \omega_0 L - \dfrac{1}{\omega_0 C}$，因此，在谐振时回路阻抗 $|Z_0|$ 为最小值，整个回路相当于一个纯电阻电路，激励电源的电压与回路的响应电流同相位。

② 由于谐振时感抗 $\omega_0 L$ 与容抗 $\dfrac{1}{\omega_0 C}$ 相等，所以电感上的电压 U_L 与电容上的电压 U_C 数值相等，相位相差 $180°$。电感上的电压（或电容上的电压）与激励电压之比称为品质因数 Q，即

$$Q = \frac{U_L}{U_S} = \frac{U_C}{U_S} = \frac{\omega_0 L}{R} = \frac{\frac{1}{\omega_0 C}}{R} = \frac{\sqrt{\frac{L}{C}}}{R}$$

在电感 L 和电容 C 为定值的条件下，Q 值仅仅决定于回路电阻 R 的大小。

③ 在激励电压（有效值）不变的情况下，谐振回路中的电流 $I = \dfrac{U_S}{R}$ 为最大值。

（3）串联谐振电路的频率特性

① 回路的响应电流与激励电源的角频率之间的关系称为电流的幅频特性（表明其关系的图形为串联电流谐振曲线），表达式为

$$I(\omega) = \frac{U_S}{\sqrt{R^2 + \left(\omega L - \frac{1}{\omega C}\right)^2}} = \frac{U_S}{\sqrt{1 + Q^2\left(\frac{\omega}{\omega_0} - \frac{\omega_0}{\omega}\right)^2}}$$

当电路的 L 和 C 保持不变时，改变 R 的大小，可以得出不同 Q 值时电流的幅频特性曲线（如图 2.11.2 所示）。显然，Q 值越高，曲线越尖锐，亦即电路的选择性越高，由此也可

以看出 Q 值的重要性。

为了反映一般情况，通常研究电流比 I/I_0 与角频率比 ω/ω_0 之间的函数关系，即所谓通用幅频特性。其表达式为

$$\frac{I}{I_0} = \frac{1}{\sqrt{1 + Q^2\left(\dfrac{\omega}{\omega_0} - \dfrac{\omega_0}{\omega}\right)^2}}$$

式中，I_0 为谐振时的回路响应电流。

图 2.11.3 画出了不同 Q 值下的通用幅频特性曲线。显然，Q 值越高，在一定的频率偏移下，电流比下降得越厉害。

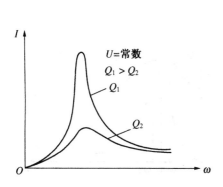

图 2.11.2　不同 Q 值时的电流幅频特性

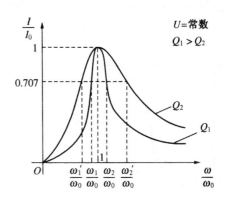

图 2.11.3　通用幅频特性曲线图

幅频特性曲线可以由计算得出，或用实验方法测定。

② 为了衡量谐振电路对不同频率的选择能力，定义通用幅频特性中幅值下降至峰值的 0.707 倍时的频率范围（如图 2.11.3 所示）为相对通频带 B，即

$$B = \frac{\omega_2}{\omega_0} - \frac{\omega_1}{\omega_0}$$

显然，Q 值越高，相对通频带越窄，电路的选择性越好。

如果测出 ω_2、ω_1、ω_0，可得到电路的品质因数 Q，即

$$Q = \frac{1}{\dfrac{\omega_2}{\omega_0} - \dfrac{\omega_1}{\omega_0}}$$

③ 激励电压和回路响应电流的相角差 φ 与激励源角频率 ω 的关系称为相频特性，它可以由公式

$$\varphi(\omega) = \arctan \frac{\omega L - \dfrac{1}{\omega C}}{R}$$

计算得出或由实验测定。相角 φ 与 $\dfrac{\omega}{\omega_0}$ 的关系称为通用相频特性，如图 2.11.4 所示。

谐振电路的幅频特性和相频特性是衡量电路特性的重要标志。

（4）串联谐振电路中的电感电压和电容电压

电感两端的电压 U_L 为

$$U_L = \omega L I = \frac{\omega L U_S}{\sqrt{R^2 + \left(\omega L - \dfrac{1}{\omega C}\right)^2}}$$

电容两端的电压 U_C 为

$$U_C = \frac{1}{\omega C} I = \frac{U_S}{\omega C \sqrt{R^2 + \left(\omega L - \dfrac{1}{\omega C}\right)^2}}$$

显然，U_L 和 U_C 都是激励电源角频率 ω 的函数，$U_L(\omega)$ 和 $U_C(\omega)$ 曲线如图 2.11.5 所示。当 $Q > 0.707$ 时，U_C 和 U_L 才能出现峰值，并且 U_C 的峰值出现在 $\omega = \omega_C < \omega_0$ 处，U_L 的峰值出现在 $\omega = \omega_L > \omega_0$ 处。Q 值越高，峰值出现处离 ω_0 越近。

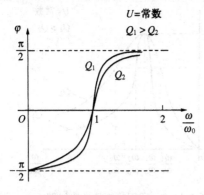

图 2.11.4　通用相频特性

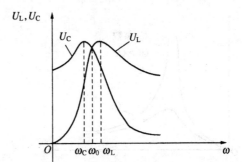

图 2.11.5　RLC 串联电路的 $U_L(\omega)$ 和
$U_C(\omega)$ 曲线

3. 实验任务

（1）测绘 RLC 串联电路响应电流的幅频特性曲线和 $U_L(\omega)$、$U_C(\omega)$ 曲线

实验电路如图 2.11.6 所示。在直流电路实验箱上选用 $L = 10$ mH 的电感线圈，$C = 0.01$ μF 的电容器，电阻 $R = 51\ \Omega$，在确定元件 R、L、C 的数值之后，保持函数信号发生器输出电压的峰–峰值 $U_{S,p-p} = 2$ V 不变，测量不同频率时的 U_R、U_L 和 U_C。

为了取点合理，可先将频率由低到高初测一次，注意找出谐振频率 f_0 以及出现 U_C 最大值时的频率 f_C 和出现 U_L 最大值时的频率 f_L。初测曲线草图画在图 2.11.7 中。然后，根据曲线形状选取频率，进行正式测量。

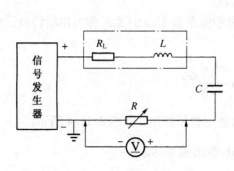

图 2.11.6　串联谐振实验用图

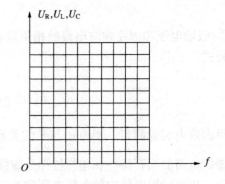

图 2.11.7　画元件电压波形用图

在测试过程中应维持信号发生器输出电压峰 – 峰值为 2 V 不变，所以每次调节频率后均需对输出信号进行校准。同时要注意，电容电压 U_C 以及电感电压 U_L 的数值可能会出现比信号发生器输出电压 U_S 高出很多倍的情况（为什么？）。

初测得到串联电路的谐振频率 f_0 后，在 f_0 附近频域内，测量点的频率间隔要取小些为好，而在离 f_0 较远处，测量点的频率间隔要取大些为好，测量出若干点频率下的 U_R、U_L、U_C、I、X_L、X_C 的值，填入表 2.11.1 中。

表 2.11.1　实验任务（1）测量数据

	频率/Hz					f_0				
测量值	U_R/V									
	U_L/V									
	U_C/V									
计算值	I/A									
	X_L/Ω									
	X_C/Ω									
电路性质										
品质因数										

（2）保持信号发生器输出电压的峰 – 峰值为 2 V，并让 L、C 数值不变，改变 R 的数值（即改变回路 Q 值），使 $R = 151\ \Omega$（将实验箱上的 51 Ω 电阻与 100 Ω 电阻串联），重复上述实验，记录测量结果，自行设计表格。

（3）通过测量结果，绘出 $X_C \sim \omega$、$X_L \sim \omega$ 及 $X \sim \omega$ 特性曲线及该电路的通用幅频特性曲线。

（4）测量 RLC 串联电路的相频特性曲线。保持 U_S 不变，用示波器测量不同频率时 $\dot{U}_S$ 与 $\dot{U}_R$ 的相位差。自拟记录表格。

4. 注意事项

（1）每次改变信号电源的频率后，注意调节输出电压（有效值），使其保持为定值。

（2）实验前应根据所选元件数值，从理论上计算出谐振频率 f_0 和不同 Q 值时的 ω_0、ω_C、ω_L 等数值，以便和测量值加以比较。

（3）在测量 U_L 和 U_C 时，注意信号电源和测量仪器公共地线的接法。

5. 实验报告要求

（1）根据实验数据，在坐标纸上绘出不同 Q 值下的通用幅频特性曲线、$U_L(\omega)$ 曲线、$U_C(\omega)$ 曲线以及 $X_C \sim \omega$、$X_L \sim \omega$、$X \sim \omega$ 曲线，分别与理论计算值相比较，并作简略分析。

（2）通过实验总结 RLC 串联谐振电路的主要特点。

（3）回答思考题。

6. 思考题

（1）实验中，当 RLC 串联电路发生谐振时，是否有 $U_R = U_S$ 和 $U_L = U_C$？若关系式不成立，试分析其原因。

（2）可以用哪些实验方法判别电路处于谐振状态？

（3）谐振时，电容两端的电压 U_C 是否会超过电源电压 U_S，为什么？

7. 仪器设备

MSDZ – 6 电子技术、电路实验箱	1 台
YB1615P 功率函数信号发生器	1 台
数字万用表	1 只
导线	若干

2.12 并联交流电路的谐振及功率因数的提高

1. 实验目的

（1）观察并研究电容与感性支路并联时电路中的谐振现象。

（2）掌握提高功率因数的方法，理解提高功率因数的意义。

（3）了解荧光灯的工作原理，学会荧光灯线路的连接。

（4）进一步掌握功率表的使用方法。

2. 实验原理

（1）并联交流电路的谐振

图 2.12.1a 所示是由电感线圈和电容组成的并联交流电路。

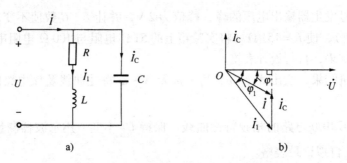

图 2.12.1　电感线圈与电容并联交流电路
a）电路图　b）相量图

选择 $\dot{U} = U \angle 0°$ 为参考相量，设电感线圈阻抗 $Z_L = R + j\omega L$ 的阻抗角为 $\varphi_1(\varphi_1 > 0)$，并联电容后电路总复阻抗的阻抗角为 φ，则电路的复导纳 Y 为

$$Y = j\omega C + \frac{1}{R + j\omega L}$$

$$= \frac{R}{R^2 + (\omega L)^2} - j\omega \left[\frac{1}{R^2 + (\omega L)^2} - C \right]$$

$$= G - jB$$

$$= |Y| \angle -\varphi$$

流过电感线圈中的电流 $\dot{I}_1$ 为

$$\dot{I}_1 = I_1 \angle -\varphi_1$$

流过电容器的电流 $\dot{I}_C$ 为

$$\dot{I}_{\text{C}} = \text{j}\omega C \, \dot{U} = I_{\text{C}} \, \underline{/90°}$$

电路的总电流 $\dot{I}$ 为

$$\dot{I} = I \, \underline{/-\varphi}$$

且它们满足

$$\dot{I} = \dot{I}_1 + \dot{I}_{\text{C}}$$

绘制电路的相量图如图 2.12.1b 所示。显然，在电源电压 U 及频率不变的情况下，改变电容 C 的值，可以改变 I_{C} 和 Y（注意 I_1 不会发生改变），从而使电路的总电流 $\dot{I}$ 发生变化。由相量图可以看出，随着 C 的逐渐加大，I_{C} 不断变大，电路中的总电流 I 将不断变小，I 达到一个最小值后可随着 C 的变大再逐渐变大。这个最小值出现在 $\varphi = 0$ 即 $\cos\varphi = 1$ 时，此时 $\dot{U}$ 与 $\dot{I}$ 同相，$B = 0$，电路发生了并联谐振，可以计算出此时

$$C = \frac{L}{R^2 + (\omega L)^2}$$

如果感性支路的阻抗角 $\varphi_1 > 45°$，则由相量图可知谐振时两个并联支路的电流都比总电流大，此现象可在实验中观察到。

（2）提高功率因数的意义

供电系统的功率因数取决于负载的性质，例如白炽灯、电烙铁、电熨斗、电炉等用电设备，都可以看作是纯电阻负载，它们的功率因数为 1，但在工农业生产和日常生活中广泛应用的异步电动机、感应炉和荧光灯等用电设备都属于感性负载，它们的功率因数小于 1。因此，在一般情况下，供电系统的功率因数总是小于 1。如果功率因数太低，就会引起下面两个问题。

① 发电设备的容量不能充分利用

发电机、变压器等设备是根据预定的额定电压和额定电流设计的。额定电压相额定电流的乘积，称为额定视在功率，即 $S_{\text{N}} = U_{\text{N}}I_{\text{N}}$。当负载的功率因数 $\cos\varphi = 1$ 时，发电机（或变压器）所能输出的最大有功功率 P 为

$$P = U_{\text{N}}I_{\text{N}}\cos\varphi = U_{\text{N}}I_{\text{N}} = S_{\text{N}}$$

这时发电机（或变压器）的容量被充分利用。当负载的功率因数 $\cos\varphi < 1$ 时，因发电机（或变压器）的电流和电压不允许大于其额定值，则它们所能输出的最大有功功率 P 为

$$P = U_{\text{N}}I_{\text{N}}\cos\varphi < S_{\text{N}}$$

因此降低了发电机（或变压器）的利用率。功率因数越低，发电设备的利用率也越低。

② 增加线路和发电机绕组的功率损失

图 2.12.2 所示为工频下当传输距离不长、电压不高时供电线路示意电路图。其中 $Z_1 = R_1 + \text{j}X_1$ 为线路的等效阻抗；$Z_2 = R_2 + \text{j}X_2$ 为感性负载阻抗。当负载电压 U_2 保持不变时，为了保证负载吸收一定的功率 P_2，则负载电流须满足

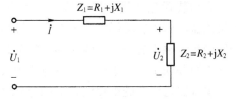

图 2.12.2 供电线路示意电路图

$$I = \frac{P_2}{U_2\cos\varphi_2}$$

显然，若负载的功率因数 $\cos\varphi_2$ 较低，那么线路电流 I 就要增大，而线路的等效阻抗 Z_1 上的

功率损耗 $P_1 = I^2R_1$ 就会大大增加，同时要求发电机能够提供较大的电流 I。若当 $I > I_N$ 时，就必须换用较大容量的发电机，这将使得电能传输效率大大降低。

因此，必须设法提高负载端的功率因数，从而提高供电系统的功率因数。这样，一方面可以充分发挥电源设备的利用率，另一方面又可以减少输电线路及发电机绕组上的功率损耗，提高电能的传输效率。

（3）提高功率因数的方法

由于供电系统功率因数低的原因是由感性负载造成的，其电流在相位上滞后于电压。因此，通常在感性负载的两端并联一个适当容量的电容（或采用同步补偿器），这样以流过电容中的超前电压90°的容性电流来补偿原感性负载中滞后电压 φ_1 的感性电流，从而使总的线路电流减小。其电路原理图和相量图如图 2.12.1 所示。

由图 2.12.1 可知，并联电容 C 前，线路上的电流 $\dot{I}$ 为

$$\dot{I} = \dot{I}_1 = I_1 \angle -\varphi_1 \quad (\text{设 } \dot{U} = U \angle 0°)$$

电路负载端的功率因数为 $\cos\varphi_1$（$\varphi_1 > 0$，感性负载）。

并联电容 C 后，由于 $\dot{U}$ 不变，因此 $\dot{I}_1$ 不变，此时线路上的电流 $\dot{I}$ 变为

$$\dot{I} = \dot{I}_1 + \dot{I}_C = I \angle -\varphi$$

与此相对应的电路负载端的功率因数为 $\cos\varphi$（$\varphi > 0$，感性负载）。过度补偿情况（$\varphi < 0$）请参见思考题（4）。

显然 $\varphi < \varphi_1$，则 $\cos\varphi > \cos\varphi_1$，即负载端的功率因数提高了。

（4）荧光灯电路

本实验中的感性负载使用的是一个荧光灯电路（如图 2.12.3 所示）。

荧光灯灯管是一根气体放电管，管内充有一定量的惰性气体和少量的水银蒸气，内壁涂有一层荧光粉，灯管两端各有一个由钨丝绕成的灯丝作为电极。当管端电极间加上高压后，电极发射的电子能使水银蒸气电离产生辉光，辉光中的紫外线射到管壁的荧光粉上使其受到激励而发光。荧光灯在高压下才能发生辉光放电，在低压下（如 220 V）使用时，必须有启动装置来产生瞬时的高压。

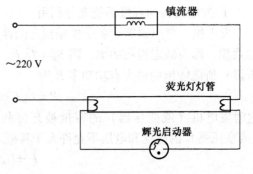

图 2.12.3 荧光灯电路

启动装置包括辉光启动器（又称起辉器）及镇流器。辉光启动器是一个充有氖气的小玻璃泡（外罩以铝罩），泡内有两个距离很近的金属触头，触头之一是由两片热膨胀系数相差很大的金属片黏合而成的双金属片。两个金属触头之间并联了一个小电容，以防两触头在电路内分开时产生火花干扰收音机或烧坏触头。

镇流器是绕在硅钢片铁心上的电感线圈，其结构有单线圈式和双线圈式两种（本实验使用单线圈式）。

当接通电源时，辉光启动器玻璃泡内气体发生辉光放电而产生高温，双金属片受热膨胀而弯曲，与另一触头碰接，辉光放电随即停止。双金属片由于冷却复位而与另一触头分开，电路的突然断开使镇流器线圈两端立即产生一个很高的感应电压，它与电源电压叠加后加到

荧光灯灯管的两个电极上使管内气体发生辉光放电,于是,荧光灯就点亮了。

荧光灯点亮后,灯管两端的工作电压很低,20 W 的荧光灯工作电压约为 60 V,40 W 的荧光灯约为 100 V。在此低压下,辉光启动器不再起作用,电源电压大部分降在镇流器线圈上,此时镇流器起到降低灯管的端电压并限制其电流的作用。

灯管点亮后,可以认为是一个电阻负载,而镇流器是一个铁心线圈,可以认为是一个电感较大的感性负载,二者串联构成一个感性电路,如图 2.12.4 所示。

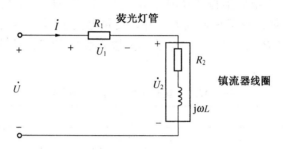

图 2.12.4　荧光灯点亮后的等效电路图

该电路所消耗的功率 P 为

$$P = UI\cos\varphi$$

则电路的功率因数 $\cos\varphi$ 为

$$\cos\varphi = \frac{P}{UI}$$

因此测出该电路的电压、电流和消耗的功率后,即可根据上式求得其功率因数。

由于荧光灯电路的功率因数较低,为了提高功率因数,可在电路两端并联一个适当大小的电容。改变并联电容的大小,当电路总电流最小时,电路的功率因数最高。

3. 实验任务

(1) 按图 2.12.5 接线(功率表电压量程用 300 V 档位),J_1、J_2、J_3 为电流插笔的插孔,接通电源后,灯管发光,观察荧光灯的启动情况。

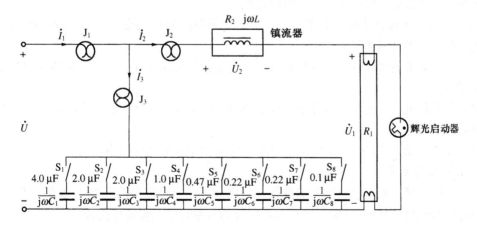

图 2.12.5　荧光灯实验接线示意电路图

(2) 在电容器未接入的情况下,测出电路的功率 P、电流 I_1、电源电压 U、灯管电压

U_1、镇流器两端电压 U_2，填入表 2.12.1，并计算表 2.12.1 中各项。

表 2.12.1 实验任务（2）测量数据

测 量 值					计 算 结 果			
P/W	I_1/A	U/V	U_1/V	U_2/V	$\cos\varphi$	R_1/Ω	R_2/Ω	X_L/Ω

（3）接入电容箱，将电容器按 2.0 μF、3.0 μF、3.47 μF、3.69 μF.3.91 μF、4.01 μF、6.01 μF 的规律逐渐增加，观察总电流 I_1，灯管支路电流 I_2 及电容支路电流 I_3 及功率因数 $\cos\varphi'$ 的变化情况，记录 P、U、I_1、I_2、I_3 的数据填入表 2.12.2，计算相应的功率因数 $\cos\varphi$ 的值并与测量值作比较。

表 2.12.2 实验任务（3）测量数据

电 容 量	测 量 结 果						计 算 结 果
$C/\mu F$	P/W	U/V	I_1/A	I_2/A	I_3/A	$\cos\varphi'$	$\cos\varphi$
2.0							
3.0							
3.47							
3.69							
3.91							
4.01							
6.01							

（4）根据测出的数据，找出谐振点。比较谐振时（或谐振点附近）的总电流和各支路中电流的大小，绘出 $\cos\varphi \sim C$ 及 $I_1 \sim C$ 两条曲线，并加以讨论。

4. 注意事项

（1）一定要注意安全。荧光灯电路连接完毕后，必须认真检查，确认无误后才能通电。实验完毕后，先断电、后拆线。严禁带电接线、拆线。

（2）荧光灯在起动过程中电流较大，因此必须等荧光灯点亮后，才可以将电流插笔插入电流插孔，否则会损坏仪表。

（3）更换电流表量程时，一定要先将电流插笔拔出电流插孔。严防镇流器线圈产生高压将仪表损坏。

（4）在测量电压、电流时要注意量程的选择，电压表用 300 V 量限档，功率表的电压量限档也用 300 V 档。

（5）参见附录中"JDS 交流电路实验箱"中的使用说明和注意事项。

5. 实验报告要求

（1）根据未接入电容时所测得的数据，计算整个荧光灯电路的等效参数 $R_L = R_1 + R_2$ 和 L，从而计算出谐振时的电容值，并与实验所得的谐振时的电容值相比较。

（2）测出谐振时的总电流及各支路电流，比较其大小及比值关系。

（3）根据测量数据绘出 $\cos\varphi \sim C$ 及 $I_1 \sim C$ 两条曲线，并加以讨论。

（4）回答思考题（1）、（2）。

6. 思考题

（1）在荧光灯电路并联电容进行补偿前后，功率表的读数及荧光灯支路的电流是否发生了改变？为什么？

（2）如何利用表 2.12.1 中测得的数据计算 R_1、R_2 及 L？试推导它们的计算公式。

（3）总结并分析当并联电容值不断增大时总电流 I 的变化规律。

（4）在采用并联电容提高功率因数时，如果并联的电容过大，将会出现过度补偿的情况。本实验未涉及此情况，请自行分析过度补偿所需的电容值，并指出两种补偿的区别。

7. 仪器设备

GDDS – 2C. NEF 电工与 PLC 智能网络型实验装置	1 台
JDS 交流电路实验箱	1 台
电流插笔	1 支
表笔	3 根
导线	若干

2.13 常用 *RC* 网络的设计与测试

1. 实验目的

（1）掌握幅频特性和相频特性的测量方法，并绘制频率特性曲线。

（2）加深对常用 *RC* 网络的幅频特性的了解。

（3）掌握电平的概念及电平的测量方法，学会应用对数坐标来绘制频率特性曲线。

2. 实验原理

（1）网络频率特性的概念

如图 2.13.1 所示的线性二端口网络，若在它的输入端加一个频率为 ω 的正弦激励信号，输出端可以得到相同频率下的正弦响应信号，网络的响应相量与激励相量之比称为正弦稳态下的网络函数，即表示为

$$H(j\omega) = \frac{\dot{U}_o}{\dot{U}_i} = \left| H(j\omega) \right| e^{j\varphi(\omega)}$$

正弦稳态下的网络函数是频率 ω 的函数，所以被称为网络的频率响应函数，它随频率 ω 变化的规律称为网络的频率特性。$H(j\omega)$ 在一般情况下是一个复数，其模随频率 ω 变化的规律称为幅频特性，辐角随 ω 变化的规律称为相频特性。

图 2.13.1　线性二端口网络

$H(j\omega)$ 反映网络本身的特性，仅与网络的结构和构成元件的参数有关，与外施激励无关。

（2）常用 *RC* 网络的频率特性

通常，常用的 *RC* 网络根据随频率 ω 变化的趋势，将 RC 网络分为"低通（LP）电路"、"高通（HP）电路"、"带通（BP）电路"、"带阻（BS）电路"等。

① *RC* 低通网络

图 2.13.2a 所示为 *RC* 无源低通网络。

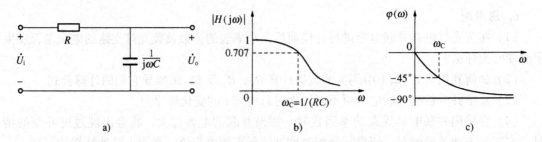

a)   b)   c)

图 2.13.2 RC 无源低通网络及其频率特性

a) RC 低通网络 b) 幅频特性 c) 相频特性

其网络函数为

$$H(j\omega) = \frac{\dot{U}_o}{\dot{U}_i} = \frac{1/j\omega C}{R + 1/j\omega C} = \frac{1}{1 + j\omega RC} = \frac{1}{\sqrt{1 + \omega^2 R^2 C^2}} \underline{/-\arctan(\omega RC)}$$

幅频特性为

$$|H(j\omega)| = \frac{1}{\sqrt{1 + (\omega RC)^2}}$$

相频特性为

$$\varphi(\omega) = -\arctan(\omega RC)$$

对应的幅频特性和相频特性分别如图 2.13.2b、c 所示。显然，随着频率的增高，$|H(j\omega)|$ 将减小，这说明低频信号可以通过，高频信号被衰减或抑制。当 $\omega = 1/(RC)$，即 $U_2/U_1 = 0.707$，通常把 U_2 降低到 $0.707U_1$ 时的角频率 ω 称为截止角频率 ω_C。即

$$\omega_C = \frac{1}{RC}$$

② RC 高通网络

图 2.13.3a 所示为 RC 无源高通网络。

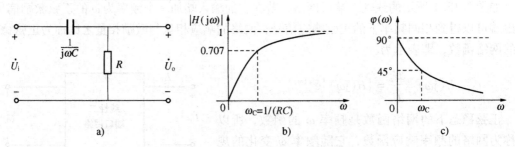

a)   b)   c)

图 2.13.3 RC 无源高通网络及其频率特性

a) RC 高通网络 b) 幅频特性 c) 相频特性

其网络函数为

$$H(j\omega) = \frac{\dot{U}_o}{\dot{U}_i} = \frac{R}{R + 1/j\omega C} = \frac{1}{\sqrt{1 + \frac{1}{(\omega RC)^2}}} \underline{/\arctan\frac{1}{\omega RC}}$$

幅频特性为

$$|H(j\omega)| = \frac{1}{\sqrt{1 + \frac{1}{(\omega RC)^2}}}$$

相频特性为

$$\varphi(\omega) = \arctan\frac{1}{\omega RC} = 90° - \arctan\omega RC$$

对应的幅频特性和相频特性分别如图 2.13.3b、c 所示。显然，随着频率的降低，$|H(j\omega)|$ 将增大，这说明高频信号可以通过，低频信号被衰减或抑制。当 $\omega = 1/(RC)$，即 $U_2/U_1 = 0.707$，网络的截止频率仍为

$$\omega_C = \frac{1}{RC}$$

③ *RC* 带通网络（*RC* 选频网络）

图 2.13.4 所示为 *RC* 无源带通滤波电路（选频网络）。

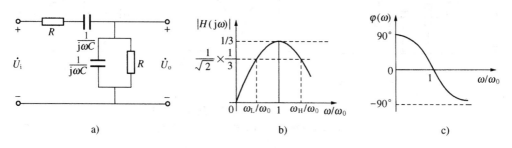

a)   b)   c)

图 2.13.4 *RC* 无源带通网络及其频率特性
a) *RC* 带通网络　b) 幅频特性　c) 相频特性

其网络函数为

$$H(j\omega) = \frac{\dot{U}_o}{\dot{U}_i} = \frac{\dfrac{R}{1 + j\omega RC}}{R + \dfrac{1}{j\omega C} + \dfrac{R}{1 + j\omega RC}} = \frac{1}{3 + j\left(\omega RC - \dfrac{1}{\omega RC}\right)}$$

幅频特性为

$$|H(j\omega)| = \frac{1}{\sqrt{9 + \left(\omega RC - \dfrac{1}{\omega RC}\right)^2}}$$

相频特性为

$$\varphi(\omega) = \arctan\frac{\dfrac{1}{\omega RC} - \omega RC}{3}$$

对应的幅频特性和相频特性分别如图 2.13.4b、c 所示。从以上式子及波形图可以看出，当信号频率为 $\omega_0 = 1/(RC)$ 时，模 $|H(j\omega)| = 1/3$ 为最大，而输出与输入间相移为零，即电路发生了谐振，谐振频率为 $\omega_0 = 1/(RC)$［或 $f_0 = 1/(2\pi RC)$］。也就是说，当信号频率为 f_0 时，*RC* 串、并联电路的输出电压 u_o 与 u_i 输入电压同相，其大小是输入电压的三分之一，这个特性称为 *RC* 串并联电路的选频特性，该电路又称为文氏电桥。

信号频率偏离 $\omega_0 = 1/(RC)$ 越远，信号被衰减和阻塞越厉害。即 *RC* 网络以 $\omega = \omega_0 = 1/(RC)(\neq 0)$ 为中心的一定频率范围（频带）内的信号通过，而衰减或抑制其他频率的信号，这样对某一窄带频率的信号具有选频通过的作用，因此将它称为带通网络或选频网络。

通常将 ω_0 或 f_0 称为中心频率。当 $|H(\mathrm{j}\omega)| = \dfrac{1}{\sqrt{2}}|H(\mathrm{j}\omega)|_{\max}$ 时，所对应的两个频率也称截止频率，用 ω_H 和 ω_L 表示。

④ RC 带阻网络（RC 双 T 网络）

图 2.13.5 所示电路称为 RC 双 T 网络，它的特点是在一个较窄的频率范围内具有显著的带阻特性，是一个带阻网络。它的幅频特性及相频特性如图 2.13.5b、c 所示。

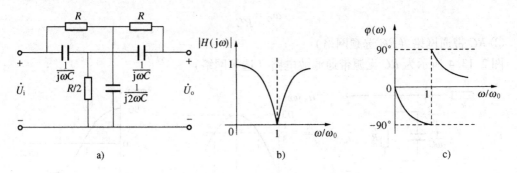

图 2.13.5　RC 无源带阻网络及其频率特性

a) RC 双 T 网络　b) 幅频特性　c) 相频特性

（3）网络频率特性测量方法

测量频率特性用"逐点描绘法"，图 2.13.6 所示为用交流电压表和双踪示波器测量 RC 网络频率特性的测试实验图。

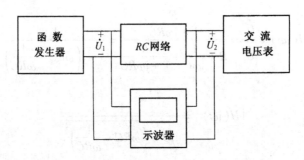

图 2.13.6　RC 网络频率特性的测试实验图

① 幅频特性的测量

幅频特性 $|H(\mathrm{j}\omega)|$ 随频率 ω 变化而变化，可表示为

$$|H(\mathrm{j}\omega)| = \frac{U_2(\text{响应相量有效值})}{U_1(\text{激励相量有效值})}$$

可见，只要将不同频率下的 U_2、U_1 测量出来，就可以绘出幅频特性曲线。所谓逐点法，就是在保持输入电压 U_1 不变的情况下，改变输入信号频率，用交流电压表监视 U_1，并用交流电压表测量出不同频率下的输出电压值 U_2，将各测量值用点描在绘图坐标上，用平滑曲线将各点连接起来，即可得到幅频特性曲线。

② 相频特性的测量

相频特性 $\varphi(\omega)$ 是指网络输出电压 u_2 和输入电压 u_1 的相位差 φ 随频率 ω 变化的规律。

在保持输入电压有效值 U_1 不变的情况下，改变输入信号频率 f，采用双迹法，用双踪示波器观察 u_2 和 u_1 波形，如图 2.13.7 所示。

测出不同频率下 u_2 和 u_1 的相位差，若两个波形的延时为 Δt，周期为 T，则它们的相位差 $\varphi = \dfrac{\Delta t}{T} \times 360°$。将各测量值用点描在绘图坐标上，用平滑曲线将各点连接起来，即可得到相频特性曲线。

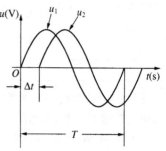

图 2.13.7　双踪示波器
观察 u_2 和 u_1 波形

3. 实验任务

（1）测量 RC 低通网络的频率特性

① 电路如图 2.13.2a 所示，对此图取 $R = 5.1\,\text{k}\Omega$，$C = 0.033\,\mu\text{F}$。

② 调节函数发生器，输出一个有效值为 0.707 V 的输入电压 U_1。

③ 按表 2.13.1 要求频率，保持 $U_1 = 0.707$ V 不变，用交流电压表测出对应频率点下的输出电压值 U_2，在示波器上用双迹法测出各频点下 U_2 和 U_1 的相位差，并记录于表 2.13.1 中。

注意实验时按图连接好电路后，应首先改变信号源的频率（从低到高），用交流电压表或示波器观测输出端电压的变化，粗略地看一下电路是否具有低通特性，然后再逐点测量。

表 2.13.1　实验任务（1）测量数据

频率/kHz	0.5	0.8	1.0	1.5	3.0	4.5	6.0
U_1/V	0.707	0.707	0.707	0.707	0.707	0.707	0.707
U_2/V							
相差 m/cm							
T/cm							
$\varphi_{测量}$							
$\varphi_{理论}$							

（2）测量 RC 高通网络的频率特性

① 电路如实验图 2.13.3a 所示，对此图取 $R = 5.1\,\text{k}\Omega$，$C = 0.033\,\mu\text{F}$。

② 调节函数发生器，输出一个有效值为 0.707 V 的输入电压 U_1。

③ 按表 2.13.2 要求频率，保持 $U_1 = 0.707$ V 不变，用交流电压表测出对应频率点下的输出电压值 U_2，在示波器上用双迹法测出各频点下 U_2 和 U_1 的相位差，并记录于表 2.13.2 中。

表 2.13.2　实验任务（2）测量数据

频率/kHz	0.5	0.8	1.0	1.5	3.0	4.5	6.0
U_1/V	0.707	0.707	0.707	0.707	0.707	0.707	0.707
U_2/V							
相差 m/cm							

频率/kHz	0.5	0.8	1.0	1.5	3.0	4.5	6.0
T/cm							
$\varphi_{测量}$							
$\varphi_{理论}$							

注意：测试时连接好实验电路，首先改变信号源的频率，用交流电压表或示波器观测输出端电压的变化，粗略地看一下电路是否具有高通特性，然后再逐点测量。

（3）测量 RC 带通（选频）网络的频率特性

① 按图 2.13.4a 的连接电路，取 $R=1\,\text{k}\Omega$，$C=0.033\,\mu\text{F}$。

② 输入端接函数信号发生器，产生有效值电压 0.707 V 保持不变的正弦输入信号。

③ 改变频率（800 Hz ~ 15 kHz），选择适当的频点，用交流电压表测量输出电压 U_2；同时用示波器观察并记录 u_2 和 u_1 的相位差，记录在表 2.13.3 中。（可先测出 $U_2/U_1=1/3$ 时的频率 f_0，然后再在 f_0 左右设置其他一些频点，进行测试）。

④ 测定其中心频率 f_0 及两个截止频率 f_H、f_L。

表 2.13.3 实验任务（3）测量数据

频率/kHz	0.8	1.5	3.5	$f_0=$?	6.0	7.2	8.0	15
U_1/V	0.707	0.707	0.707	0.707	0.707	0.707	0.707	0.707
U_2/V								
相差 m/cm								
T/cm								
$\varphi_{测量}$								
$\varphi_{理论}$			0°					

$f_H = $ _____ , $f_L = $ _____ 。

（4）测量 RC 带阻网络（RC 双 T 网络）的频率特性

① 按图 2.13.5a 的连接电路，取 $R=1\,\text{k}\Omega$，$C=0.033\,\mu\text{F}$。

② 输入端接函数信号发生器，产生有效值电压 0.707 V（0 dB）保持不变的正弦输入信号。

③ 改变频率（800 Hz ~ 15 kHz），选择适当的频点，用交流电压表测量输出电压 U_2，记录在表 2.13.4 中。同时用示波器观察并记录 u_2 和 u_1 的相位差。

④ 测定其中心频率 f_0。

表 2.13.4 实验任务（4）测量数据

频率/kHz	0.8	1.5	3.5	$f_0=$?	6.0	7.2	8.0	15
U_1/V	0.707	0.707	0.707	0.707	0.707	0.707	0.707	0.707
U_2/V								
相差 m/cm								
T/cm								
$\varphi_{测量}$								
$\varphi_{理论}$			±90°					

4. 注意事项

（1）测试过程中，当改变函数信号发生器的频率时，其输出电压有时将发生变化，因此测试时，需用交流电压表监测函数信号发生器的输出电压，使输入电压的有效值 U_1 保持不变。

（2）测量相频特性时，双迹法测量误差较大，操作、读数应力求仔细、合理。要调节好示波器的聚集，使线条清晰，以减小读数误差。在双通道接地的情况下（或信号未输入之前），两条水平扫描线一定要重合在同一刻度线上，否则读数不准确。

（3）交流电压表读数时，一定要选择合适量程，不要用小量程测大电压。

（4）测量带通和带阻频率特性时，须先测出中心频率 f_0，然后在两侧依次选取测试点，测试频率的选取应注意对数坐标的刻度。

（5）测试线路的连接，要注意信号电源与测量仪器的共地连接。

5. 实验报告要求

（1）根据实验数据绘制图 2.13.2 所示的 RC 低通网络的幅频特性和相频特性曲线，纵坐标分别用 U_2/U_1 和 $\varphi_{测量}$ 表示，横坐标用 ω 表示。

（2）根据实验数据绘制图 2.13.3 所示的 RC 高通网络的幅频特性和相频特性曲线，纵坐标分别用 U_2/U_1 和 $\varphi_{测量}$ 表示，横坐标用 ω 表示。

（3）根据实验数据绘制图 2.13.4 所示的 RC 带通（选频）网络的幅频特性和相频特性曲线，纵坐标分别用 dB 和 $\varphi_{测量}$ 表示，横坐标用 ω/ω_0 表示。

（4）根据实验数据绘制图 2.13.5 所示的 RC 带阻（选频）网络的幅频特性和相频特性曲线，纵坐标分别用 dB 和 $\varphi_{测量}$ 表示，横坐标用 ω/ω_0 表示。

（5）回答思考题。

6. 思考题

（1）根据频率特性概念，推导出图 2.13.5 所示的 RC 带阻网络的幅频特性和相频特性。

（2）根据电路参数，估算 RC 带通网络和 RC 带阻网络的谐振频率。当频率等于谐振频率时，电路的输出、输入有何关系？

（3）要求给出理论计算值，并与实测值比较，分析误差原因。

7. 仪器设备

YB16159P 功率函数信号发生器	1 台
数字万用表	1 台
YB43020D 型双踪示波器	1 台
MSDZ – 6 电子技术、电路实验箱	1 台
导线	若干

2.14 交流电路中的互感

1. 实验目的

（1）观察交流电路中的互感现象。

（2）学习用实验方法测定同名端。

（3）学习测量互感系数的方法。

（4）通过两个具有磁耦合的线圈顺向串联和反向串联实验，加深理解互感对电路参数及电压、电流的影响。

2. 实验原理

（1）交流电路中的互感系数

两个具有磁耦合的线圈之间的互感系数 M 与这两个线圈的结构、相互位置、周围磁介质及线圈中导磁媒质的磁导率有关。图 2.14.1 是观察两个具有磁耦合的线圈（其自感系数分别为 L_1 和 L_2）之间互感现象的电路。

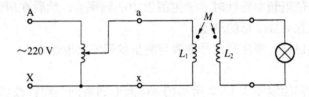

图 2.14.1　观察互感现象的电路

当两线圈的几何轴线成正交关系时，互感较小。当两线圈的几何轴线成平行关系时，互感较大。另外，两线圈之间距离的近或远也会影响到互感系数 M 的大小。

当线圈中有铁心时，互感会比无铁心时大。

（2）耦合线圈同名端的实验测定方法

判别耦合线圈的同名端在理论分析和工程实际中都具有很重要的意义。例如，变压器、电动机的各相绕组、LC 振荡电路中的振荡线圈等都要根据同名端的极性进行连接。实际应用中，对于具有磁耦合关系的线圈，若其绕向和相互位置都无法判别时，可以根据同名端的定义，用实验的方法加以确定。确定两个互感线圈的同名端的实验方法很多，可视具体条件加以选择。

① 直流通断法。如图 2.14.2 所示，把自感系数为 L_1 的线圈 1 通过开关接到直流电源上，把一个直流电流表（或直流电压表）接在自感系数为 L_2 的线圈 2 的两端。直流电源可采用一只 1.5 V 的干电池，直流电流表可采用万用表直流毫安档。在开关 S 闭合瞬间，自感系数为 L_2 的线圈 2 的两端将产生一个互感电动势，电表的指针就会偏转。若指针正向偏转，则与直流电源正极相连的端钮 1 和与电表正极相连的端钮 2 为同名端；若指针反向偏转，则1 与 2 为异名端。

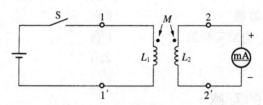

图 2.14.2　确定互感线圈同名端的直流通断法电路

② 交流电压比较法。将两线圈按图 2.14.3 所示连接到变压器 T 的输出端，在电压 $\dot{U}_1$ 的作用下，自感系数为 L_1 的线圈中将有电流流过，该电流会在自感系数为 L_2 的线圈中产生互

感电压。R_0 为限流电阻，可取 $100\,\Omega$，$U_1 < 30\,\text{V}$。

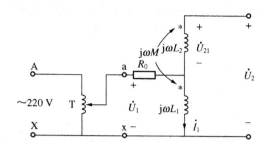

图 2.14.3　确定互感线圈同名端的交流电压比较法电路

若两个线圈的同名端如图 2.14.3 所示，则流过自感系数为 L_1 的线圈的电流为

$$\dot{I}_1 = \frac{\dot{U}_1}{\mathrm{j}\omega L_1}$$

自感系数为 L_2 的线圈上的电压 $\dot{U}_{21}$ 为

$$\dot{U}_{21} = \mathrm{j}\omega M\,\dot{I}_1 = \frac{M}{L_1}\dot{U}_1$$

所以

$$\dot{U}_2 = \dot{U}_{21} + \dot{U}_1 = \left(\frac{M}{L_1} + 1\right)\dot{U}_1$$

则

$$U_2 = \left(\frac{M}{L_1} + 1\right)U_1 > U_1$$

因此可用交流电压表分别测出 U_1 和 U_2，若 $U_2 > U_1$，则互感线圈的同名端如图 2.14.3 所示。反之，若 $U_2 < U_1$，则两个线圈相连的端子互为同名端。

③ 等效电感法。设两个耦合线圈的自感系数分别为 L_1 和 L_2，它们之间的互感系数为 M。若将这两个线圈的异名端相联，如图 2.14.4a 所示，则为顺向串联，其等效电感 $L_顺$ 为

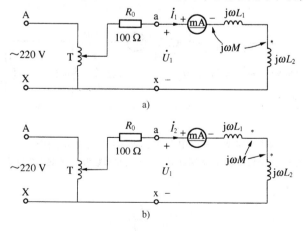

图 2.14.4　确定互感线圈同名端的等效电感法电路
a）顺向串联　b）反向串联

$$L_{顺} = L_1 + L_2 + 2M$$

若将这两个线圈的同名端相联，如图 2.14.4b 所示，则为反向串联，其等效电感 $L_{反}$ 为

$$L_{反} = L_1 + L_2 - 2M$$

显然

$$L_{顺} > L_{反}$$

则等效电抗的关系为

$$X_{顺} > X_{反}$$

利用这种关系，在两个线圈串接方式不同时，加上相同的正弦电压，则顺向串联时流过线圈的电流较小，反向串联时流过线圈的电流较大，即 $I_1 < I_2$，据此即可判断出两线圈的同名端。

（3）互感系数 M 的测量方法

① 等效电感法。电路图如图 2.14.4 所示，由顺向串联和反向串联的等效电感公式可以得出

$$M = \frac{L_{顺} - L_{反}}{4}$$

可以用三表法测量并计算出 $L_{顺}$ 和 $L_{反}$，从而求出互感系数 M。但这种方法测得的互感系数一般来说准确度不高，特别是当 $L_{顺}$ 和 $L_{反}$ 的数值比较接近时，误差更大。

② 互感电动势法。在图 2.14.5a 所示电路中，在自感系数为 L_1 的线圈中通入固定频率的正弦电流 $\dot{I}_1$，测量自感系数为 L_2 的线圈的开路电压有效值 U_2，若交流电压表的内阻足够大，则有

$$U_2 = \omega M_{21} I_1$$

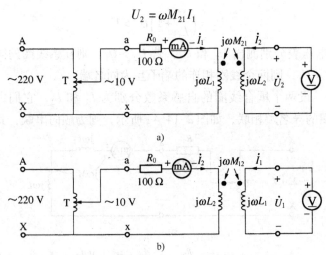

图 2.14.5　互感电动势法测量互感系数电路图

a）自感系数为 L_1 的线圈接电源端测量 M_{21}　b）自感系数为 L_2 的线圈接电源端测量 M_{12}

因此互感系数 M_{21} 为

$$M_{21} = \frac{U_2}{\omega I_1}$$

反之，在图 2.14.5b 所示电路中，在自感系数为 L_2 的线圈中通入固定频率的正弦电流

$\dot I_2$，测量自感系数为 L_1 的线圈的开路电压有效值 U_1，若交流电压表的内阻足够大，则有

$$U_1 = \omega M_{12} I_2$$

因此互感系数 M_{12} 为

$$M_{12} = \frac{U_1}{\omega I_2}$$

如果这两次测量时，两个线圈相对位置未变，则有

$$M_{12} = M_{21} = M$$

3. 实验任务

（1）观察互感现象

按图 2.14.1 的电路接线（灯泡可用实验台上三相电路中的一盏白炽灯），观察互感现象以及铁心插入线圈前后对互感的影响。

注意，首先将调压器的输出端调到最小位置（即 0 V 处），不加电源，然后再按电路图接线，检查无误后接通电源，慢慢转动调压器的手柄，使灯泡微微发光即可，否则易损坏电感线圈。

（2）测定两个互感线圈的同名端

①* 直流通断法

按图 2.14.2 接线，在开关闭合瞬间观察电表指针的偏转方向，判别同名端。

② 交流法

按图 2.14.3 接线（交流电压表需注意量程选择）。先分别接好调压器和电感电路，将调压器手柄慢慢转动使其二次输出电压有效值为 $U_1 = U_S$（可根据具体设备确定数值，用交流电压表来测定），断电后，将调压器输出端与电感电路按图 2.14.3 接线，检查无误后通电，用交流电压表测出 U_2，并判别两线圈的同名端。

③* 等效电感法

分别按图 2.14.4a、b 接线，事先将调压器输出电压调定在 U_1，记录两次电流表读数并根据原理判别两线圈的同名端。

（3）测量耦合线圈的互感系数 M

用互感电动势法测量互感系数 M。按图 2.14.5a 接线，事先将调压器输出电压调定在 U_S，读取交流电流表读数 I_1 和交流电压表读数 U_2，求出 M_{21}。

再按图 2.14.5b 接线，在调压器输出电压为 U_S 的情况下，读取此时交流电流表读数 I_2 和交流电压表读数 U_1，求出 M_{12}。比较 M_{12} 与 M_{21} 分别出现的情况。

4. 注意事项

（1）调压器输入端电源电压为 220 V，要特别注意安全，严禁带电接、拆线路。

（2）使用调压器时，一次侧、二次侧千万不能接错。调压器在接入电路前，应把二次输出电压值调到 0 V 的位置（需要调定电压时除外，但应在调定电压后立即断开电源再接线）。

5. 实验报告要求

（1）说明并解释实验中所观察到的现象。

（2）画出测定互感的电路，计算所测互感系数 M，验证 $M_{12} = M_{21} = M$。

（3）回答思考题。

6. 思考题

（1）在实验任务（2）③中，若调节调压器在两次测量时的输出电压不相等，还能否利用所得读数判别两线圈的同名端？在实验任务（3）中，若调节调压器在两次测量时的输出电压不相等，还能否得到互感系数 M_{12} 和 M_{21}？为什么？

（2）在图 2.14.6 中，在自感系数为 L_1 的线圈两端加一交流电压 $\dot{U}$，用交流电压表分别测量 $\dot{U}_1$、$\dot{U}_2$、$\dot{U}_3$ 的有效值 U_1、U_2、U_3，问能否根据 U_1、U_2、U_3 之间的关系来判断这两个线圈（L_1 和 L_2）的同名端？若不能，试给出理由；若能，试说明其原理。

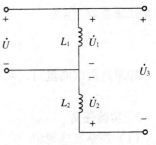

图 2.14.6　思考题 2）用图

（3）总结各种判别耦合线圈同名端的方法及原理。

7. 仪器设备

GDDS - 2C. NET 电工与 PLC 智能网络型实验装置	1 台
JDS 交流电路实验箱	1 台
电流插笔	1 支
表笔	3 根
导线	若干

2.15　三相电路的电压、电流及功率

1. 实验目的

（1）熟悉三相负载的星形联结和三角形联结。

（2）掌握相序的测量，学会测量三相功率的几种方法。

（3）验证对称三相电路的线电压和相电压、线电流和相电流之间的关系。

（4）了解三相四线制系统的中线的作用。

2. 实验原理

（1）三相负载的联结

三相负载的基本联结方式有星形联结和三角形联结两种。对于星形联结，按其有无中线，又可分为三线制和四线制。根据三相电路的对称情况，可将三相电路分为对称三相电路和不对称三相电路。在实际三相电路中，一般情况下，三相电源是对称的，三条端线阻抗是对称相等的，但负载不一定是对称的。在对称三相电路中，对于三角形联结，其线电流 I_1 与相电流 I_p 之间有 $I_1 = \sqrt{3} I_p$ 的关系；对于星形联结，其线电压 U_1 与相电压 U_p 之间有 $U_1 = \sqrt{3} U_p$ 的关系。

（2）相序指示器原理

对称三相电源的相序有正序与反序的区别，实际电力系统中一般采用正序。但有时会遇到要判断三相电源的相序的情况，这时可以利用相序指示器测得，图 2.15.1 是其原理图。

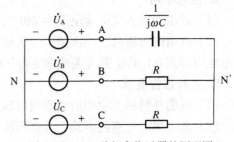

图 2.15.1　一种相序指示器的原理图

在电源端对称的情况下，即：$\dot{U}_A = U\underline{/0°}$ V，$\dot{U}_B = U\underline{/-120°}$ V，$\dot{U}_C = U\underline{/120°}$ V，且 $R = 1/\omega C$（R 可用两个相同的灯泡代替），则有

$$\dot{U}_{N'N} = \frac{j\omega C\,\dot{U}_A + G\,\dot{U}_B + G\,\dot{U}_C}{j\omega C + G + G} = 0.63U\underline{/108.4°}\ \text{V}$$

B 相灯泡承受的电压为

$$\dot{U}_{BN'} = \dot{U}_B - \dot{U}_{N'N} = 1.5U\underline{/-101.5°}\ \text{V}$$

C 相灯泡承受的电压为

$$\dot{U}_{CN'} = \dot{U}_C - \dot{U}_{N'N} = 0.4U\underline{/133.4°}\ \text{V}$$

显然，B 相灯泡承受的电压 $U_{BN'}$ 远大于 C 相灯泡承受的电压 $U_{CN'}$，因此 B 相灯泡将比 C 相灯泡亮。据此，可以指定连接电容的那一相为 A 相，则灯泡较亮的一相为 B 相，灯泡较暗的一相为 C 相。

（3）三相电路中的功率测量

在对称三相四线制电路中，因各相负载所吸收的功率相等，故可用一只功率表测出任一相负载的功率，再乘以 3，即得三相负载吸收的总功率。

在不对称三相四线制电路中，各相负载吸收的功率不再相等。这时可用三只功率表直接测出每相负载吸收的功率 P_A、P_B 和 P_C，或用一只功率表分别测出各相负载吸收的功率 P_A、P_B 和 P_C，然后再相加，即 $P = P_A + P_B + P_C$，可得到三相负载的总功率。这种测量方法称为三表法，其接线如图 2.15.2 所示。显然，这种方法也适用于对称三相四线制电路。

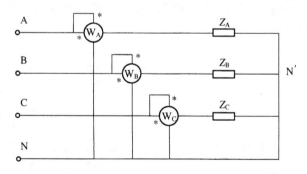

图 2.15.2　三表法测量三相功率示意图

在三相三线制电路中，不论其对称或不对称，常采用二表法来测量三相功率。如图 2.15.3 所示，两个功率表读数的代数和即为三相负载的总功率，其原理可参见机械工业出版社 2011 年出版的《电路原理第 2 版》教科书。

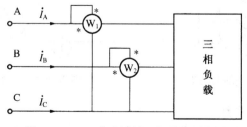

图 2.15.3　二表法测量三相功率示意图

在三相四线制电路中，一般不采用二表法。

（4）中线的作用

对于星形联结的三相负载，当其不对称时，若没有中线，则负载的三个相电压将不再对称。如果负载是白炽灯，则白炽灯的亮度将不同。如果负载极不对称，则负载较轻的一相的相电压将可能大大超过负载的额定电压值，以致会损坏该相负载；而负载较重的一相的相电压则会远低于负载的额定电压，使该负载不能正常工作。因此，对于不对称的星形负载应该连接中线，即采用三相四线制。

接中线后，负载中性点与电源中性点直接用导体相连接，被强制为等电位，各相负载的相电压与相应的电源电压相等。因此电源电压是对称的，所以负载的相电压也是对称的，从而可以保证各相负载能够正常工作。

在实际应用中，中线上不允许装开关和熔丝。另外，中线的阻抗也不能过大，否则也会导致负载的相电压不对称。

3. 实验任务

（1）测定三相电源的相序

按图 2.15.4 接线，形成一个不对称的星形三相负载，无中线。连接电容（2.7 μF，其耐压值应高于 450 V）的一相设为 A 相，其余两相各接 3 盏白炽灯（每盏 15 W）。接通三相电源，观察白炽灯的亮度。较亮的白炽灯所在的一相为 B 相，较暗的白炽灯所在的一相为 C相，记住所测得的相序。

（2）测量三相星形联结电路各种参数

下面分四种情况来测量三相星形联结电路的电压、电流及功率，其三相星形联结电路实验接线图如图 2.15.5 所示。

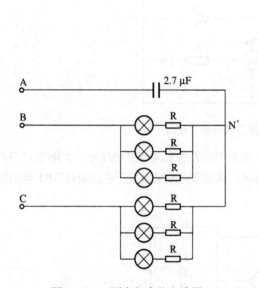

图 2.15.4　测定相序的电路图

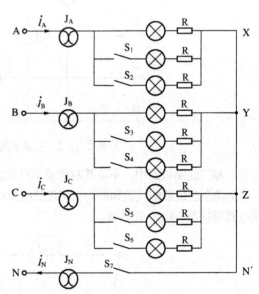

图 2.15.5　三相电路实验接线图

① 对称星形负载，有中线

接通中线开关 S_7，A、B、C 相各开 3 盏白炽灯，形成对称三相负载。接通电源，观察各相灯泡的亮度。分别测出各线电压（U_{AB}、U_{BC} 及 U_{CA}）、相电压（$U_{AN'}$、$U_{BN'}$ 及 $U_{CN'}$）、线电流（I_A、I_B 及 I_C）、中线电流（$I_{N'N}$）和中性点电压（$U_{N'N}$）；用三表法测量各相负载消耗的功率 P_A、P_B 及 P_C（功率表的面板示意图参见附录，将接好后的电流插笔分别插入 J_A、J_B 及 J_C，功率表上的电压表笔接到 N'端，即可测量出各相功率）。将测量结果填入表 2.15.1 中。

表 2.15.1　实验任务（2）测量数据

负载情况	灯泡只数			线电压/V			相电压/V			线电流/A			中线电流/A	中线电压/V	三表法测功率/W				二表法测功率/W		
	A	B	C	U_{AB}	U_{BC}	U_{CA}	$U_{AN'}$	$U_{BN'}$	$U_{CN'}$	I_A	I_B	I_C	$I_{N'N}$	$U_{N'N}$	P_A	P_B	P_C	P	P_1	P_2	P
对称 Y 有中线	3	3	3																		
对称 Y 无中线	3	3	3																		
不对称 Y 有中线	3	2	1																		
不对称 Y 无中线	3	2	1																		

② 对称星形负载，无中线

断开中线开关 S_7，重测 U_{AB}、U_{BC}、U_{CA}、$U_{AN'}$、$U_{BN'}$、$U_{CN'}$、I_A、I_B、I_C 及 $U_{NN'}$，并用二表法测量功率 P_1 及 P_2（测量用图如图 2.15.3 所示）。将测量结果填入表 2.15.1 中。注意观察各相白炽灯亮度与有中线时相比有无变化。

③ 不对称星形负载，有中线

接通中线开关 S_7，A 相开三盏白炽灯、B 相开两盏白炽灯、C 相开一盏白炽灯，形成不对称三相负载。接通电源，观察各相白炽灯亮度是否正常。分别测出此时的 U_{AB}、U_{BC}、U_{CA}、$U_{AN'}$、$U_{BN'}$、$U_{CN'}$、I_A、I_B、I_C、$I_{N'N}$ 及 $U_{N'N}$，用三表法测量 P_A、P_B 及 P_C。将测量结果填入表 2.15.1 中。

④ 不对称星形负载，无中线

上述实验③做完后，断开中线开关 S_7，重测 U_{AB}、U_{BC}、U_{CA}、$U_{AN'}$、$U_{BN'}$、$U_{CN'}$、I_A、I_B、I_C 及 $U_{N'N}$，并用二表法测量功率 P_1 及 P_2。将测量结果填入表 2.15.1 中。注意观察各相白炽灯亮度是否变化。

（3）测量三相三角形联结电路各种参数

将负载接成对称三角形联结（每相接 3 盏灯），检验线电流与相电流之间的关系（该实验电路、实验步骤及数据表格须在预习时自拟）。

4. 注意事项

（1）本次实验电源电压高达 380 V，所以一定要注意安全。

（2）严禁带电接线、拆线。实验中不可带电检查线路，以免触电。如需接线、拆线或检查线路必须先切断电源。

（3）本实验中交流电压表使用 500 V 量限档；功率表的电压量限也使用 500 V 档。

（4）负载由星形联结改为三角形联结时，一定要先将中线拆除，否则会造成三相短路。

5. 实验报告要求

（1）根据测量结果，计算相应的三相总功率 P，开比较各种情况下相、线各量的关系。

（2）画出实验任务（3）的实验电路图，并简述该实验的实验步骤。

（3）回答思考题（1）、（2）。

6. 思考题

（1）在测量相序的实验中，为什么选用 2.7 μF 的电容？若每盏白炽灯功率为 30 W，该选用多大的电容？

（2）试说明在三相四线制电路中（对称三相电源）负载对称与否对中线电流的影响。为什么中线阻抗不宜过大？

（3）总结对称三相电路的特点。

（4）总结不对称三相电路的特点。

（5）总结三表法与二表法应注意的问题及各自的适用范围。

7. 仪器设备

GDDS – 2C. NET 电工与 PLC 智能网络型实验装置	1 台
JDS 交流电路实验箱	1 台
电流插笔	1 支
表笔	3 根
导线	若干

2.16 非正弦周期电流电路

1. 实验目的

（1）了解非正弦周期电压、电流产生的原因，以及在实验室条件下如何获得非正弦电源。

（2）通过测量，加深对非正弦电压有效值与各次谐波之间关系的了解，加深对三相电路中非正弦电压与各次谐波相电压之间关系的了解。

（3）观察非正弦电流电路中电感及电容对电流波形的影响。

2. 实验原理

（1）非正弦周期信号展开成傅里叶级数

周期性的电信号多为非正弦信号，正弦交流信号只是其中的特例。研究非正弦周期信号的目的，是要找到分析与处理的方法，以解决工程实际问题。在非正弦周期交流电路的计算中，常将电压和电流展开成傅里叶级数，如非正弦电压 $u(t)$ 和电流 $i(t)$ 可分别写成如下形式：

$$u(t) = U_0 + \sum_{k=1}^{\infty} U_{km} \cos(k\omega_1 + \varphi_{ku})$$

$$i(t) = I_0 + \sum_{k=1}^{\infty} I_{km} \cos(k\omega_1 + \varphi_{ki})$$

而非正弦周期电压 U 或电流的有效值 I 可分别写为

$$U = \sqrt{U_0^2 + U_1^2 + U_2^2 + U_3^2 + \cdots}$$

$$I = \sqrt{I_0^2 + I_1^2 + I_2^2 + I_3^2 + \cdots}$$

式中，U_0、I_0 分别为非正弦周期电压和电流的恒定分量；而 U_1、U_2、$U_3\cdots$ 和 I_1、I_2、$I_3\cdots$ 分别为电压和电流各次谐波的有效值。

（2）非正弦信号的产生方法

非正弦信号产生的方法和装置很多，这里只介绍一个称为三倍频率器的实验装置。如图2.16.1所示，3个相同单相变压器的一次绕组为无中线星形联结，而二次绕组连接成开口三角形联结。当3个单相变压器的一次侧接上三相对称电源后，因没有中线回路，故一次绕组中的电流不含有 $3k(k=1,3,5\cdots)$ 次谐波。如果略去五次及高于五次谐波的各分量，则可认为一次绕组中的电流是按正弦变化的。由于变压器铁心中磁通与电流的非线性关系，故磁通是非正弦的，因而每个变压器的二次绕组中的感应电压也是非正弦的，但因为三个变压器的二次绕组是串联相接，对于二次绕组中的感应电压的基波总电压而言，$u_{ab1} + u_{bc1} + u_{ca1} = 0$（对称三相正弦电压所满足的关系），而对二次绕组中的感应电压的三次谐波总电压而言，$u_{ab3} + u_{bc3} + u_{ca3} = 3u_{ab3} \neq 0$（零序），所以在二次绕组 a、z 两端得到的总电压（基波分量加上三次谐波分量）只有三次谐波电压，且其幅值为每个单相变压器二次绕组感应电压的3倍，并且其频率为电源频率（基波频率）的3倍，故称三倍频率器。

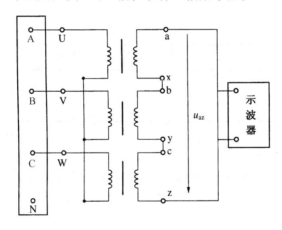

图2.16.1　三倍频率器

（3）电感、电容对电流波形的影响

若将一非正弦电压作用于 RL 串联电路，由于电感 L 对高次谐波呈现大的电抗性质，因而电流中谐波次数越高者越不明显，其结果是电流波形比电压波形更接近于正弦波形。

若将一非正弦电压作用于 RC 串联电路，则由于电容 C 对高次谐波呈现小的电抗 $\left(X_C = \dfrac{1}{\omega C}\right)$ 性质，因而使得电流中的谐波次数越高者越显著，其结果电流波形比电压波形更偏离正弦波。

3. 实验任务

（1）按图2.16.2接线，这时单相变压器输出电压 u_1 为正弦电压，即基波电压。三倍频率器输出电压 u_3 是频率为基波电压3倍的三次谐波电压，这样总电压 u_{13} 将是一个含有基波和三次谐波的非正弦周期电压，这个非正弦周期电压就是本实验所要研究的对象。

实验步骤如下：

① 接通单相变压器电源，用示波器观察 u_1 的波形，并将波形仔细绘在坐标纸上，保持示波器各旋钮位置不动，断开电源。

② 将三倍频率器的一次侧接至三相电源，用示波器观察 u_3 波形，并进行描绘。

③ 同时接通单相变压器及三倍频率器的电源，用示波器观察 u_{13} 波形，并进行描绘。同时用交流电压表测量基波电压 u_1 和三次谐波电压 u_3 的数值，并验证：

$$U_{13} = \sqrt{U_1^2 + U_3^2}$$

（2）将图2.16.2中的a、z两端对调（即N与z相接），重复任务（1）中的三项步骤。

（3）非正弦的电压部分接线如图2.16.2所示，在A、z两端分别接电阻、电感元件及其电阻、电容元件，如图2.16.3所示。用示波器观察并记录A、z两端的电压波形和电阻 R 两端的电压波形（即回路中的电流波形）以研究电感、电容对非正弦电流波形的影响。

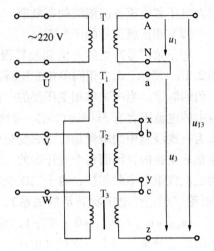

图2.16.2 非正弦周期电流电路

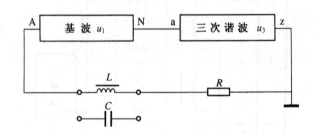

图2.16.3 *RL* 或 *RC* 与非正弦电源电压连接图

4. 注意事项

（1）变压器必须正确连接。

（2）变换电路时一定要切断电源。

（3）正确使用示波器。

5. 实验报告要求

（1）画出实验任务中规定的所需观察的波形。

（2）完成实验任务中规定的测量并讨论关系式 $U_{13}^2 = U_1^2 + U_3^2$ 是否成立，为什么？

（3）分析电感、电容对非正弦电流波形的影响。

（4）回答思考题。

6. 思考题

（1）测量非正弦周期电压时，选用何种类型仪表为佳（磁电式仪表、整流式仪表、电磁式仪表、电动式仪表）？各种仪表的读数所表示的含义有何不同？

（2）本实验中，测量 u_3、u_{13} 有效值 U_3、U_{13} 时，可以用万用表交流电压挡测量吗？为什么？

7. 仪器设备

GDDS – 2C. NET 电工与 PLC 智能网络型实验装置	1 台
JDS 交流电路实验箱	1 台
示波器	1 台
导线	若干
示波器探头	2 根

2.17 二端口网络参数的测定

1. 实验目的

（1）学习测定无源线性二端口网络参数的方法。

（2）验证二端口网络 T 型等效电路的等效性。

2. 实验原理

（1）二端口网络

对于无源线性二端口网络（如图 2.17.1 所示），可以用网络参数来表征它的特征，这些参数由二端口网络内部的元件和结构所决定，而与输入激励无关。网络参数一旦确定后，两个端口处的电压、电流关系（即网络的特性方程）就唯一地确定了。

图 2.17.1　无源线性二端口网络

（2）二端口网络的方程和参数

若按正弦稳态情况进行分析，无源线性二端口网络的特性方程共有六种，常用的有下列四种，写成矩阵形式为

① Y 参数（短路导纳参数）

$$\begin{bmatrix} \dot{I}_1 \\ \dot{I}_2 \end{bmatrix} = Y \begin{bmatrix} \dot{U}_1 \\ \dot{U}_2 \end{bmatrix}, \quad Y = \begin{bmatrix} Y_{11} & Y_{12} \\ Y_{21} & Y_{22} \end{bmatrix},$$ 对互易网络有：$Y_{12} = Y_{21}$。

② Z 参数（开路阻抗参数）

$$\begin{bmatrix} \dot{U}_1 \\ \dot{U}_2 \end{bmatrix} = Z \begin{bmatrix} \dot{I}_1 \\ \dot{I}_2 \end{bmatrix}, \quad Z = \begin{bmatrix} Z_{11} & Z_{12} \\ Z_{21} & Z_{22} \end{bmatrix},$$ 对互易网络有：$Z_{12} = Z_{21}$。

③ H 参数（混合参数）

$$\begin{bmatrix} \dot{U}_1 \\ \dot{I}_2 \end{bmatrix} = H \begin{bmatrix} \dot{I}_1 \\ \dot{U}_2 \end{bmatrix}, \quad H = \begin{bmatrix} H_{11} & H_{12} \\ H_{21} & H_{22} \end{bmatrix},$$ 对互易网络有：$H_{12} = -H_{21}$。

④ A 参数（T 参数、一般参数、传输参数）

$$\begin{bmatrix} \dot{U}_1 \\ \dot{I}_1 \end{bmatrix} = A \begin{bmatrix} \dot{U}_2 \\ -\dot{I}_2 \end{bmatrix}, A = \begin{bmatrix} A_{11} & A_{12} \\ A_{21} & A_{22} \end{bmatrix}, \text{对互易网络有：} A_{11}A_{22} - A_{12}A_{21} = 1。$$

如果这四种参数反映的是同一网络，它们之间必有内在联系，因而可由一套参数求出另一套参数。

由线性电阻、电容、电感（包括互感）元件构成的无源二端口网络称为互易网络。

（3）二端口网络方程和参数的测量方法

上述各种方程的参数都可以通过实验的方法测定。考虑到测量要尽可能简便易行，在工程上常采用先测定出无源线性二端口网络的 A 参数再求取其他参数的办法。测定 A 参数时，先令其端口 $2-2'$ 开路（或短路），在端口 $1-1'$ 上施加一定的交流电压（如果二端口内为纯电阻网络，则可用直流电压），则可分别测出端口 $1-1'$ 的电压 U、电流 I 及功率 P，并算出二端口网络在端口 $2-2'$ 开路和短路时的入端复阻抗 Z_{1oc}、Z_{1sc}；同理，令其端口 $1-1'$ 开路（或短路），在端口 $2-2'$ 上施加一定的交流电压，则可分别测出端口 $2-2'$ 的电压 U、电流 I 及功率 P，并算出二端口网络在端口 $1-1'$ 开路和短路时的入端复阻抗 Z_{2oc}、Z_{2sc}。由 A 参数的定义

$$\begin{bmatrix} \dot{U}_1 \\ \dot{I}_1 \end{bmatrix} = \begin{bmatrix} A_{11} & A_{12} \\ A_{21} & A_{22} \end{bmatrix} \begin{bmatrix} \dot{U}_2 \\ -\dot{I}_2 \end{bmatrix}$$

可知，在开路实验中，有

$$Z_{1oc} = \frac{\dot{U}_1}{\dot{I}_1} \bigg|_{i_2=0} = \frac{A_{11}\dot{U}_2 - A_{12}\dot{I}_2}{A_{21}\dot{U}_2 - A_{22}\dot{U}_2} \bigg|_{i_2=0} = \frac{A_{11}}{A_{21}}$$

$$Z_{2oc} = \frac{\dot{U}_2}{\dot{I}_2} \bigg|_{i_1=0} = \frac{A_{22}}{A_{21}}$$

在短路实际中，有

$$Z_{1sc} = \frac{\dot{U}_1}{\dot{I}_1} \bigg|_{\dot{U}_2=0} = \frac{A_{11}\dot{U}_2 - A_{12}\dot{I}_2}{A_{21}\dot{U}_2 - A_{22}\dot{I}_2} \bigg|_{\dot{U}_2=0} = \frac{A_{12}}{A_{22}}$$

$$Z_{2sc} = \frac{\dot{U}_2}{\dot{I}_2} \bigg|_{\dot{U}_1=0} = \frac{A_{12}}{A_{11}}$$

因此，利用互易网络特点，有

$$Z_{1oc} - Z_{1sc} = \frac{A_{11}}{A_{21}} - \frac{A_{12}}{A_{22}} = \frac{A_{11}A_{22} - A_{12}A_{21}}{A_{21}A_{22}} = \frac{1}{A_{21}A_{22}}$$

于是

$$\frac{Z_{2oc}}{Z_{1oc} - Z_{1sc}} = A_{22}^2$$

所以

$$A_{22} = \sqrt{\frac{Z_{2oc}}{Z_{1oc} - Z_{1sc}}}, A_{21} = \frac{A_{22}}{Z_{2oc}}$$

$$A_{12} = A_{22}Z_{1sc}, A_{11} = A_{21}Z_{1oc}$$

对于该实验中各复阻抗的测定,可以参照第 2.9 节交流参数的测量部分,采用三表法分别测出相应的 U、I 及 P 后,利用公式 $|Z| = \dfrac{P}{UI}$ 和 $\cos\varphi = \dfrac{P}{UI}$ 即可得出 $Z = |Z|\underline{/\varphi}$(感性时 $\varphi > 0$,容性时 $\varphi < 0$,可通过并联小实验电容来判断)。

(4)互易二端口网络的 T 型等效电路

互易二端口网络的外部特性可以用三个参数确定,所以互易二端口网络可以用由三个阻抗(或导纳)元件组成的 T 型或 π 型电路来等效。设已知一个互易二端口网络的 A 参数,其 T 型等效电路如图 2.17.2 所示,则可以求得该 T 型网络中各阻抗分别为

$$Z_1 = \frac{A_{11} - 1}{A_{21}}$$

$$Z_2 = \frac{1}{A_{21}}$$

$$Z_3 = \frac{A_{22} - 1}{A_{21}}$$

因此,求出互易二端口网络的 A 参数后,就可以根据上式确定该二端口网络的 T 型等效电路,并可以用实验来验证其等效性。

(5)二端口网络的输入阻抗

在二端口网络输出端接一个负载阻抗 Z_L,如图 2.17.3 所示。则该二端口网络的输入阻抗 Z_i 为

$$Z_i = \frac{\dot{U}_1}{\dot{I}_1}$$

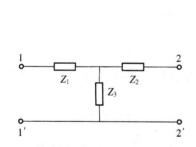

图 2.17.2　二端口网络的 T 型等效电路

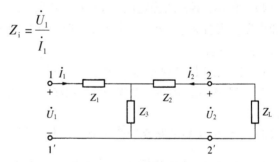

图 2.17.3　接负载阻抗时的二端口电路

根据 A 参数方程

$$\begin{bmatrix} \dot{U}_1 \\ \dot{I}_1 \end{bmatrix} = \begin{bmatrix} A_{11} & A_{12} \\ A_{21} & A_{22} \end{bmatrix} \begin{bmatrix} \dot{U}_2 \\ -\dot{I}_2 \end{bmatrix}$$

因为有

$$\dot{U}_2 = -Z_L\dot{I}_2$$

所以

$$Z_i = \frac{A_{11}Z_L + A_{12}}{A_{21}Z_L + A_{22}}$$

在实验中可用三表法测得相应的 U、I 及 P 后求得 Z_i,并与理论计算值进行比较。

3. 实验任务

（1）按图 2.17.4 接线作为给定待测互易二端口网络，根据实验原理（3）测量给定的二端口网络的 A 参数。

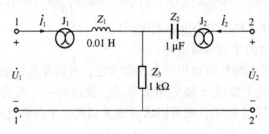

图 2.17.4 待测互易二端口网络

要求自拟实验电路，明确实验步骤及需用的实验仪器和设备，预先设计好数据记录表格。

（2）验证二端口网络的 T 型等效电路的等效性。要求：

① 由所得的 A 参数确定等效 T 型二端口网络内的元件参数 Z_1、Z_2 及 Z_3。

② 用三表法分别测出元件 Z_1、Z_2 及 Z_3 的值，并将上述值和给定值相比较。

（3）用三表法测定所给 T 型二端口网络在输出端接负载阻抗 Z_L 时的入端阻抗 Z_i。由公式 $Z_i = \dfrac{A_{11}Z_L + A_{12}}{A_{21}Z_L + A_{22}}$ 计算出 Z_i，与实验结果相验证。

（4）* 用示波器粗略测定图 2.17.4 中二端口网络分别在开路和短路时的入端复阻抗 Z_{1oc}、Z_{1sc} 和出端复阻抗 Z_{2oc}、Z_{2sc}，并与实验任务（1）中测定的数据相比较。

4. 注意事项

（1）正确使用单相调压器，加在二端口网络端口上的电压 $U < 50\text{ V}$，电流 $I < 0.5\text{ A}$。

（2）实验前先复习第 2.9 节交流参数的测量部分，正确使用交流电压表、电流表和功率表进行测量。

（3）设计的实验电路要安全可靠，操作简便，实验电路中的参数为参考值。

（4）本实验中测量数据多，计算量大，可先利用公式 $\dfrac{Z_{1oc}}{Z_{2oc}} = \dfrac{Z_{1sc}}{Z_{2sc}} = \dfrac{A_{11}}{A_{22}}$ 验算测得的入端阻抗。

5. 实验报告要求

（1）在预习阶段完成实验电路、实验步骤、实验记录表格等项内容的设计，并了解实验目的、实验注意事项等内容，注意实验仪器及设备应在实验室备有的设备清单范围内选用。

（2）按自拟实验步骤完成各项实验，记录相应的测量数据，并计算相应的结果。

（3）完成实验后，应附原始数据及经过整理计算后的数据表（附计算公式），并写一份心得体会。

（4）回答思考题（2）。

6. 思考题

（1）从测得的参数中如何判别给定的二端口网络是否是互易网络？简述互易网络与对称网络的联系与区别。

（2）在测量各参数的过程中，如果利用各参数的原始定义去测量，例如对 A 参数中的 A_{11} 可利用 $A_{11} = \dfrac{\dot{U}_1}{\dot{U}_2}\bigg|_{\dot{I}_2=0}$ 去测量，这样做是否合理？为什么？与本次实验中的方法相比哪种更易于实现？

7. 仪器设备

GDDS – 2C. NET 电工与 PLC 智能网络型实验装置	1 台
JDS 交流电路实验箱	1 台
MSDZ – 6 电子技术、电路实验箱	1 台
YB43020D 型双踪示波器	1 台
YB1615P 功率函数信号发生器	1 台
万用表	1 只
电阻箱	1 只
示波器探头	1 根
电流插笔	1 支
表笔	3 根
导线	若干

2.18　负阻抗变换器及其应用

1. 实验目的

（1）获得负阻器件的感性认识。

（2）学习和了解负阻抗变换器（NIC）的一些特性，扩展电路研究的领域。

（3）研究如何用运算放大器构成负阻抗变换器。

2. 实验原理

（1）负阻抗变换器的原理

图 2.18.1 中虚线框所示电路是一个用运算放大器组成的电流倒置型负阻抗变换器（INIC）。

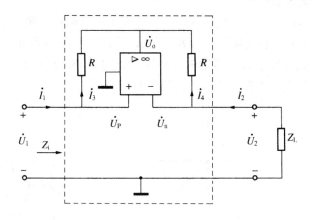

图 2.18.1　电流倒置型负阻抗变换器

设运算放大器是理想的，由于它的非倒相输入端（"＋"）和倒相输入端（"－"）之间

为虚短路，输入阻抗为无限大，故有

$$\dot{U}_p = \dot{U}_n$$

即

$$\dot{U}_1 = \dot{U}_2$$

运算放大器输出端电压 $\dot{U}_o$ 为

$$\dot{U}_o = \dot{U}_1 - \dot{I}_3 R = \dot{U}_2 - \dot{I}_4 R$$

所以

$$\dot{I}_3 = \dot{I}_4$$

但因

$$\dot{I}_1 = \dot{I}_3$$

$$\dot{I}_2 = \dot{I}_4$$

故

$$\dot{I}_1 = \dot{I}_2$$

又由负载端电压和电流的参考方向，有

$$\dot{I}_2 = -\frac{\dot{U}_2}{Z_L}$$

因此，整个电路的激励端的输入阻抗 Z_i 为

$$Z_i = \frac{\dot{U}_1}{\dot{I}_1} = \frac{\dot{U}_2}{\dot{I}_2} = -Z_L$$

可见，这个电路的输入阻抗为负载阻抗的负值，也就是说，当负载端接入任意一个无源阻抗元件时，在激励端就等效为一个负的阻抗元件，简称负阻元件。

分析含负阻元件的电路，仍可引用电路的一些基本定理和运算规则。

（2）负阻抗变换器的特性

在图 2.18.1 中，若 Z_L 为一个纯线性电阻元件 R 的负载阻抗，则负阻抗变换器输入端就等效为一个纯负电阻元件。负电阻用 "$-R$" 表示，如图 2.18.2a 所示，其特性曲线在 $u-i$ 平面上为一条通过原点且处于二、四象限的直线，如图 2.18.2b 所示。当输入电压 u_1 为正弦信号时，输入电流与端电压相位反相，如图 2.18.3 所示。

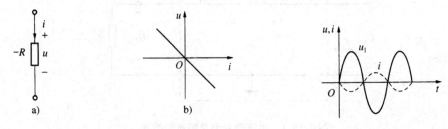

图 2.18.2　负电阻的 $u-i$ 特性　　　　图 2.18.3　负电阻的波形图
a）负电阻用 "$-R$" 表示　b）$u-i$ 特性曲线

（3）负阻抗变换器的串联与并联

负阻抗变换器的阻抗（$-Z$）和普通的无源电阻、电感、电容元件的阻抗 Z' 作串、并联连接时，等效阻抗的计算方法与无源元件的串并联计算公式相同，即对于串联连接，有

$$Z_{串} = -Z + Z'$$

对于并联连接，有

$$Z_{并} = \frac{-ZZ'}{-Z + Z'}$$

（4）阻抗逆变器

负阻抗变换器能够起逆变阻抗的作用，即实现容性阻抗和感性阻抗的逆变，称为阻抗逆变器。由电阻、电容元件来模拟电感的电路如图 2.18.4 所示。

阻抗逆变器输入端的等效阻抗 Z_i 可以视为电阻元件 R 与负阻抗元件 $-\left(R + \frac{1}{j\omega C}\right)$ 相并联的结果，即

$$Z_i = \frac{-\left(R + \frac{1}{j\omega C}\right)R}{-\left(R + \frac{1}{j\omega C}\right) + R}$$

$$= \frac{-R^2 - \frac{R}{j\omega C}}{-\frac{1}{j\omega C}}$$

$$= R + j\omega R^2 C$$

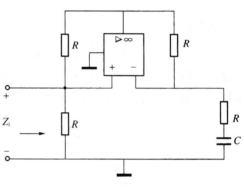

图 2.18.4 阻抗逆变器

对输入端而言，电路等效为一个与频率有关的有损耗电感，等效电感 $L = R^2 C$。同理，若将图中的电容 C 换接为电感 L，电路就等效为一个与频率有关的有损耗电容，即

$$Z_i = \frac{-(R + j\omega L)R}{-(R + j\omega L) + R}$$

$$= \frac{-R^2 - j\omega LR}{-j\omega L}$$

$$= R + \frac{1}{j\omega \frac{L}{R^2}}$$

式中，等效电容 $C = \frac{L}{R^2}$。

（5）应用负阻抗变换器构成具有负内阻的电压源

应用负阻抗变换器可以构成一个具有负内阻的电压源，其电路如图 2.18.5 所示。负载端为等效负内阻电压源的输出端。

由于运算放大器的"＋"、"－"端之间为虚短路，即

$$\dot{U}_1 = \dot{U}_2$$

由图示 $\dot{I}_1$ 和 $\dot{I}_2$ 的参考方向及实验原理（1）中的说明，有

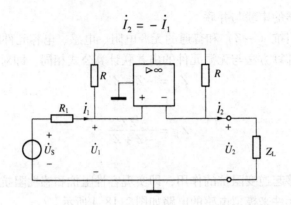

$$\dot{I}_2 = -\dot{I}_1$$

图 2.18.5　应用负阻抗变换器构成具有负内阻的电压源

输出电压为

$$\dot{U}_2 = \dot{U}_1 = \dot{U}_S - \dot{I}_1 R_1 = \dot{U}_S + \dot{I}_2 R_1 = \dot{U}_S - (-R_1)\dot{I}_2$$

显然，该电压源的内阻为（$-R_1$），当输入激励为直流源时，其输出端电压随输出电流的增加而增加。具有负内阻电压源的等效电路和伏安特性曲线如图 2.18.6 所示。

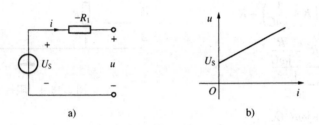

图 2.18.6　负内阻电压源的等效电路和伏安特性曲线
a）等效电路　b）伏安特性曲线

（6）利用负阻抗变换器产生无阻尼、负阻尼响应波形

在第 2.8 节中研究 RLC 串联电路的方波响应时，由于实际电感元件本身存在直流电阻 R_L，因此，响应类型只能观察到过阻尼、临界阻尼和欠阻尼三种情况。图 2.18.7 是利用具有负内阻的方波电源作为激励，由于电源的负内阻可以和电感器的电阻相"抵消"（等效电路如图 2.18.8 所示），响应类型可以出现 RLC 串联回路总电阻为零的无阻尼等幅振荡情况（如图 2.18.9 所示）和总电阻小于零的负阻尼发散振荡情况（如图 2.18.10 所示）。

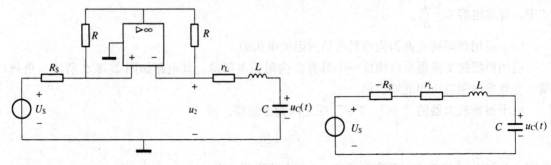

图 2.18.7　具有负内阻的方波电源与电感、电容元件串联　　图 2.18.8　图 2.18.7 的等效电路

引用第 2.8 节研究 *RLC* 串联回路响应时定义的 α、ω_0，在衰减振荡的响应表达式中，以 $-R$ 替代 R，即以 $-\alpha$ 代替 α，则发散振荡时的响应表达式为

$$u_C(t) = U_0 \frac{\omega_0}{\omega_d} e^{\alpha t} \cos(\omega_d t - \theta) + \frac{I_0}{\omega_d C} e^{\alpha t} \sin\omega_d t \qquad (t \geqslant 0)$$

$$i_C(t) = -U_0 \frac{\omega_0^2 C}{\omega_d} e^{\alpha t} \sin\omega_d t + \frac{I_0 \omega_0}{\omega_d} e^{\alpha t} \cos(\omega_d t + \theta) \qquad (t \geqslant 0)$$

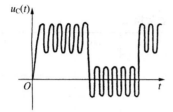 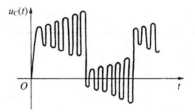

图 2.18.9　无阻尼等效振荡波形　　　　图 2.18.10　负阻尼发散振荡波形

（7）负阻抗变换器的制作

负阻抗变换器实验板内部电路如图 2.18.1 虚线框内所示，电阻 *R* 均为 1 kΩ。在它的两对端钮上换接不同的电路元件，可以完成本实验的全部内容。除了两对端钮外，实验板上还有相对地端的正、负电源端钮。

本次实验内容较新颖，但实验方式及测量手段与前相仿，因此，应注意巩固并熟练掌握基本的实验技能。要求做的内容由教师指定。

3. 实验任务

（1）对运算放大器进行检查并进行调零。

（2）用电压表、电流表测量负电阻的阻值。实验电路如图 2.18.11 所示，电源 *U* 使用直流稳压电源或 1.5 V 电池。断开开关 *S*，改变 R_2 的阻值，测出对应的 *U*、*I* 值，计算负电阻阻值。取 R_2 为 200 Ω，合上开关 *S*，改变 R_1 的阻值，测出对应的 *U*、*I* 值，数据分别记录于表 2.18.1、表 2.18.2 中。注意电流表端钮的极性。

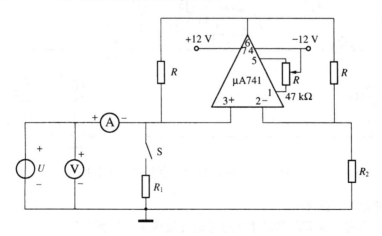

图 2.18.11　测量负电阻的实验电路图

89

表 2.18.1 实验任务（1）测量数据一

R_2/Ω		200	300	400	500	600	700	800	900
U/V									
I/mA									
等效电阻 /Ω	理论值								
	测量值								

表 2.18.2 实验任务（1）测量数据二

R_1/Ω		∞	5 100	1 000	700	500	300	200	151	100	51
U/V											
I/mA											
等效电阻 /Ω	理论值										
	测量值										

（3）用示波器观察正弦情况下负电阻元件的 u、i 波形，测量负电阻阻值和伏安特性曲线，正弦电压峰-峰值取 2 V，电路参数向上。

（4）用示波器观察阻抗逆变器在正弦输入下的 u、i 关系，验证用电阻、电容元件模拟有损耗的电感和用电阻、电感元件模拟有损耗的电容的特性，正弦电压峰-峰值取 2 V。改变电源频率和电容、电感的数值后重复观察。

实验步骤和记录表格自拟。

（5）用伏安（表）法测定具有负内阻电压源的伏安特性。

实验电路如图 2.18.12 所示。电源 U_S 用直流稳压电源或 1.5 V 电池，R_S 取为 300 Ω，负载 R_L 从 600 Ω 开始增加。为使测量准确，电压表需用高内阻型。

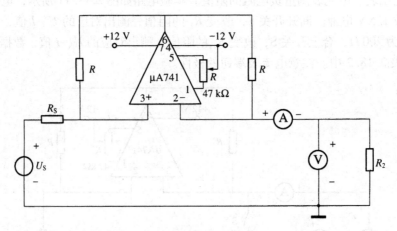

图 2.18.12 负内阻电压源的伏安特性测量电路

实验步骤和记录表格自拟。

（6）用示波器进一步研究 RLC 串联电路的方波响应和状态轨迹。

实验电路如图 2.18.13 所示。虚线框内代表等效负电阻（$-R_S$），增加 R_S 即相当于减小了 RLC 串联回路中的总电阻数值，R_S 可在几百欧姆内调节。实验时，先取 $R' > R_S$，然后

逐渐减小 R'（或增加 R_S），使响应分别出现过阻尼、临界阻尼、欠阻尼、无阻尼和负阻尼的五种情况，测出各种情况下的 α、ω_0 及 ω_d 值。激励电源峰 – 峰值取 2 V，其余参数和实验方法与第 2.8 节相同。

实验中应注意，RLC 串联电路的总电阻除了有为正值的 R' 及 r_L 外，还包括为负值的（$-R_S$）及方波电源的内阻值。方波电源的内阻在高电位和低电位时，数值不完全相同，改变频率和输出幅值后，也略有变化。从大到小改变回路的总电阻值，在接近无阻尼和负阻尼情况时，要仔细调节 R' 或 R_S，以便观察到无阻尼和负阻尼时的响应波形。

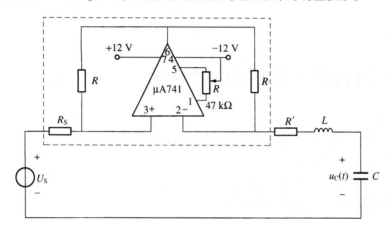

图 2.18.13　具有负内阻的电压源与 RLC 串联电路

4. 注意事项

（1）运算放大器的直流供电电源不得接错，以免损坏运算放大器。

（2）函数发生器（电源）的输出不能过大，应由小到大，不要超过实验给定值，以免运算放大器不能正常工作乃至损坏。

（3）每次换接外部电路元件时，必须事先断开供电电源。

（4）用示波器观察和测量负阻器件时，要考虑接地点的选择。注意正确判别电压 u 和 i 的相位关系。

5. 实验报告要求

（1）整理实验数据和图表，用实测各种情况下的阻抗值与理论数值加以比较。

（2）对负阻抗变换器的实验图形和曲线进行理论分析。

（3）根据指定的实验内容回答相应的思考题。

6. 思考题

（1）图 2.18.11 中的电源是发出功率还是吸收功率？负阻元件是发出功率还是吸收功率？如何用能量守恒定律加以解释？

（2）在用电压表、电流表测量负阻阻值和具有负内阻的电压源的伏安特性时，有哪些因素会引起测量误差？试举例说明。

（3）列写方程，推导出图 2.18.4 中输入阻抗 Z_i 的表达式。

（4）在研究 RLC 串联电路的方波响应时，在过阻尼和临界阻尼情况下，如何确认激励电源仍然具有负的内阻值？

（5）除了本实验介绍的应用实例外，能否举出负阻抗变换器在电路其他方面的应用例子?

（6）用无源元件能否实现线性定常的负阻抗吗？

7. 仪器设备

MSDZ – 6 电子技术、电路实验箱	1 台
YB43020D 双踪示波器	1 台
YB1615P 功率函数信号发生器	1 台
万用表	1 只
导线	若干
1.5 V 电池	1 只

2.19　回转器特性及并联谐振电路的研究

1. 实验目的

（1）研究回转器的特性，学习回转器的测试方法。

（2）了解回转器的某些应用。

（3）研究如何用运算放大器构成回转器。

（4）加深对并联谐振电路特性的理解。

2. 实验原理

（1）回转器的特性

理想回转器（如图 2.19.1 所示）是一个二端口网络，其特性表现为它的一个端口上的电流（或电压）能够"回转"为另一个端口上的电压（或电流），即

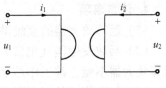

$$i_1 = gu_2$$

$$u_1 = -\frac{1}{g}i_2$$

图 2.19.1　回转器电路图

式中，g 为回转系数，具有电导的量纲，称为回转电导。

回转器的电路模型可以用两个电压控制电流源或两个电流控制电压源构成，如图 2.19.2a、b 所示。

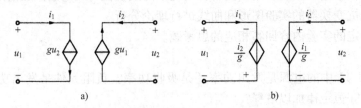

a)　　　　　　　　　　　　　　b)

图 2.19.2　回转器的等效电路模型

a）由两个电压控制电流源构成　b）由两个电流控制电压源构成

在实际回转器中，由于不完全对称，其电流电压关系为

$$i_1 = g_1 u_2$$

$$i_2 = -g_2 u_1$$

92

回转电导 g_1 和 g_2 比较接近而不相等。它们可以通过测量实际回转器的端口电压和电流后计算得出。

（2）回转器参数的测试方法

在回转器的 u_2 端接入负载电阻 R_L 时（如图 2.19.3 所示），u_1 端的输入电阻 R_i 为

$$R_i = \frac{u_1}{i_1} = \frac{-\frac{1}{g}i_2}{gu_2} = \frac{1}{g^2}\left(-\frac{i_2}{u_2}\right)$$

$$R_i = \frac{1}{g^2 R_L}$$

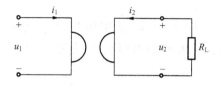

图 2.19.3　接负载的回转器电路

在正弦情况下，当负载是一个电容元件时，输入阻抗 Z_i 为

$$Z_i = \frac{1}{g^2 Z_L} = \frac{1}{g^2 \frac{1}{j\omega C}} = \frac{j\omega C}{g^2} = j\omega L_{eq}$$

可见，输入端等效为一个电感元件，等效电感 $L_{eq} = \dfrac{C}{g^2}$。所以，回转器也是一个阻抗逆变器，它可以使容性负载和感性负载互为逆变。

用电容元件来模拟电感器是回转器的重要应用之一，特别是模拟大电感量和低损耗的电感器。

由上面推导可知：通过测量 R_L 与 R_i 值，便可测得实际回转器的回转电导 g 值，由回转电导 g、负载电容 C（或负载电感 L）值和电源的角频率 ω 值，便可求得等效的 L_{eq}（或 C_{eq}）的值。

（3）回转器的应用

用模拟电感可以组成一个 RLC 并联谐振电路，如图 2.19.4a 所示。它的等效电路如图 2.19.4b 所示。

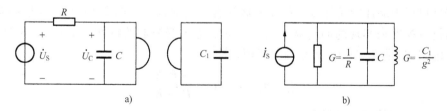

a)   b)

图 2.19.4　利用回转器来组成 RLC 并联谐振电路

a) RLC 并联谐振电路　b) 等效电路

并联电路的幅频特性为

$$U(\omega) = \frac{I}{\sqrt{G^2 + \left(\omega C - \frac{1}{\omega L}\right)^2}} = \frac{1}{G\sqrt{1 + Q^2\left(\frac{\omega}{\omega_0} - \frac{\omega_0}{\omega}\right)^2}}$$

当电源角频率 $\omega = \omega_0 = \dfrac{1}{\sqrt{LC}}$ 时，电路发生并联谐振，电路导纳为纯电导 G，支路端电压与激励电流同相位，品质因素 Q 为

$$Q = \frac{I_C}{I} = \frac{I_L}{I} = \frac{\omega_0 C}{G} = \frac{1}{\omega_0 LG} = \frac{1}{G}\sqrt{\frac{C}{L}}$$

在 L 和 C 为定值的情况下，Q 值仅由电导 G 的大小决定。若保持图 2.19.4a 中电压源 U_s 值不变，则谐振时激励电流最小；若用电流源激励（图 2.19.4b），则电源两端电压最大。

图 2.19.5a 是用模拟电感实现高通滤波器的例子，图 2.19.5b 是它的等效电路。图 2.19.6 是用回转器实现带通滤波器的例子。它们的滤波特性都可用实验方法测得。

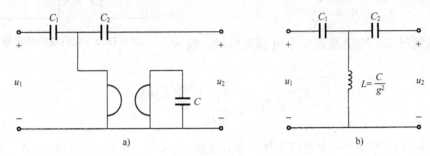

图 2.19.5　利用回转器实现高通滤波器电路

a) 高通滤波器　b) 等效电路

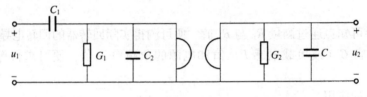

图 2.19.6　利用回转器实现带通滤波器电路

（4）回转器的构成

回转器可以由晶体管元件或运算放大器等有源器件构成。图 2.19.7 所示电路是一种用两个负阻抗变换器来实现的回转器电路。根据负阻抗变换器的特性（见第 2.18 节）A、B 端的输入电阻 R'_i 是 R_L 与 $(-R)$ 的并联值，即

$$R'_i = R_L /\!/ (-R) = \frac{-R_L R}{R_L - R}$$

激励（u_1）端的输入电阻 R_i 为

$$R_i = R /\!/ - (R + R'_i) = \frac{-R(R + R'_i)}{R - (R + R'_i)} = \frac{R^2}{R_L}$$

在实验原理（2）中，推导出 u_2 端接入负载电阻 R_L 时，输入电阻 R_i 为

$$R_i = \frac{1}{g^2 R_L}$$

由上面两式比较可得回转电导 $g = \frac{1}{R}$。用运算放大器的元件特性直接列写和求解电路方程，也可得出相同的结果。

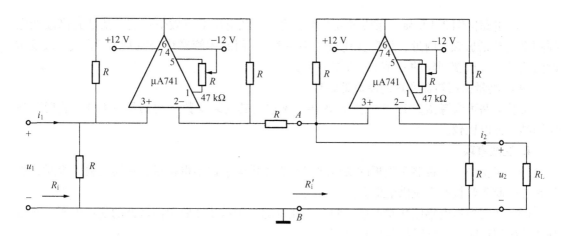

图 2.19.7 用两个负阻抗变换器构成的回转器的电路

3. 实验任务

（1）测量回转器的回转电导

电路如图 2.19.8 所示。图中 r_0 为取样电阻；R_L 为给定的负载电阻（$R_L = 200\,\Omega$），接在回转器的输出端 $2 - 2'$。

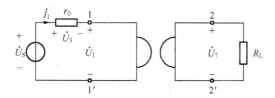

图 2.19.8 测回转电导的电路

回转器输入端由信号源供给频率为 $100\,Hz$、电压峰 – 峰值为 $2\,V$ 的正弦电源。通过测量 U_1 及 U_3 值计算 I_1 和 R_i 值（用晶体管毫伏表测出 r_0 两端的电压 U_3，再把 U_3 除以 r_0 即可得到 I_1。而用晶体管毫伏表测量出 U_1，通过

$$R_i = \frac{U_1}{I_1} = \frac{U_1}{U_3} r_0$$

可计算出入端电阻 R_i 的数值）。再通过 R_i 和 R_L 求出回转器的回转电导 g 值$\left(g = \dfrac{1}{\sqrt{R_i R_L}} \right)$。

改变正弦信号源的频率，在另外两个频率下进行测量，并求出回转电导 g。

改变负载电阻 R_L 的数值，再重复上述测量，观察有何变化，并求出回转电导 g。

将上述实际测出的回转电导 g 值与通过网络元件参数计算（理论计算）得到的回转电导 g 值进行比较。

（2）模拟电感的测试

在图 2.19.8 所示的电路中，将电阻 R_L 换成电容 C，用示波器观察不同电源频率和不同电容 C 值时 $\dot{U}_1$ 和 $\dot{I}_1$ 的相位关系。

通过测量 $\dot{U}_1$、$\dot{U}_3$，求取模拟电感的 L 值，并与理论计算结果进行比较。

（3）* 用模拟电感作 RLC 并联谐振实验

实验电路同图 2.19.4a，保持函数发生器输出正弦电压的有效值不变，从低到高改变电源频率（在谐振频率附近，频率变化量要小一些），用晶体管毫伏表测量 U_C 的值。改变 R 的阻值后（即改变回路的 Q 值），再测一次。

(4)＊测量由回转器实现的滤波器特性

实验电路可参考图 2.19.5 或图 2.19.6。先求出其网络函数（思考题（4）），然后再与实测结果加以比较。

4. 注意事项

(1) 实验中，回转器实验板的端口端钮和直流供电端钮不得接错，更换实验内容时，必须首先关断实验板的直流供电电源。

(2) 在用模拟电感做并联谐振实验时，注意随时用示波器监视回转器的端口电压，若出现非正弦波形时，应排除故障后再进行实验。

(3) 注意正弦信号源和示波器公共地点的正确选取。

5. 实验报告要求

(1) 根据实验数据，算出回转器的回转电导，并与理论值相比较。

(2) 描绘在两种不同电容数值下，用示波器观察到的模拟电感的 $u-i$ 波形，并讨论其相位关系，用测出的电感值与理论计算值作比较（计算电感数值时，回转电导取实测值）。

(3)＊根据实验数据在同一坐标平面上描绘出不同 Q 值时的并联谐振幅频特性曲线 $U_C(\omega)$，并给出分析讨论。

(4) 回答思考题。

6. 思考题

(1) 为什么当实际回转器的回转电导 g_1、g_2 不相等时，该回转器称为有源回转器？理想回转器由有源器件构成时，也称为有源回转器吗？

(2) 列写方程，推导图 2.19.5 所示回转器电路的端口特性。

(3) 图 2.19.9 是用回转器模拟实际电感（具有等效直流电阻）作并联谐振的实验电路，试分析其谐振情况和图 2.19.4 中的电路有何不同？写出它的入端复导纳和谐振频率的表达式，并说明如何用实验方法测得其幅频特性曲线。

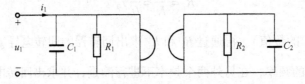

图 2.19.9　用回转器模拟实际电感的并联谐波电路

(4) 求出图 2.19.5a 和图 2.19.6 所示电路的网络函数 $H(s)$。

7. 仪器设备

MSDZ-6 电子技术、电路实验箱	1 台
YB43020D 型双踪示波器	1 台
YB1615P 功率函数信号发生器	1 台
万用表	1 只
导线	若干

第3章 Multisim 13 软件基础

Multisim 13 是美国国家仪器有限公司（National Instruments）于 2013 年 8 月推出的 NI Circuit Design Suit 13 中的一个重要组成部分，其前身为 Electronics WorkBench（EWB）。该软件可以实现电路原理图的绘制、电路分析、电路仿真、仿真仪器测试、射频分析等多种应用。该软件包含了数量众多的元器件库和标准化的仿真仪器库，操作简便，分析和仿真功能十分强大。熟练使用该软件可以大大缩短电子工程设计人员进行产品研发的时间，降低研发成本，对强化电路、电子技术等课程的理论学习与实验教学有十分重要的意义。

本章将围绕 Multisim 在电路课程中的应用，介绍 Multisim 13 软件的主界面、菜单、元器件库、常用虚拟仪表、常用仿真分析功能以及 Multisim 基础操作技能，为读者利用 Multisim 13 软件进行电路仿真实验与电路设计打下基础。

3.1 Multisim 13 的主界面及菜单

Multisim 13 软件可运行于 Windows XP 操作系统，其安装过程与一般 Windows 程序的安装一致，只需要根据提示进行相应的设置即可。要想利用 Multisim 13 进行电路设计与仿真，必须熟练掌握该软件的运行界面及各级菜单。

3.1.1 Multisim 13 的主界面

Multisim 13 软件的主界面如图 3.1.1 所示。该界面中的各个工具栏可以被拖放到指定位置，也可以通过定制功能设定是否显示。

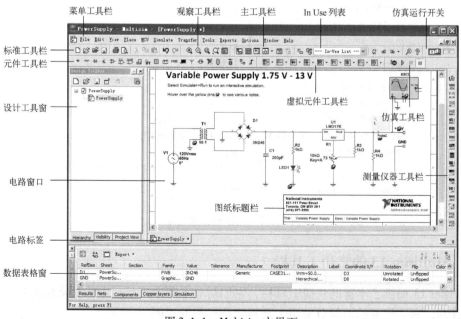

图 3.1.1 Multisim 主界面

Multisim 13 软件主界面主要由 Menu Toolbar（菜单工具栏）、Standard Toolbar（标准工具栏）、View Toolbar（观察工具栏）、Main Toolbar（主工具栏）、Component Toolbar（元件工具栏）、Instruments Toolbar（测量仪器工具栏）、Design Toolbox（设计工具窗）、Circuit Windows（电路窗口）、Spreadsheet View（数据表格窗）、Active Circuit Tab（电路标签）、Simulation Switch（仿真运行开关）等组成。Multisim 13 提供了丰富的工具栏，鼠标在图 3.1.1 的任意工具栏位置单击右键就可以弹出如图 3.1.2 所示的工具栏定制菜单，利用该菜单就可以实现对各个工具栏的定制。

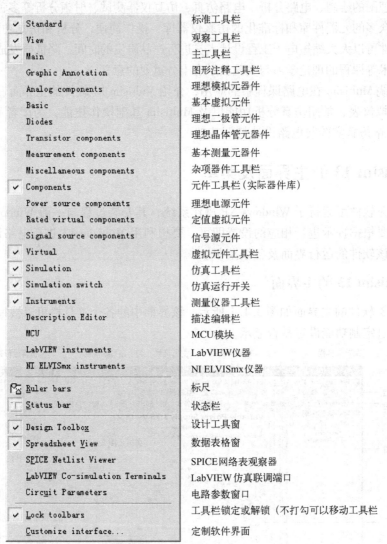

Standard	标准工具栏
View	观察工具栏
Main	主工具栏
Graphic Annotation	图形注释工具栏
Analog components	理想模拟元器件
Basic	基本虚拟元件
Diodes	理想二极管元件
Transistor components	理想晶体管元器件
Measurement components	基本测量元器件
Miscellaneous components	杂项器件工具栏
Components	元件工具栏（实际器件库）
Power source components	理想电源元件
Rated virtual components	定值虚拟元件
Signal source components	信号源元件
Virtual	虚拟元件工具栏
Simulation	仿真工具栏
Simulation switch	仿真运行开关
Instruments	测量仪器工具栏
Description Editor	描述编辑栏
MCU	MCU模块
LabVIEW instruments	LabVIEW仪器
NI ELVISmx instruments	NI ELVISmx仪器
Ruler bars	标尺
Status bar	状态栏
Design Toolbox	设计工具窗
Spreadsheet View	数据表格窗
SPICE Netlist Viewer	SPICE网络表观察器
LabVIEW Co-simulation Terminals	LabVIEW仿真联调端口
Circuit Parameters	电路参数窗口
Lock toolbars	工具栏锁定或解锁（不打勾可以移动工具栏
Customize interface...	定制软件界面

图 3.1.2　工具栏定制菜单

3.1.2　Multisim 13 的常用工具栏

Multisim 13 提供了丰富的快捷工具栏，它们对应了菜单工具栏中部分常用的功能。为便于读者查询，本节简要给出部分常用工具栏快捷按钮的说明。

（1）标准工具栏与观察工具栏

标准工具栏与观察工具栏如图 3.1.3 所示。

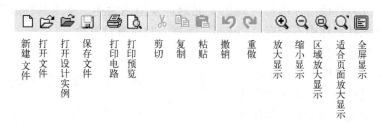

图 3.1.3　标准工具栏与观察工具栏

标准工具栏实现了对文件的各种基本操作和常规的 Windows 编辑功能。观察工具栏提供了多种显示控制功能，可以方便地实现对所绘电路图的放大或缩小显示控制。

（2）主工具栏及仿真运行开关

主工具栏及仿真运行开关如图 3.1.4 所示。

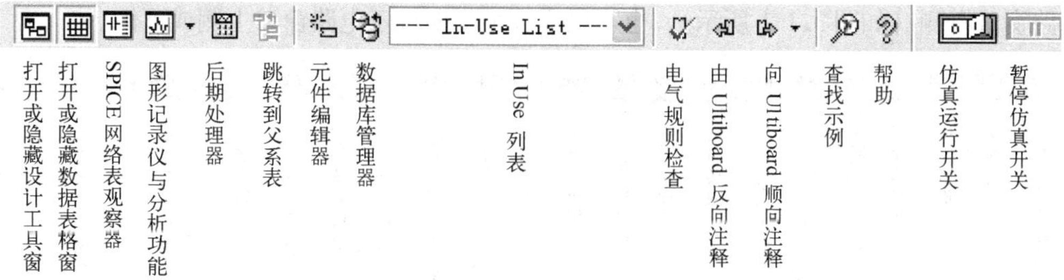

图 3.1.4　主工具栏及仿真运行开关

主工具栏中提供了利用 Multisim 13 进行电路设计与仿真的各种主要系统功能。In Use 列表栏方便用户选用已有元件。仿真运行开关相当于实际操作实验中的总电源开关，它可以用来启动仿真或者停止正在进行的仿真，任何一个电路必须使用此开关启动仿真后才能够有输出结果或测量值。暂停仿真开关用于暂停或继续仿真过程，常用于观察示波器波形等情况。一般情况下，电路仿真一定时间后应及时暂停或停止仿真，以避免长时间的仿真过程产生的大量数据造成计算机内存紧张。图形记录仪能够记录各种分析要求下所产生的仿真图形，后期处理器能够对各种仿真结果进行后期处理。

（3）元件工具栏

元件工具栏如图 3.1.5 所示。

图 3.1.5　元件工具栏

元件工具栏提供了从 Multisim 元件库中选择并放置元件到电路原理图中的快捷按钮。单击其中任何一个按钮都会打开选择元器件窗口，只不过各自指向的组不同。在 Multisim 中元件模型分为实际元器件模型和虚拟（理想）元器件模型两大类，本工具栏放置的都是实际元器件模型，其元件名称中不带有"Virtual"字样，且没有背景色。

（4）虚拟元件工具栏

虚拟元件工具栏如图 3.1.6 所示。

虚拟元件工具栏主要是理想元器件模型的集合，是验证电路理论时最常用的一类元件。其元件名称中带有"Virtual"字样，快捷按钮有背景色。

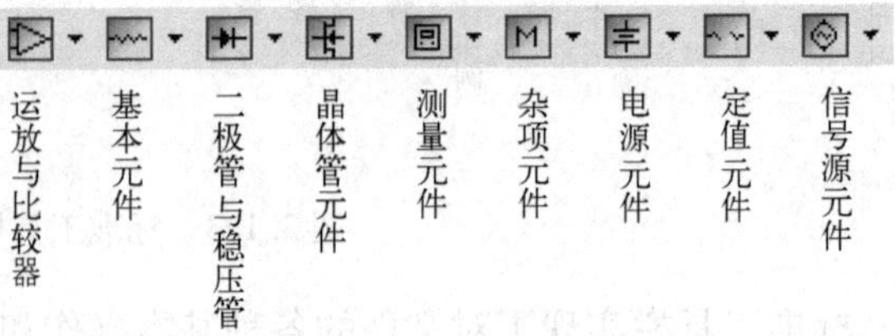

（5）测量仪器工具栏

测量仪器工具栏如图 3.1.7 所示。

图 3.1.6　虚拟元件工具栏

测量仪器工具栏提供了功率表、示波器等大量测量用仪器仪表的模型，以及函数信号发生器、字信号发生器等虚拟仪器，可以满足各种复杂电路分析与设计要求。通常该工具栏竖向位于电路窗口右侧（如图 3.1.1 所示），也可以拖放为横向位于电路窗口上侧或下侧。

图 3.1.7　测量仪器工具栏

3.1.3　Multisim 13 的菜单

Multisim 13 的所有功能都可以通过主菜单的相应命令来实现，本节简要说明部分常用菜单的作用。

（1）Edit 菜单

Edit 菜单如图 3.1.8 所示。除了完成复制、粘贴等基本编辑功能外，还提供了 Orientation（翻转工具）和 Properties（属性）等重要编辑工具。利用 Orientation（翻转工具）的子菜单可以实现对选中元器件进行顺时针或逆时针 90°旋转，也可以使选中的元件进行水平或垂直翻转。Properties（属性）命令用于设置所选对象的属性，随着所选对象的不同，该命令会弹出不同的属性设置对话框。

（2）View 菜单

View 菜单如图 3.1.9 所示。该菜单除了提供对电路窗口的显示控制外，还提供了对整个 Multisim 界面各工具栏的显示控制。用户可以通过 ToolBars 对主界面中的各种工具栏进行定制，使之符合自己的使用习惯。另外，Grapher 命令可以打开仿真图形记录仪，并利用该记录仪对仿真图形进行各种必要的分析。

↰ Undo	Ctrl+Z	撤销
↱ Redo	Ctrl+Y	重做
✂ Cut	Ctrl+X	剪切
📋 Copy	Ctrl+C	复制
📋 Paste	Ctrl+V	粘贴
Paste special	▶	特殊粘贴（粘贴为子电路等）
✕ Delete	Delete	删除
Delete multi-page..		删除多页
🔲 Select all	Ctrl+A	选择全部
🔍 Find	Ctrl+F	查找，单击打开查找对话框
Merge selected buses..		合并选中的总线
Graphic annotation	▶	图形注释，在子菜单中可进行相应的设置
Order	▶	前后顺序控制
Assign to layer	▶	指定到图层
Layer settings		图层设置
Orientation	▶	翻转工具，可对选中的元件进行旋转或翻转
Align	▶	排列与对齐工具，可对选中的元件进行对齐
Title block position	▶	标题栏位置，用于设定标题栏在图纸中的位置
Edit symbol/title block		编辑符号／标题栏
Font		字体设置，单击打开字体设置对话框
Comment		注释
Forms/questions		表格和问题
🔲 Properties	Ctrl+M	属性，单击打开被选对象的属性设置窗口

图 3.1.8　Edit 菜单

🔲 Full screen	F11	全屏显示
🔲 Parent sheet		跳转到父系表
🔍 Zoom in	Ctrl+Num +	放大显示
🔍 Zoom out	Ctrl+Num -	缩小显示
🔍 Zoom area	F10	区域放大
🔍 Zoom sheet	F7	适合页面放大显示
Zoom to magnification...	Ctrl+F11	指定比例放大
Zoom selection	F12	放大选定的部分
Grid		显示或隐藏网格
✓ Border		显示或隐藏边框
Print page bounds		显示或隐藏页面装订线
🔲 Ruler bars		显示或隐藏标尺栏
🔲 Status bar		显示或隐藏状态栏
✓ Design Toolbox		显示或隐藏设计工具窗
Spreadsheet View		显示或隐藏数据表格窗
SPICE Netlist Viewer		显示或隐藏 SPICE 网络表观察器
LabVIEW Co-simulation Terminals		显示或隐藏 LabVIEW 仿真联调端口
Circuit Parameters		显示或隐藏电路参数窗
Description Box	Ctrl+D	显示或隐藏电路描述窗
Toolbars	▶	定制工具栏
🔲 Show comment/probe		显示注释或探针
🔲 Grapher		仿真图形记录仪

图 3.1.9　View 菜单

（3）Place 菜单

Place 菜单是 Multisim 软件中十分重要的菜单之一，其菜单内容如图 3.1.10 所示。该菜单主要实现向软件的绘图区域放置各种电器元件模型，并通过电路连线的连接使其成为所需的电路结构。其中 Component（放置元器件）命令可以打开元器件选择对话框如图 3.1.11 所示，通过该对话框可以浏览 Multisim 元件库中的所有实际元器件模型和虚拟元件模型，并进行选择使用。

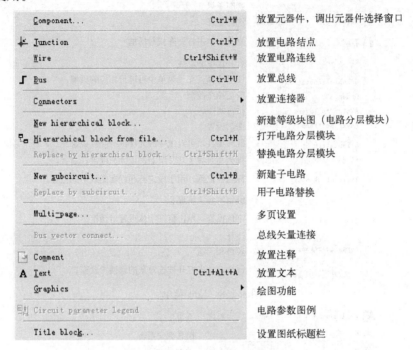

图 3.1.10　Place 菜单

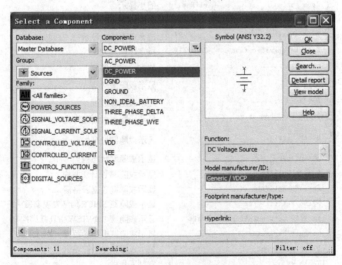

图 3.1.11　元器件选择对话框

（4）Simulate 菜单

Simulate 菜单是 Multisim 软件中十分重要的菜单之一，其菜单内容如图 3.1.12 所示。该

菜单除了提供对仿真过程的控制命令外，还提供了进行电路仿真所必需的仿真参数设置、仪器仪表选择、仿真分析方法选择等重要的功能。

Run F5	运行，启动仿真
Pause F6	暂停仿真
Stop	停止仿真
Instruments	仪器选择，用于向电路窗口放置各类虚拟仪器
Interactive simulation settings	交互式仿真参数设置
Mixed-mode simulation settings	混合模式电路仿真设置
Analyses	分析方法选择，提供了各种电路分析方法
Postprocessor	后期处理器，提供对仿真结果的进一步处理功能
Simulation error log/audit trail	仿真报错记录
XSPICE command line interface	XSPICE命令行输入窗
Load simulation settings...	调用仿真设置
Save simulation settings...	保存仿真设置
Automatic fault option...	自动故障设置
Dynamic probe properties	动态探针属性设置
Reverse probe direction	探针反向测量
Clear instrument data	清空仪器已存数据
Use tolerances	使用元器件容差

图 3.1.12　Simulate 菜单

（5）Tools 菜单

Tools 菜单提供了多种辅助工具，如图 3.1.13 所示。

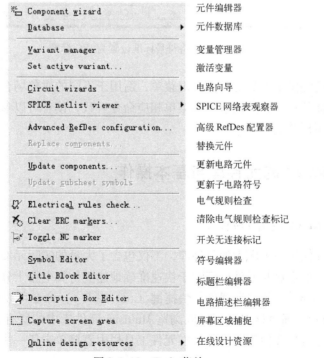

Component wizard	元件编辑器
Database	元件数据库
Variant manager	变量管理器
Set active variant...	激活变量
Circuit wizards	电路向导
SPICE netlist viewer	SPICE 网络表观察器
Advanced RefDes configuration...	高级 RefDes 配置器
Replace components...	替换元件
Update components...	更新电路元件
Update subsheet symbols	更新子电路符号
Electrical rules check...	电气规则检查
Clear ERC markers...	清除电气规则检查标记
Toggle NC marker	开关无连接标记
Symbol Editor	符号编辑器
Title Block Editor	标题栏编辑器
Description Box Editor	电路描述栏编辑器
Capture screen area	屏幕区域捕捉
Online design resources	在线设计资源

图 3.1.13　Tools 菜单

（6）Options 菜单

Options 菜单提供了对系统环境的各项设置功能，如图 3.1.14 所示。其中，执行 Global
Options 命令弹出总体参数设置对话框，在该对话框
的 Components 选项卡中可以将符号标准（Symbol
Standard）设置为 IEC 60617（简图用图形符号国际
IEC 标准），如图 3.1.15 所示，这样电阻元件的符号
就可以显示为小方块。ANSI Y32.2 为美国国家标准，
是软件的默认设置。本书中如不做特别说明，均采用 ANSI 标准。

Global options	总体参数设置
Sheet properties	电路图页面属性设置
✓ Lock toolbars	锁定或解锁工具栏
Customize interface	定制用户界面

图 3.1.14　Options 菜单

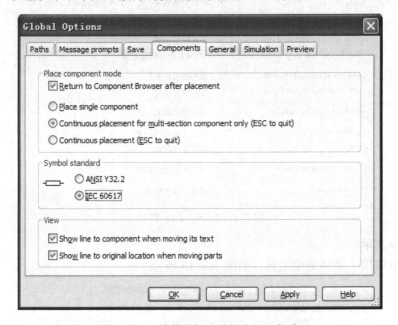

图 3.1.15　将符号标准设置为 IEC 标准

Multisim 13 还提供了大量的鼠标右键菜单，适用于不同的对象场合。这些右键菜单通常
是主菜单相关功能的集合，其用法与主菜单相应命令一致，读者可以参照相关主菜单命令的
用法使用，在此不再赘述。

3.2　Multisim 13 的元件库与基本操作

3.2.1　Multisim 13 的元件库

Multisim 13 提供了一个庞大的元件库，不仅包含了大量的实际元件模型，还包含了丰富
的虚拟元件模型。熟悉这些元件模型对于快速准确地建立仿真电路十分必要。执行菜单命令
"Place"→"Component"（放置元器件，快捷键〈Ctrl〉+〈W〉）命令可以打开元器件选择对话
框如图 3.1.11 所示，通过该对话框可以浏览 Multisim 元件库中的所有实际元器件模型和虚
拟元件模型，并进行选择使用。另外，在元件工具栏中直接单击任一快捷按钮均可以打开元
器件选择对话框。

根据图 3.1.11 可知，元件库 Database（数据库）被分为 Master Database（主数据库）、Corporate Database（公共数据库）和 User Database（用户数据库）3 大类。Master Database 又分为若干 Group（分组），每一个分组又分为若干 Family（元器件系列），当选中某 Family 时，会在 Component（元器件）对话框中显示该元器件系列中的元器件列表。

Multisim 13 元件库包含的元件分组如图 3.2.1 所示。

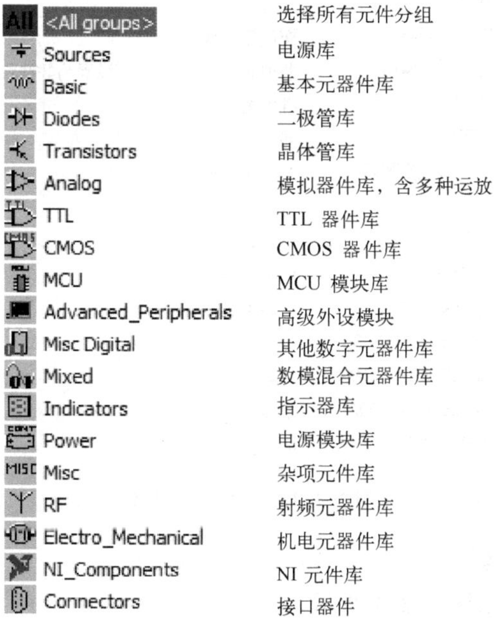

All	<All groups>	选择所有元件分组
	Sources	电源库
	Basic	基本元器件库
	Diodes	二极管库
	Transistors	晶体管库
	Analog	模拟器件库，含多种运放
	TTL	TTL 器件库
	CMOS	CMOS 器件库
	MCU	MCU 模块库
	Advanced_Peripherals	高级外设模块
	Misc Digital	其他数字元器件库
	Mixed	数模混合元器件库
	Indicators	指示器库
	Power	电源模块库
	Misc	杂项元件库
	RF	射频元器件库
	Electro_Mechanical	机电元器件库
	NI_Components	NI 元件库
	Connectors	接口器件

图 3.2.1　元件库包含的元件分组

（1）Sources（电源库）

Sources（电源库）如图 3.2.2 所示。

电源库的 Family 列表包含了各种交流电源、直流电源、接地端、受控源模块等元器件，是最常用的元件库之一。

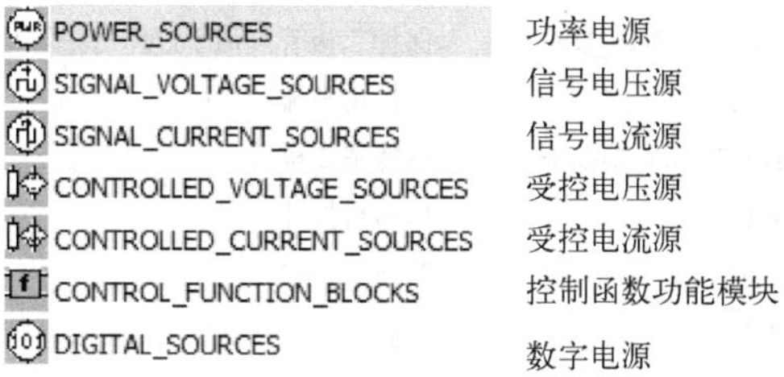

	POWER_SOURCES	功率电源
	SIGNAL_VOLTAGE_SOURCES	信号电压源
	SIGNAL_CURRENT_SOURCES	信号电流源
	CONTROLLED_VOLTAGE_SOURCES	受控电压源
	CONTROLLED_CURRENT_SOURCES	受控电流源
	CONTROL_FUNCTION_BLOCKS	控制函数功能模块
	DIGITAL_SOURCES	数字电源

图 3.2.2　电源库的 Family 列表

（2）Basic（基本元器件库）

Basic（基本元器件库）如图 3.2.3 所示。

基本元器件库包含了各种规格的电阻、电感、电容、开关、变压器以及继电器等元器件，是进行电路设计与仿真最常用的器件库之一。注意在基本元器件库的 Family 列表中，SCHEMATIC_SYMBOLS 元件组中的元件不能用来组建仿真电路，这些元件符号只用在 Ultiboard 制版时作为示意图标使用，因为它们没有任何电气特性。

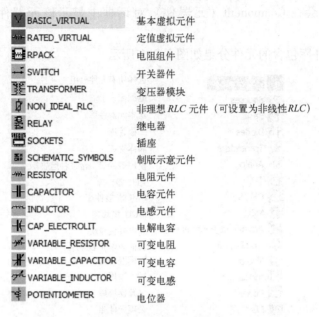

	BASIC_VIRTUAL	基本虚拟元件
	RATED_VIRTUAL	定值虚拟元件
	RPACK	电阻组件
	SWITCH	开关器件
	TRANSFORMER	变压器模块
	NON_IDEAL_RLC	非理想 RLC 元件（可设置为非线性RLC）
	RELAY	继电器
	SOCKETS	插座
	SCHEMATIC_SYMBOLS	制版示意元件
	RESISTOR	电阻元件
	CAPACITOR	电容元件
	INDUCTOR	电感元件
	CAP_ELECTROLIT	电解电容
	VARIABLE_RESISTOR	可变电阻
	VARIABLE_CAPACITOR	可变电容
	VARIABLE_INDUCTOR	可变电感
	POTENTIOMETER	电位器

图 3.2.3　基本元器件库

（3）Diodes（二极管库）

Diodes（二极管库）如图 3.2.4 所示。

二极管库包含了各种不同用途的二极管器件，并提供了具体的型号以便选择。

	DIODES_VIRTUAL	虚拟二极管
	DIODE	二极管
	ZENER	齐纳二极管（稳压管）
	SWITCHING_DIODE	开关二极管
	LED	发光二极管
	PHOTODIODE	光电二极管
	PROTECTION_DIODE	保护二极管（用于过压保护等场合）
	FWB	二极管整流桥
	SCHOTTKY_DIODE	肖特基二极管
	SCR	单向可控硅
	DIAC	双向二极管
	TRIAC	双向可控硅
	VARACTOR	变容二极管
	TSPD	晶闸管浪涌保护装置
	PIN_DIODE	PIN 二极管

图 3.2.4　二极管库

（4）Transistors（晶体管库）

Transistors（晶体管库）如图 3.2.5 所示。

图标	名称	说明
	TRANSISTORS_VIRTUAL	虚拟晶体管
	BJT_NPN	双极性 NPN 晶体管
	BJT_PNP	双极性 PNP 晶体管
	BJT_COMP	双极性晶体管对管
	DARLINGTON_NPN	达林顿 NPN 晶体管
	DARLINGTON_PNP	达林顿 PNP 晶体管
	BJT_NRES	内电阻偏置 NPN 晶体管
	BJT_PRES	内电阻偏置 PNP 晶体管
	BJT_CRES	内电阻偏置晶体管对管
	IGBT	绝缘栅双极型晶体管阵列
	MOS_DEPLETION	N 沟道耗尽型金属氧化物半导体场效应晶体管
	MOS_ENH_N	N 沟道增强型金属氧化物半导体场效应晶体管
	MOS_ENH_P	P 沟道增强型金属氧化物半导体场效应晶体管
	MOS_ENH_COMP	增强型金属氧化物半导体场效应管对晶体管
	JFET_N	N 沟道耗尽型结型场效应晶体管
	JFET_P	P 沟道耗尽型结型场效应晶体管
	POWER_MOS_N	N 沟道 MOS 功率晶体管
	POWER_MOS_P	P 沟道 MOS 功率晶体管
	POWER_MOS_COMP	MOS 功率对管
	UJT	单结晶体管
	THERMAL_MODELS	温度模型

图 3.2.5　晶体管库

晶体管库包含了各种不同型号的晶体管及 MOS 管器件以便选择。

（5）Analog（模拟器件库）

Analog（模拟器件库）如图 3.2.6 所示。

（6）TTL（TTL 器件库）

TTL（TTL 器件库）如图 3.2.7 所示。

图标	名称	说明
	ANALOG_VIRTUAL	虚拟模拟器件
	OPAMP	运算放大器
	OPAMP_NORTON	诺顿运算放大器
	COMPARATOR	比较器
	DIFFERENTIAL_AMPLIFIERS	差分放大器
	WIDEBAND_AMPS	变频放大器
	AUDIO_AMPLIFIER	音频放大器
	CURRENT_SENSE_AMPLIFIERS	电流感应放大器
	INSTRUMENTATION_AMPLIFIERS	仪用放大器
	SPECIAL_FUNCTION	特殊函数模块

图 3.2.6　模拟器件库

图标	名称	说明
	74STD	74STD 系列
	74STD_IC	集成 74STD 系列
	74S	74S 系列
	74S_IC	集成 74S 系列
	74LS	74LS 系列
	74LS_IC	集成 74LS 系列
	74F	74F 系列
	74ALS	74ALS 系列
	74AS	74AS 系列

图 3.2.7　TTL 器件库

（7）CMOS（CMOS 器件库）

CMOS（CMOS 器件库）如图 3.2.8 所示。

CMOS_5V   CMOS 工艺，5V 电压供电 40 系列

CMOS_5V_IC   CMOS 工艺，5V 电压供电 40 系列，集成元件

CMOS_10V   CMOS 工艺，10V 电压供电 40 系列

CMOS_10V_IC   CMOS 工艺，10V 电压供电 40 系列，集成元件

CMOS_15V   CMOS 工艺，15V 电压供电 40 系列

74HC_2V   CMOS 工艺，2V 电压供电 74HC 系列

74HC_4V   4V，74HC 系列

74HC_4V_IC   4V，74HC 系列，集成元件

74HC_6V   6V，74HC 系列

TinyLogic_2V   CMOS 工艺，2V 电压供电 NC7S 系列

TinyLogic_3V   3V，NC7S 系列

TinyLogic_4V   4V，NC7S 系列

TinyLogic_5V   5V，NC7S 系列

TinyLogic_6V   6V，NC7S 系列

图 3.2.8   CMOS 器件库

（8）MCU Module（MCU 模块库）

MCU Module（MCU 模块库）如图 3.2.9 所示。

（9）Advanced Peripherals（高级外设模块）

Advanced Peripherals（高级外设模块）如图 3.2.10 所示。

805x   8051/8052 单片机   KEYPADS   键盘组件

PIC   PIC16F84/ PIC16F84A 单片机   LCDS   LCD 显示屏模块

RAM   读/ 写存储器模块   TERMINALS 液晶屏模块

ROM   只读存储器模块   MISC_PERIPHERALS   杂项外设

图 3.2.9   MCU 模块库   图 3.2.10   高级外设模块

（10）Misc Digital（其他数字元器件库）

Misc Digital（其他数字元器件库）如图 3.2.11 所示。

TIL   与、或、非等数字器件

DSP   DSP 芯片，数字信号处理器

FPGA   FPGA 芯片，在线可编程逻辑器件

PLD   PLD 芯片，可编程逻辑器件

CPLD   CPLD 芯片，复杂可编程逻辑器件

MICROCONTROLLERS 微控制器

MICROCONTROLLERS_IC   微控制器，集成芯片

MICROPROCESSORS   微处理器

MEMORY   存储器系列

LINE_DRIVER   线信号驱动器件

LINE_RECEIVER   线信号接收器件

LINE_TRANSCEIVER 线信号收发器件

SWITCH_DEBOUNCE   开关去抖器件

图 3.2.11   其他数字元器件库

（11）Mixed（模数混合元器件库）

Mixed（模数混合元器件库）如图 3.2.12 所示。

V	MIXED_VIRTUAL	混合虚拟元件
	ANALOG_SWITCH	模拟开关
	ANALOG_SWITCH_IC	模拟开关，集成元件
555	TIMER	定时器
ADC DAC	ADC_DAC	模数-数模转换器
∏	MULTIVIBRATORS	多谐振荡器
	SENSOR_INTERFACE	传感器接口

图 3.2.12　模数混合元器件库

（12）Indicators（指示器库）

Indicators（指示器库）如图 3.2.13 所示。

V	VOLTMETER	电压表
A	AMMETER	电流表
	PROBE	指示灯（虚拟器件）
	BUZZER	蜂鸣器
@	LAMP	灯泡
@	VIRTUAL_LAMP	虚拟灯泡
	HEX_DISPLAY	16 进制显示器（虚拟器件）
	BARGRAPH	排型 LED（虚拟器件）

图 3.2.13　指示器库

（13）Power（电源模块库）

Power（电源模块库）如图 3.2.14 所示。

本库中的器件主要是由复杂集成电路所构成的各种电源模块、开关器件等。

	POWER_CONTROLLERS	电源控制器
	SWITCHES	开关器件
	SWITCHING_CONTROLLER	开关电源控制器
	HOT_SWAP_CONTROLLER	热交换控制器
	BASSO_SMPS_CORE	数字开关电源核心模块
	BASSO_SMPS_AUXILIARY	数字开关电源辅助模块
	VOLTAGE_MONITOR	电压监控器
VREF	VOLTAGE_REFERENCE	基准电压管
VREG	VOLTAGE_REGULATOR	稳压管
	VOLTAGE_SUPPRESSOR	瞬态电压抑制器
LED	LED_DRIVER	LED 照明驱动器
RELAY	RELAY_DRIVER	继电器电感负载驱动器
	PROTECTION_ISOLATION	隔离保护模块
	FUSE	熔断器
	THERMAL_NETWORKS	热网络
MISC	MISCPOWER	杂项电源器件

图 3.2.14　电源模块库

（14）Misc（杂项元件库）

Misc（杂项元件库）如图 3.2.15 所示。

图标	名称	说明
	MISC_VIRTUAL	虚拟杂项元件
	TRANSDUCERS	热电偶放大器
	OPTOCOUPLER	光电耦合器
	CRYSTAL	晶体振荡器
	VACUUM_TUBE	真空电子管
	BUCK_CONVERTER	BUCK 转换器（降压模块）（虚拟器件）
	BOOST_CONVERTER	BOOST 转换器（升压模块）（虚拟器件）
	BUCK_BOOST_CONVERTER	BUCK_BOOST 转换器（升降压模块）
	LOSSY_TRANSMISSION_LINE	有损耗传输线（虚拟器件）
	LOSSLESS_LINE_TYPE1	无损耗线路_类型 1（虚拟器件）
	LOSSLESS_LINE_TYPE2	无损耗线路_类型 2（虚拟器件）
	FILTERS	滤波器
	MOSFET_DRIVER	MOSFET 驱动器
	MISC	杂项元件
	NET	网络接口

图 3.2.15　杂项元件库

（15）RF（射频元器件库）

RF（射频元器件库）如图 3.2.16 所示。

图标	名称	说明
	RF_CAPACITOR	射频电容
	RF_INDUCTOR	射频电感
	RF_BJT_NPN	射频双结型 NPN 晶体管
	RF_BJT_PNP	射频双结型 PNP 晶体管
	RF_MOS_3TDN	射频 N 沟道耗尽型 MOS 管
	TUNNEL_DIODE	隧道二极管
	STRIP_LINE	带状线
	FERRITE_BEADS	铁氧体磁珠

图 3.2.16　射频元器件库

（16）Electro Mechanical（机电元器件库）

Electro Mechanical（机电元器件库）如图 3.2.17 所示。

图标	名称	说明
	MACHINES	电机模块
	MOTION_CONTROLLERS	机电控制器
	SENSORS	机电传感器
	MECHANICAL_LOADS	机械负载模块
	TIMED_CONTACTS	同步触点
	COILS_RELAYS	线圈_继电器
	SUPPLEMENTARY_SWITCHES	辅助开关
	PROTECTION_DEVICES	保护装置

图 3.2.17　机电元器件库

除了以上介绍的元件分组，Multisim13 还提供了 NI_Components 以及 Connectors 两个元件分组。其中 NI_Components 包含了 NI 公司的各种产品模块，Connectors 包含了各种接口模块，在此不再赘述。

3. 2. 2   Multisim 13 的虚拟元件

虚拟元件是 Multisim 13 最重要的部分之一，包含了进行电路仿真与设计最常用的器件。在图 3.1.2 中勾选"Virtual"之后虚拟元件工具栏就出现在快捷工具栏中，如图 3.1.1 中所示。在图 3.1.6 中已经介绍了虚拟元件的几个大类，本节将进一步对这些大类中的具体内容做一个简介。用户可以单击图 3.1.6 中的各个按钮以弹出各相应的快捷工具栏，也可以通过单击图 3.1.6 中各按钮边的小三角以获得相应的虚拟元件 Family 菜单，两者的内容是一样的，本书将介绍后一种方法。

（1）Show/Hide Analog Family 按钮 ⯈ （模拟器件）

模拟器件快捷工具栏如图 3.2.18 所示。

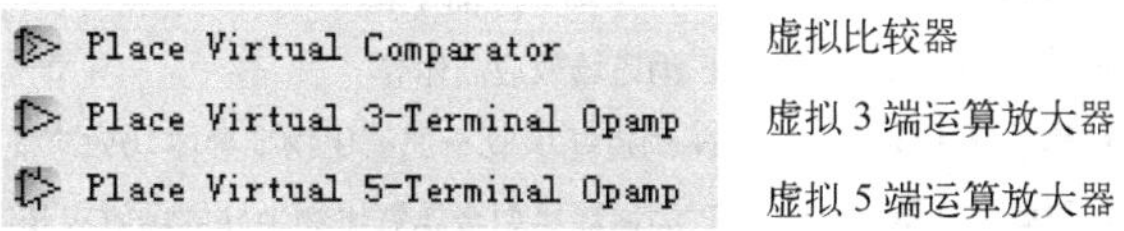

Place Virtual Comparator	虚拟比较器
Place Virtual 3-Terminal Opamp	虚拟 3 端运算放大器
Place Virtual 5-Terminal Opamp	虚拟 5 端运算放大器

图 3.2.18   虚拟模拟器件

（2）Show/Hide Basic Family 按钮 〰 （基本元件）

基本元件快捷工具栏如图 3.2.19 所示。

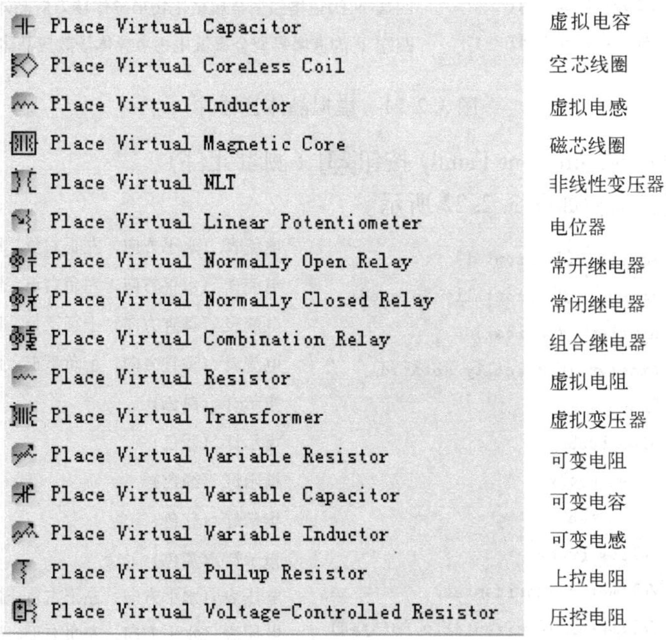

Place Virtual Capacitor	虚拟电容
Place Virtual Coreless Coil	空芯线圈
Place Virtual Inductor	虚拟电感
Place Virtual Magnetic Core	磁芯线圈
Place Virtual NLT	非线性变压器
Place Virtual Linear Potentiometer	电位器
Place Virtual Normally Open Relay	常开继电器
Place Virtual Normally Closed Relay	常闭继电器
Place Virtual Combination Relay	组合继电器
Place Virtual Resistor	虚拟电阻
Place Virtual Transformer	虚拟变压器
Place Virtual Variable Resistor	可变电阻
Place Virtual Variable Capacitor	可变电容
Place Virtual Variable Inductor	可变电感
Place Virtual Pullup Resistor	上拉电阻
Place Virtual Voltage-Controlled Resistor	压控电阻

图 3.2.19   基本虚拟元件

（3）Show/Hide Diode Family 按钮 ⯈⯇ （二极管）

二极管快捷工具栏如图 3.2.20 所示。

⊬	Place Virtual Diode	虚拟二极管
⊬	Place Virtual Zener Diode	虚拟齐纳二极管（稳压管）

图 3.2.20　虚拟二极管元件

（4）Show/Hide Transistor Family 按钮 ⊬ （晶体管）

晶体管快捷工具栏如图 3.2.21 所示。

⊬	Place BJT NPN 4T	四端双结型 NPN 晶体管
⊬	Place BJT NPN	双结型 NPN 晶体管
⊬	Place BJT PNP 4T	四端双结型 PNP 晶体管
⊬	Place BJT PNP	双结型 PNP 晶体管
⊬	Place GaAsFET N	N 沟道砷化镓场效应晶体管
⊬	Place GaAsFET P	P 沟道砷化镓场效应晶体管
⊬	Place JFET N	N 沟道场效应晶体管
⊬	Place JFET P	P 沟道场效应晶体管
⊬	Place MOS N DEP	N 沟道耗尽型金属氧化物半导体场效应晶体管
⊬	Place MOS P DEP	P 沟道耗尽型金属氧化物半导体场效应晶体管
⊬	Place MOS N	N 沟道增强型金属氧化物半导体场效应晶体管
⊬	Place MOS P	P 沟道增强型金属氧化物半导体场效应晶体管
⊬	Place MOS N 4T DEP	四端 N 沟道耗尽型金属氧化物半导体场效应晶体管
⊬	Place MOS P 4T DEP	四端 P 沟道耗尽型金属氧化物半导体场效应晶体管
⊬	Place MOS N 4T	四端 N 沟道增强型金属氧化物半导体场效应晶体管
⊬	Place MOS P 4T	四端 P 沟道增强型金属氧化物半导体场效应晶体管

图 3.2.21　虚拟晶体管器件

（5）Show/Hide Measurement Family 按钮 ▣ （测量元件）

测量元件快捷工具栏如图 3.2.22 所示。

⊡	Place Ammeter (Horizontal)	电流表（水平方向，左正右负，默认直流）
⊡	Place Ammeter (Horizontally Rotated)	电流表（水平方向，左负右正，默认直流）
⊡	Place Ammeter (Vertical)	电流表（垂直方向，上正下负，默认直流）
⊡	Place Ammeter (Vertically Rotated)	电流表（垂直方向，上负下正，默认直流）
⊡	Place Probe	指示灯（白色）
⊡	Place Blue Probe	指示灯（蓝色）
⊡	Place Green Probe	指示灯（绿色）
⊡	Place Red Probe	指示灯（红色）
⊡	Place Yellow Probe	指示灯（黄色）
⊡	Place Voltmeter (Horizontal)	电压表（水平方向，左正右负，默认直流）
⊡	Place Voltmeter (Horizontally Rotated)	电压表（水平方向，左负右正，默认直流）
⊡	Place Voltmeter (Vertical)	电压表（垂直方向，上正下负，默认直流）
⊡	Place Voltmeter (Vertically Rotated)	电压表（垂直方向，上负下正，默认直流）

图 3.2.22　虚拟测量元件

（6）Show/Hide Misc Family 按钮 M （杂项元件）

杂项元件快捷工具栏如图 3.2.23 所示。

Place Virtual Ideal 555 Timer	理想 555 定时器
Place Virtual Analog Switch	模拟开关
Place Virtual Crystal	晶体振荡器
Place Virtual DCD Hex	带有译码驱动的十六进制 DCD
Place Virtual Current Rated Fuse	限流熔断器
Place Virtual Lamp	灯泡
Place Virtual Monostable	单稳态电路
Place Virtual Motor	电动机
Place Virtual Optocoupler	光电耦合器
Place Virtual Phase Locked Loop	锁相环
Place Virtual 7-Segment Display (Common Anode)	共阳七段数码管
Place Virtual 7-Segment Display (Common Cathode)	共阴七段数码管

图 3.2.23　杂项元件

（7）Show/Hide Power Source Family 按钮 （电源元件）

电源元件快捷工具栏如图 3.2.24 所示。

Place AC Power Source	交流电压源
Place DC Power Source	直流电压源
Place Digital Ground	接地端（数字地）
Place Ground	接地端（模拟地）
Place 3-Phase Delta Voltage Source	三相电压源（△形联结）
Place 3-Phase WYE Voltage Source	三相电压源（丫形联结）
Place TTL Supply (VCC)	VCC 电源，常用于 TTL 电路
Place CMOS Supply (VDD)	VDD 电源，常用于 CMOS 电路
Place Digital Supply (VEE)	VEE 电源，常用于数字电路的负电源
Place CMOS Supply (VSS)	VSS 电源，常用于 CMOS 电路的负电源

图 3.2.24　信号源列表

（8）Show/Hide Rated Family 按钮 （定值器件）

定值器件快捷工具栏如图 3.2.25 所示。

Place Virtual BJT NPN Rated	BJT NPN 管
Place Virtual BJT PNP Rated	BJT PNP 管
Place Virtual Capacitor Rated	电容
Place Virtual Diode Rated	二极管
Place Virtual Inductor Rated	电感
Place Virtual Motor Rated	电动机
Place Virtual NC Relay Rated	常闭继电器
Place Virtual NO Relay Rated	常开继电器
Place Virtual NONC Relay Rated	常开常闭继电器
Place Virtual Resistor Rated	电阻

图 3.2.25　定值器件

（9）Show/Hide Signal Source Family 按钮 ◈（信号源器件）

信号源器件快捷工具栏如图3.2.26所示。

图3.2.26　信号源器件

3.2.3　Multisim 13 的基本操作

本节将以图3.2.27所示仿真电路为例，介绍利用 Multisim 13 建立仿真电路的各种基本操作。本电路元件都采用虚拟元件，其中函数信号发生器的输出是幅值为 5 V、频率为 50 Hz 的方波电压信号，元件符号模型采用默认的 ANSI 体系。

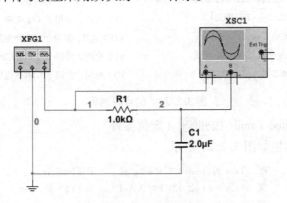

图3.2.27　一阶 RC 电路的方波响应仿真电路

（1）放置元器件

对于结构简单、元器件数量较少的电路，可以采取先在电路窗口一次性放置好所需元件再连线的方式，尽量避免放一个元件连一条导线。在图3.1.1所示 Multisim 主界面中鼠标左键单击基本虚拟元件快捷按钮 ▦·旁边的小三角，在出现的菜单中找到虚拟电阻元件（Place Virtual Resistor）（如图3.2.19所示），单击鼠标左键后，移动到绘图区域的适当位置，再次单击鼠标左键放置该元件。按照同样的方法，在基本虚拟元件 ▦·中找到虚拟电容元件

（Place Virtual Capacitor）并放置到绘图区的适当位置；在虚拟电源元件![icon]中找到接地端（Place Ground，模拟地）并放置到绘图区的适当位置；在仪器仪表工具栏（如图 3.1.7 所示）分别找到函数信号发生器![icon]和示波器![icon]并放置到绘图区，此时电路如图 3.2.28 所示。

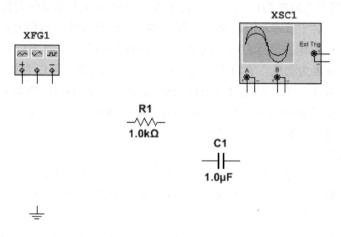

图 3.2.28　放置元器件

（2）设置元器件属性

元器件放置到绘图区后可能会遇到两类问题：元器件的某些参数需要进一步设定；元器件的位置需要移动、旋转或翻转以使电路结构更加合理紧凑。针对本例，双击图 3.2.28 中的电容 C1，在弹出的属性设置对话框"Value"选项卡中修改"Capacitance(C)"的值为"2.0 μ"，单击"OK"按钮确定；双击函数信号发生器 XFG1，在弹出的属性设置对话框中按图 3.2.29 所示进行设置，设置完毕后单击该图右上方的小红叉关闭该对话框。

图 3.2.28 中有两个元件还需要调整位置。在电容上单击鼠标右键，在弹出的右键菜单上选择"Rotate 90°Clockwise"或选中电容后直接按组合键〈Ctrl〉+〈R〉，可将该元件顺时针旋转 90°，直接拖动电容到合适的位置。对图 3.2.28 中的函数信号发生器，可以在其上单击鼠标右键，在弹出的右键菜单上选择"Flip Horizontally"或选中该元件后直接按组合键〈Alt〉+〈X〉，可将该元件水平翻转一次。将各元件的位置及方向调整为图 3.2.30 所示。

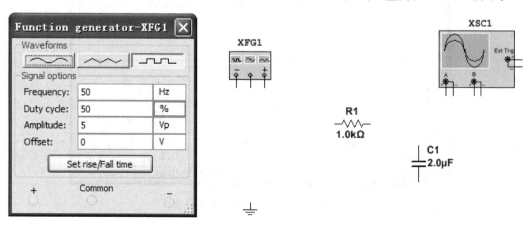

图 3.2.29　函数信号发生器属性设置对话框　　　图 3.2.30　参数及位置调整后的元件布局

（3）连线及其属性

Multisim 13 支持非常简洁的连线方式。用鼠标左键单击图 3.2.30 中的函数信号发生器的"＋"极性端（确定连线起点），将鼠标移动到电阻左端并单击鼠标左键（确定连线终点），此时这两个端子之间就会自动形成一条连线。依次用导线连接各元件，可以发现所有导线为默认的红色。对于双踪示波器来说，同样的信号颜色往往导致仿真曲线不易观测，因此在其 B 通道的导线上单击鼠标右键，选择"Segment Color"，在弹出的色盘中选择蓝色确定，即可将该线段设置为蓝色。有时需要对连线位置进行调整，可以直接用鼠标拖动即可。如果需要显示结点编号，则可以使用快捷组合键〈Ctrl〉＋〈M〉调出"Sheet Properties"页面属性设置对话框，在"Sheet Visibility"选项卡中找到"Net Names"属性，选中"Show All"即可。调整完毕的电路图如图 3.2.27 所示。

（4）常用编辑操作

Multisim 13 常用编辑操作如复制、粘贴、删除元件等，都与 Windows 的相应编辑操作的用法相一致。如需删除某元件，只需选中该元件，按〈Delete〉键即可。

（5）启动仿真，观察波形

通常在启动仿真前应该确认电路连接无误。注意电路必须有至少一个接地点以保证仿真准确。一般情况下，在启动仿真前应双击示波器，打开示波器显示窗口以便观察仿真波形。单击快捷工具栏上的启动仿真按钮![]开始仿真，仿真一段时间后可按下暂停仿真按钮![]或者直接关闭仿真。在示波器窗口可以看到测得的仿真波形如图 3.2.31 所示，注意图 3.2.31中的时基取值及 A、B 通道的坐标设置，单击"Reverse"按钮可以切换显示窗口的背景色在黑、白之间变化。

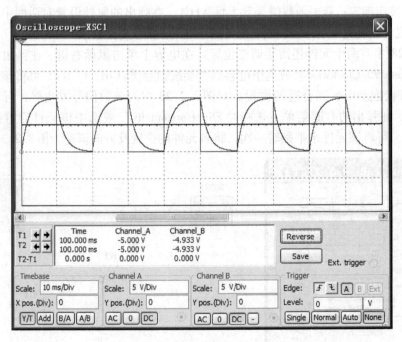

图 3.2.31　示波器波形及参数设置

3.3 Multisim 13 的虚拟仪器

电路在进行仿真分析时，电路的运行状态和结果要通过有关测量仪器来进行测量与显示。Multisim 提供了测量仪器工具栏（如图 3.1.1 及图 3.1.7 所示）与指示器库（如图 3.2.13 所示），包含了丰富的仪器仪表及指示器用于进行有关电物理量的测量与显示。用户通过仪器仪表图标的外接端子，将仪器仪表正确接入电路中，双击仪器仪表图标弹出仪器仪表属性设置面板进行相关设置、显示等操作，并可以用鼠标将仪器仪表面板拖动到电路窗口任意位置。

Indicators（指示器库）中包含了各种电压表（Voltmeter）、电流表（Ammeter）、指示灯（Probe）、蜂鸣器（Buzzer）、灯泡（Lamp）、十六进制显示器（HEX_Display）等指示仪器。

电压表和电流表是电路仿真与设计中最常用的测量仪表。在选用直流电压表或直流电流表时，可以根据该表在电路中的连接方向进行选择，以减少测量连线的弯曲，使电路更加清晰。可供选择的电压表和电流表见表 3.3.1。将电压表或电流表放置到电路中后，可以双击电压表或电流表，弹出属性设置面板。在属性面板中可以设置该表的 Mode 为直流仪表（DC）还是交流仪表（AC），Multisim13 默认都是直流仪表。

电压表用来测量电路中两点间的电压，测量时，将电压表与被测电路的两点并联。测量直流电路中的电压时，采用直流电压表，其读数为被测电压的大小；测量交流电路中的电压时，采用交流电压表，其读数为被测电压的有效值（RMS）；测量既含有直流又含有交流的电压信号（如非正弦周期电压信号）时，采用直流电压表时的读数为去除交流信号成分后的直流分量值，采用交流电压表时的读数为去除直流信号成分后的交流分量所构成的有效值（RMS）。

表 3.3.1　直流电压表与直流电流表的方向

电　压　表		电　流　表	
VOLTMETER_H	水平方向，左正右负	AMMETER_H	水平方向，左正右负
VOLTMETER_HR	水平方向，左负右正	AMMETER_HR	水平方向，左负右正
VOLTMETER_V	垂直方向，上正下负	AMMETER_V	垂直方向，上正下负
VOLTMETER_VR	垂直方向，上负下正	AMMETER_VR	垂直方向，上负下正

电流表用来测量电路中某支路的电流，测量时，将电流表与被测支路相串联。测量直流电路中的电流时，采用直流电流表，其读数为被测电流的大小；测量交流电路中的电流时，采用交流电流表，其读数为被测电流的有效值（RMS）；测量既含有直流又含有交流的电流信号（如非正弦周期电流信号）时，采用直流电流表时的读数为去除交流信号成分后的直流分量值，采用交流电流表时的读数为去除直流信号成分后的交流分量所构成的有效值（RMS）。

由于直流仪表和交流仪表分别适用于不同的电路，因此在具体电路应用时应当特别注意。

电压表的预置内阻为 10 MΩ，以保证接入电路时不会对原电路产生影响。但当被测电路的电阻值很大或接近电压表内阻的大小时，就需要提高电压表的内阻以获得更精确的测量结果。如果在低电阻电路中使用极高内阻的电压表，可能会导致仿真结果错误。同理，电流表的预置内阻为 $10^{-9}\Omega$，以保证接入电路时不会对原电路产生影响。但当被测电路的电阻值很小或接近电流表内阻的大小时，就需要减小电流表的内阻以获得更精确的测量结果。如果在高电阻电路中使用极低内阻电流表，可能会导致仿真结果错误。

通常对于 Multisim13 的电压表、电流表的内阻值采取默认设置，如有特殊需要也可以在属性设置面板中手动设置。

指示灯（Probe）是一种虚拟器件，包含了各种颜色的指示灯，通过灯的点亮或熄灭来指示某一点信号的电压状态。蜂鸣器（Buzzer）用于实现对信号的声音指示。灯泡（Lamp）提供了多种实际灯泡型号供选用，另外 Multisim13 还提供了虚拟灯泡（Virtual Lamp），可以任意设置其参数。十六进制显示器（HEX_Display）也是一种虚拟器件，包含了多种数码显示管。排型 LED（Bargraph）也是一种虚拟器件，包含了三种不同型号的排型 LED 器件，用于实现排型 LED 显示。

指示器库中的器件只能实现对电压、电流信号的简单测量与指示，为了满足更为复杂的测量要求，Multisim13 还提供了测量仪器工具栏。测量仪器工具栏主要包括数字万用表、函数信号发生器、功率表、示波器、波特图仪、字信号发生器、逻辑分析仪、逻辑转换仪、失真分析仪、网络分析仪、频谱分析仪、测量探针等各种常用仪器仪表。

选用仪器仪表时，鼠标在测量仪器工具栏的相应位置悬停一下，就会有关于该仪器仪表的名称提示。鼠标左键单击该仪器仪表，并移动到电路设计窗口的相应位置再次单击鼠标左键，即可实现对该仪器仪表的选用。将仪器仪表图标上的连接端（接线柱）与电路的相应结点相连接，按照仪器仪表使用规范接入电路。双击电路中的仪器仪表图标即可打开仪器仪表设置面板或属性设置对话框。可以用鼠标操作仪器仪表设置面板上的相应按钮，或在属性设置对话框中进行有关参数的设置。在仿真测量或观测过程中，也可以根据测量或观测结果的需要及时调整仪器仪表的相关参数。

3.3.1 数字万用表（Multimeter）

数字万用表（Multimeter） 是一种多用途的数字显示仪表，可以用于测量交直流电压、交直流电流、电阻值以及电路中两点之间的分贝损耗，可以自动调整量程（即用户无需调整其量程，其内阻等参数都按理想状态设定好了）。

双击图 3.3.1a 所示的数字万用表的图标，可以得到图 3.3.1b 所示的数字万用表面板。该面板上各个按钮的含义如下：

1）"~"按钮：该按钮按下时，万用表用作交流仪表。该按钮按下常用于下列情况：在正弦稳态电路中用于测量交流电压或交流电流信号的有效值；在非正弦电流电路中用于测量所有非直流信号所产生的非正弦电压或电流信号的均方根（RMS）值。

2）"－"按钮：该按钮按下时，万用表用作直流仪表。该按钮按下常用于下列情况：在直流电路

图 3.3.1　数字万用表的图标与面板
a) 数字万用表的图标　b) 数字万用表的面板

中用于测量直流电压或直流电流信号的大小，在接入电路时应尽量注意参考极性；在非正弦电流电路中用于测量非正弦电压或电流信号的直流分量值。

3）"A"按钮：该按钮按下时，万用表用作电流表。若按钮"～"也处于按下状态，表示将万用表用作交流电流表；若按钮"－"也处于按下状态，表示将万用表用作直流电流表。当万用表用作电流表时，应当与被测支路串联连接。

4）"V"按钮：该按钮按下时，万用表用作电压表。若按钮"～"也处于按下状态，表示将万用表用作交流电压表；若按钮"－"也处于按下状态，表示将万用表用作直流电压表。当万用表用作电压表时，应当将两个连接端子分别连接到对应的结点上，或与被测支路并联。Multisim13 中，万用表的默认设置为直流电压表。

5）"Ω"按钮：该按钮按下时，万用表用作欧姆表，用于测量待测电阻元件的电阻值，或某纯电阻电路任意两点之间的等效电阻值。在测量单个元件的电阻值时，需将万用表连接到待测电阻元件的两端，此时，应保证待测电阻元件周围所在电路中没有电源连接，也没有其他元件或元件网络并联到待测元件中。欧姆表可以产生一个默认为 10 nA 的电流，该值可以通过单击面板上的"Set"按钮进行修改。

6）"dB"按钮：该按钮按下时，万用表用作分贝仪，用于测量待测负载的分贝衰减值，分贝衰减计算公式为

$$dB = 20 \times log10(U_o/U_{in})$$

7）"Set"按钮：单击该按钮时，弹出数字万用表内部参数设置对话框，如图 3.3.2 所示。

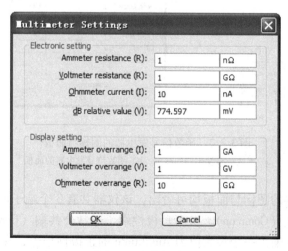

图 3.3.2　数字万用表内部参数设置对话框

在该对话框中，Electronic Setting 栏分别提供了电流表内阻（Ammeter resistance）、电压表内阻（Voltmeter resistance）、欧姆表电流（Ohmmeter current）、相对分贝电压值（dB relative value）四项设置。电压表或电流表表头内阻的设置将影响其测量精度；相对分贝电压值默认为 774.597 mV，是指输入电压上叠加的初值，用以防止输入电压为零时，出现无法计算分贝值的错误。Display Setting 栏用以设定被测值能够自动显示单位的量程，即被测值的最大范围。

值得注意的是，如果某电路同时存在直流信号和交流信号，则在测量电压或电流时，采

用不同的仪表得到的读数含义也不同。以测量某支路的电压为例，在该支路两端分别并接直流电压表和交流电压表，若该支路电压表达式为

$$u(t) = U_0 + \sqrt{2}U_1\cos(\omega_1 t + \varphi_1) + \sqrt{2}U_2\cos(2\omega_1 t + \varphi_2) + \cdots + \sqrt{2}U_k\cos(k\omega_1 t + \varphi_k) + \cdots$$

则直流电压表的读数将为

$$U_{DC} = U_0$$

交流电压表的读数为

$$U_{AC} = \sqrt{U_1^2 + U_2^2 + \cdots + U_k^2 +}$$

该支路电压的均方根（RMS）值计算公式为

$$RMS\_Voltage = \sqrt{U_{DC}^2 + U_{AC}^2}$$

3.3.2 函数信号发生器（Function Generator）

函数信号发生器（Function Generation）![icon]作为一种常用的电压信号源，可以产生正弦波、三角波和方波电压信号。

双击图 3.3.3a 所示的函数信号发生器的图标，可以得到图 3.3.3b 所示的函数信号发生器面板。

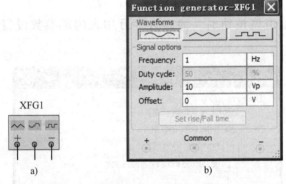

图 3.3.3　函数信号发生器的图标与面板

a）函数信号发生器的图标　b）函数信号发生器的面板

从函数信号发生器的图标与面板均可看出，该仪器共有 3 个端子可与外电路相连接，即参考正极性端、公共端（Common）、参考负极性端。通常公共端（Common）接地，在参考正极性端与公共端之间输出一个最大值为 Amplitude 的正极性信号；在参考负极性端与公共端之间输出一个最大值为 Amplitude 的负极性信号。

函数信号发生器产生电压信号的波形、频率、占空比、幅度、直流偏移量等都可以通过在函数信号发生器的面板中进行设置和调节，其能够产生的电压信号的频率范围足够宽，可以从一般的低频交流信号到音频、无线电频率直至甚高频信号频率范围。

在图 3.3.3b 所示的函数信号发生器面板中，Waveforms 栏中的三种波形按钮分别表示函数信号发生器所产生的信号类型是正弦波、三角波和方波，可以通过鼠标单击实现波形选择。Signal Options 栏可以对 Waveforms 栏中选取的波形信号进行相关参数的指定与设置。其中，Frequency 用于设置所产生信号的频率，范围为 1 Hz ~ 1000 THz，用户在使用时需要注意

单位。Duty cycle 用于设置所产生信号的占空比，范围为 1% ~ 99%，该项设置仅对三角波和方波有效。Amplitude 用于设置参考正极性端与公共端（Common）之间的电压信号的峰值，亦即最大值，范围为 1 Vp ~ 1000 TVp，该值同时影响参考负极性端与公共端之间的电压信号输出大小。Offset 用于设置直流偏移电压值，默认为 0，如果设置为具体值，则所产生的信号将向上或向下平移一定的值。当产生方波电压输出信号时，Set rise/Fall time 按钮有效，单击该按钮，在弹出的对话框中可以设置方波信号的上升沿和下降沿所用的时间，默认值为 10 ns。

用户可以采用如图 3.3.4 所示连接方式，通过调节函数信号发生器的参数并利用示波器观测输出波形来进一步掌握函数信号发生器的参数对输出波形的影响。

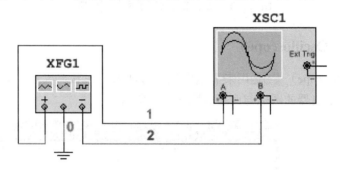

图 3.3.4　函数信号发生器的输出信号观测

3.3.3　功率表（Wattmeter）

功率表（Wattmeter）又称为瓦特计或瓦特表，可以用来测量交流、直流电路的功率，其图标与面板如图 3.3.5 所示。与实际功率表类似，功率表图标中包括电压线圈的两个端子和电流线圈的两个端子。在使用时，电压线圈应与被测电路处于并联状态，电流线圈应与被测电路处于串联状态。一般电压线圈与电流线圈的参考正极性端应连接在一起。

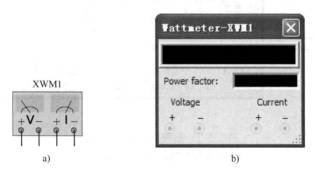

图 3.3.5　功率表的图标与面板
a）功率表的图标　b）功率表的面板

图 3.3.6 所示为功率表的常见测量电路。该电路在连接完毕后执行仿真，在功率表面板有相应的读数。图 3.3.6 所示电路中功率表的读数含义是 RLC 串联电路在所给电源作用下的平均功率及功率因数，分别是 $P = 1.833$ W 及 $\lambda = 0.35682$。功率表会自动调整平均功率的单位，"Power Factor" 栏内显示的功率因数值在 0 ~ 1 之间。

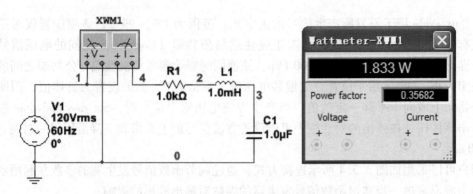

图 3.3.6 功率表的使用示例仿真电路

3.3.4 示波器（Oscilloscope）

示波器（Oscilloscope）![icon]是用来显示电压信号波形的形状、大小、频率等参数的最为常用的仪器之一。示波器的图标与面板如图 3.3.7 所示。

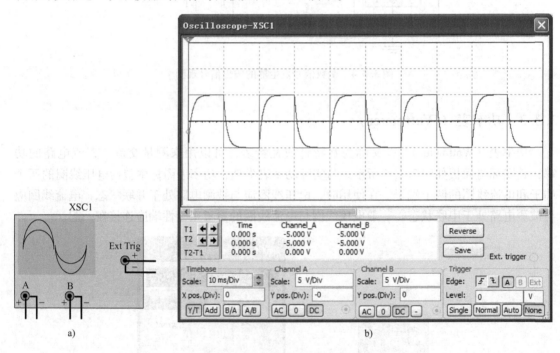

图 3.3.7 示波器的图标与面板
a）示波器的图标 b）示波器的面板

示波器（Oscilloscope）有 A、B 两个测量通道，每个通道均具有差分测量模式，每个通道分别引出"＋""－"两个端子，每个通道各自测量一个电压信号并显示其波形。当同时测量两组电压信号时，为了避免在显示波形的时候因曲线颜色一致而导致辨别困难，通常应该将信号线设置为不同的颜色以利于区分。在需要改变颜色的连接线上单击鼠标右键，选择"Segment Color"，在弹出的色盘中选择需要改变的颜色，即可改变连线的颜色，示波器波形的颜色会随之而变。示波器测量电压信号时有两种常用的方法，图 3.3.8 给出了这两种不同的方法。在图3.3.8a中，两个测量通道的"－"端子均不使用，此时各通道测量的信号是各通道的"＋"端子与电路的"地"之间的电压，相当于结点电压。在图3.3.8b中，两个测量通道均采用差分测量模式，此时各通道测量的信号是各通道的"＋"端子与"－"端子之间的电压信号。用户在使用示波器时应当注意这两种不同接法的区别与联系，根据具体要求合理进行选择。

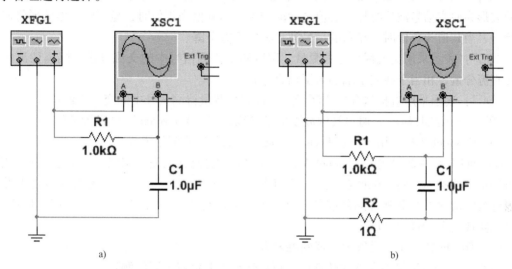

图3.3.8　示波器的两种不同的连接方式

a) 常用模式　b) 差分测量模式

示波器的面板中包含了信号波形显示区以及示波器各项设置，熟练掌握这些设置对于准确分析波形十分必要，简要介绍如下：

（1）Timebase 栏：用于设置 X 轴方向扫描时基，以及波形显示方式。

"Scale"：X 轴方向每一格所代表的时间大小，即扫描时基。鼠标左键单击该栏后将出现由上下箭头组成的可调按钮，单击上箭头或小箭头能够将扫描时基调大或调小，可以实时观测到信号波形在 X 轴方向被压缩或拉伸的情况。合适的扫描时基有利于波形观测。

"X position"：设置或调整 X 轴起点位置。当值为 0 时，信号从显示区的左边缘开始，正值使起始点右移，负值使起始点左移。

"Y/T"：表示 Y 轴方向分别显示 A、B 通道的输入信号，X 轴方向显示扫描线，并按照设置的扫描时基进行扫描。该方式是示波器最为常用的方式，用于观测被测电压信号波形随时间变化的曲线。

"Add"：表示 Y 轴方向显示的是将 A、B 两个通道输入信号求和后的结果，X 轴方向按照设置的扫描时基进行扫描。

"B/A"：表示将 A 通道信号作为 X 轴扫描信号，将 B 通道信号作为 Y 轴扫描信号，建立关于 B/A 信号坐标系中的图像。

"A/B"：表示将 B 通道信号作为 X 轴扫描信号，将 A 通道信号作为 Y 轴扫描信号，建立关于 A/B 信号坐标系中的图像。

（2）Channel A 栏：用于设置 A 通道 Y 轴方向的刻度及测量方式。

"Scale"：表示 A 通道输入信号的 Y 轴方向每一格的电压值。鼠标左键单击该栏后将出现由上下箭头组成的可调按钮，单击上箭头或小箭头能够将该值调大或调小，从而可以实时观测到信号波形在 Y 轴方向被压缩或拉伸的情况。当观测的到波形幅值超出显示范围而形成顶部被截断的时候，应该调大该值。当观测到的波形波动很小近似一条直线时，则应该调小该值。对 Scale 的合理设置有利于观测到完整的波形并进行分析。

"Y position"：设置或调整 A 通道扫描线在显示区中的上下位置，当其值非零时，所显示的波形为原有信号波形叠加了其值之后的结果。当其值为正值时，显示的信号波形将向上方抬升，当其值为负值时，显示的信号波形将向下方下降。

"AC"：表示采用交流耦合方式测量。用以测量待测信号中的交流分量，隔离待测信号中的直流分量，相当于在测量端加入了隔直电容。

"DC"：表示采用直接耦合方式测量。用以直接测量待测信号中的交、直流量。

"0"：表示此时显示 A 通道被测波形的基准线，即"Y position"中设置的值。

（3）Channel B 栏：用于设置 B 通道 Y 轴方向的刻度及测量方式。

Channel B 栏中的设置与 Channel A 栏中各项的设置意义上完全相似，只不过都是仅对 B 通道的待测信号起作用。B 通道中比 A 通道多了一个按钮" − "，其含义是在不改变电路及仪表连接的情况下对 B 通道测量信号取反。若按下按钮" − "且"Add"模式同时启用时，则可以实现（A − B）的效果。

（4）Trigger 栏：用于设置示波器的触发方式。

"Edge"：表示边沿触发方式的选择，可以选择上升沿或下降沿触发。

"Level"：用于选择触发电平的电压大小，即阈值电压。

"Single"：单次扫描方式按钮，按下该按钮后示波器处于单次扫描等待状态，触发信号来到后开始一次扫描。

"Normal"：常态扫描方式按钮，有触发信号时才产生扫描，在没有信号和非同步状态下，则没有扫描线。

"Auto"：自动扫描方式按钮，在有触发信号时，同"Normal"方式下的触发扫描，波形可稳定显示，在无信号输入时，可显示扫描线。一般情况下使用这种方式。

"None"：不设置触发方式按钮。

"A"：表示用 A 通道的输入信号作为同步 X 轴时基扫描的触发信号。

"B"：表示用 B 通道的输入信号作为同步 X 轴时基扫描的触发信号。

"Ext"：取加到外触发输入端的信号作为触发源，多用于特殊信号的触发。

（5）测量波形的参数：在波形显示区有 T1、T2 两条可以左右移动的读数指针，指针上方分别标有倒置的 1、2，移动这两条指针就可以读取到该指针与波形相交的点的具体电压值，该值被显示在面板下方的测量数据显示区。数据显示区显示 T1 时刻、T2 时刻、T2 − T1 的数据差三组数据，每一组数据都包括时间值（Time）、通道 1（Channel A）信号的幅值、通道 2（Channel B）信号的幅值。用户可以拖动读数指针左右移动，或通过单击数据显示区 T1、T2 的右侧的向左或向右按钮移动指针线的方式读取数值。

通过以上操作，可以测量信号的周期、脉冲信号的宽度、上升时间以及下降时间、时间常数等参数。为了测量方便，在测量之前可以单击"Pause"按钮或者结束仿真使波形"冻结，然后调整"Timebase"使待测波形的显示更有利于数据读取，再拖动读数指针进行测量。

（6）更改显示区背景颜色：波形显示区的默认背景色是黑色，用户可以单击面板上的"Reverse"按钮，将背景色改为白色。如果要改回黑色，只需要再次单击"Reverse"按钮即可。

（7）存储波形数据信息：单击面板中的"Save"按钮即可将仿真波形数据存储为文件，Multisim 13 提供了三种存储格式供用户选用。

3.3.5 波特图仪（Bode Plotter）

波特图仪（Bode Plotter） 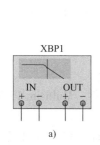 是用来测量和显示一个电路、系统或放大器的幅频特性、相频特性的一种仪器，类似于频率特性测试仪或扫频仪，波特图仪的图标与面板如图 3.3.9 所示。

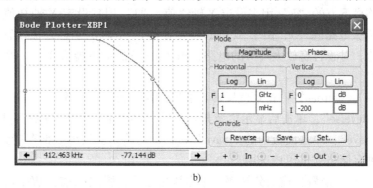

图 3.3.9　波特图仪的图标与面板
a）波特图仪的图标　b）波特图仪的面板

对应波特图仪的图标与面板，"IN"端口的"＋""－"两个端子分别接电路输入端的正、负端子，"OUT"端口的"＋""－"两个端子分别接电路输出端的正、负端子。

由于波特图仪本身没有信号源，因此在使用波特图仪时，电路中必须包含一个交流信号源或函数信号发生器，且无需对信号源或函数信号发生器的参数进行设置。图 3.3.10 所示电路是用波特图仪测量一个 RLC 电路以电容电压为输出时的频率特性。在波特图仪的面板上的 Horizontal（水平坐标）栏中可以设置波特图仪的频率终值 F（Final）和初值 I（Initial）。

下面介绍波特图仪的面板及其操作。

（1）Mode 栏：用于选择左侧图形显示区是显示幅频特性还是相频特性。

"Magnitude"：选择幅频特性。

"Phase"：选择相频特性。

（2）Horizontal 栏：确定波特图仪图形显示区中 X 轴的频率范围及刻度类型。

"Log"：X 轴采用对数坐标。

"Lin"：X 轴采用线性坐标。

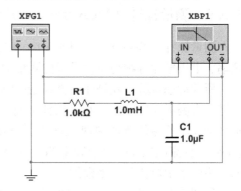

图 3.3.10　波特图仪的使用示例电路

"F"：频率范围的终值，Final。

"I"：频率范围的初值，Initial。

当测量信号的频率范围较宽时，用对数坐标比较好。如果需要精确显示某一段频率范围的频率特性，则需要尽量将频率范围设小一点。

（3）Vertical 栏：设定波特图仪图形显示区中 Y 轴的刻度类型。

测量幅频特性时，若单击"Log"（对数）按钮后，Y 轴刻度的单位为 dB（分贝），标尺刻度为 $20\log10[A(f)] = 20\log10[U_o(f)/U_{in}(f)]$，其中 $A(f) = U_o(f)/U_{in}(f)$。当单击"Lin"（线性）按钮后，Y 轴是线性刻度。一般情况下 Y 轴采用线性刻度。

测量相频特性时，Y 轴坐标表示相位，单位是度，刻度是线性的。

该栏下方的"F"用来设定 Y 轴终值，"I"用来设定 Y 轴初值。若被测电路是无源网络（谐振电路除外），由于 $A(f)$ 的最大值为 1，Y 轴的坐标终值设置为 0 dB，初值设置为某分贝值；对于含有放大环节的电路，由于 $A(f)$ 的值可能大于 1，所以 Y 轴的坐标终值宜设为正值。

（4）Controls 栏：背景色反转、数据存储、设置等操作。

"Reverse"：单击后显示区背景色反转，再次单击则恢复原有背景色。

"Save"：单击面板中的"Save"按钮即可将仿真波形数据存储为文件，Multisim 13 提供了两种存储格式供用户选用。

"Set"：设置扫描的分辨率。单击该按钮后，弹出扫描分辨率设置对话框。该对话框中设置的扫描分辨率的数值越大，则读数精度越高，但将增加仿真运行时间。默认值为 100。

（5）测量读数：拖动读数指针或单击面板下方的左右箭头按钮来移动读数指针，可以测量某个频率点处的幅值或相位，其读数在面板下方显示。可以配合终值与初值的调整，以便于精确读数。

3.3.6 测量探针（Measurement Probe）

测量探针（Measurement Probe）[1.4v] 是 Multisim 13 为方便用户检视电路中的电压、电流、频率、电压增益等物理量而设置的测量器件，可设置为动态探针或静态探针使用。

所谓动态探针，就是在仿真开始后再向电路添加的探针。在仿真过程中，用户通过鼠标左键单击测量探针图标，并将探针指向（无需放置）待测的结点或导线上，则探针数据显示区会显示所指位置的瞬时电压 V、电压峰 – 峰值 V（p – p）、电压均方根值或有效值 V（rms）、直流电压 V（dc）、频率 Freq 等信息。需要注意动态探针只能显示上述电压和频率数据，不能显示电流等其他数据。

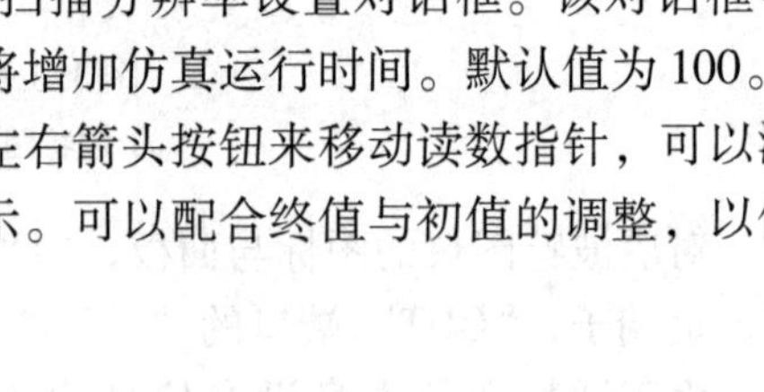

所谓静态探针，就是在电路启动仿真之前放置到电路中的测量探针。静态探针又分为几类，放置静态探针的具体操作是：鼠标找到测量探针图标下方的小箭头，在小箭头上单击左键弹出次级菜单如图 3.3.11 所示。在次级菜单中选择所需要的功能后，将鼠标移动到待测位置（通常是某导线上）单击左键放置好即可。当启动仿真时，静态探针的数

```
From dynamic probe settings
AC voltage
AC current
Instantaneous voltage and current
Voltage with reference to probe
```

图 3.3.11　测量探针的次级菜单

据显示区将显示指定的物理量的值。

次级菜单各项的含义如下：

（1）From dynamic probe settings：该选项将沿用测量探针的属性设置，可由菜单命令"Simulate"→"Dynamic probe properties"打开探针属性设置对话框，用户可以切换到参数对话框，如图 3.3.12 所示，进行相关设置。其中，Name 栏是静态测量探针所能够显示的物理量，Show 栏用于确认是否显示该物理量，Minimum 栏是该物理量的最小值，Maximum 栏是该物理量的最大值，Precision 栏是显示精度或位数。对于图 3.3.12 中各个量的值均可以鼠标单击在相应位置上去修改。Show 栏下的值只有 Yes（显示）和 No（不显示）两种。静态探针所能显示的各物理量含义见表 3.3.2。

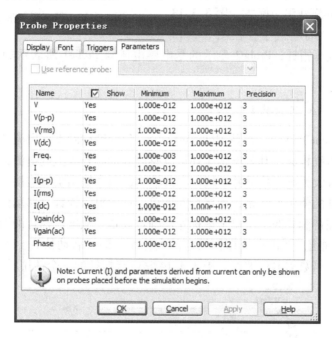

图 3.3.12　测量探针参数对话框

表 3.3.2　静态测量探针所能显示的物理量

物理量 Name	含　义	物理量 Name	含　义
V	瞬时电压	I(p−p)	电流峰−峰值
V(p−p)	电压峰−峰值	I(rms)	电流均方根值
V(rms)	电压均方根值	I(dc)	直流电流值
V(dc)	直流电压值	Vgain(dc)	直流电压增益
Freq	频率	Vgain(ac)	交流电压增益
I	瞬时电流	Phase	相位差

（2）AC voltage：作为电压探针，测量探针所在位置的电压峰−峰值 V(p−p)、电压均方根值或有效值 V(rms)、直流电压 V(dc)、频率 Freq 等信息。

（3）AC current：作为电流探针，测量探针所在支路指定方向的电流峰−峰值 I(p−p)、电流均方根值或有效值 I(rms)、直流电流 I(dc)、频率 Freq 等信息。

（4）Instantaneous voltage and current：测量瞬时电压和瞬时电流。

（5）Voltage with reference to probe：该选项将弹出一个参考探针下拉列表，供用户选择指定一个已经存在的探针作为参考探针，然后用户就可以在电路中新增加一个探针，该探针将测量并显示这两个探针所代表的两个电压之间的电压直流增益 Vgain（dc）、电压交流增益 Vgain（ac）和相位差 Phase，另外在新增探针的数据显示区会显示参考探针的标志，新增探针一边会用一个小三角符号作为标志。图 3.3.13 电路是此情况的一个简单例子，在图 3.3.13

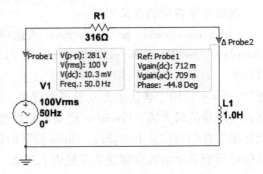

图 3.3.13　静态测量探针使用示例

中，Probe1 是静态电压指针，Probe2 显示的是电感电压与 Probe1 所表示的电源电压之间的增益信息。

3.3.7　电流探针（Current Probe）

电流探针（Current Probe）是 Multisim13 中一种辅助检测支路电流的器件。它由一个电流感应环和输出引线构成。其电流感应环可以感应到待测导线上的电流，电流探针将这个电流按照一定比率放大为电压信号并从输出引线输出，通常输出引线连接示波器进行信号观测。因此，电流探针的使用方法是，用鼠标左键单击选中电流探针，移动到待测导线上，使电流探针的圆环落在待测导线上，单击鼠标左键确定放置。从电流探针的引线端引一条导线至示波器的 A 或 B 通道。双击电流探针设定放大比率。即可启动仿真，利用示波器观测相应支路的放大了一定倍数的电流波形。图 3.3.14 是电流探针的一个使用示例。

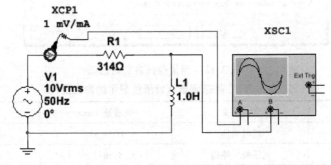

图 3.3.14　电流探针的使用示例

3.3.8　其他虚拟仪器

除了前面所介绍的常用于基本电路仿真与设计中的虚拟仪器仪表外，Multisim13 还提供了更为丰富的虚拟仪器仪表，如字信号发生器、逻辑分析仪、逻辑转换仪、失真分析仪、频谱分析仪、网络分析仪、伏安特性分析仪、频率计数器、四踪示波器、安捷伦仪器等，这些仪器仪表在模拟电子技术和数字电子技术中应用较多，本书仅作简要介绍，读者如需进一步了解这些仪器仪表的使用方法，可以参考 Multisim13 的帮助文档或相关参考书。

（1）四踪示波器（Four Channel Oscilloscope）

四踪示波器 允许同时监视四个不同通道的输入信号。使用方法与双踪示波器类似。它采用单信号线测量的方式，所测的是各个信号点的对地电压。四踪示波器的图标如图 3.3.15 所示。

（2）频率计数器（Frequency Counter）

频率计数器 是用来测量信号频率的仪器，可以显示与信号频率有关的一些信息。频率计数器的图标如图 3.3.16 所示。

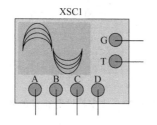

图 3.3.15　四踪示波器的图标　　　图 3.3.16　频率计数器的图标

（3）字信号发生器（Word Generator）

字信号发生器 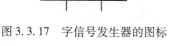 又名数字逻辑信号源，是一个能够产生 32 位同步数字信号的仪器，可以用来对数字逻辑电路进行测试。字信号发生器的图标如图 3.3.17 所示。

（4）逻辑分析仪（Logic Analyzer）

逻辑分析仪  可以同步记录或显示 16 位数字信号，用于对数字逻辑信号的高速采集和时序分析，以便帮助设计人型的系统或查找系统中存在的错误。逻辑分析仪的图标如图 3.3.18所示。

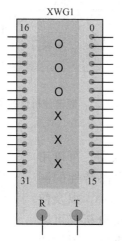

图 3.3.17　字信号发生器的图标　　　图 3.3.18　逻辑分析仪的图标

（5）逻辑转换仪（Logic Converter）

逻辑转换仪 的功能包括：将逻辑电路转换成真值表；将真值表转换成最小项之和形式的表达式；将真值表转换成最简与或表达式；将逻辑表达式转换成真值表；将表达式转换成逻辑电路；将表达式转换成与非－与非形式的逻辑电路。逻辑转换仪是 Multisim13 特有的虚拟仪器，现实中不存在这样的设备。逻辑转换仪的图标如图 3.3.19 所示。

（6）伏安特性分析仪（IV Analyzer）

伏安特性分析仪 ▦ 的主要功能是测量二极管（Diode）、PNP 型双极型结面晶体管（PNP BJT）、NPN 型双极型结面晶体管（NPN BJT）、P 沟道 MOS 场效应晶体管（PMOS）和 N 沟道 MOS 场效应晶体管（NMOS）的伏安特性曲线。需要注意的是，伏安特性分析仪测量元件信号并不需要将其连接到电路中，所以测量前要确认元件已经从电路中断开连接。伏安特性分析仪的图标如图 3.3.20 所示。

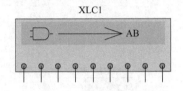

图 3.3.19 逻辑转换仪的图标

图 3.3.20 伏安特性分析仪的图标

（7）失真分析仪（Distortion Analyzer）

失真分析仪 ▦ 用于测量 20 Hz～100 kHz 之间信号的失真情况，包括对音频信号的测量。可提供的测量类型包括在用户所指定的基准频率下电路的总谐波失真（THD）和信号噪声比（SINAD）。失真分析仪的图标如图 3.3.21 所示。

（8）频谱分析仪（Spectrum Analyzer）

频谱分析仪 ▦ 的主要功能是对信号进行频域分析，广泛应用于信号的纯度和稳定性分析、放大电路的非线性分析、调制波的频谱分析以及信号电路的故障诊断等方面。频谱分析仪的图标如图 3.3.22 所示。

图 3.3.21 失真分析仪的图标

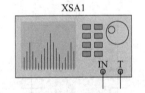

图 3.3.22 频谱分析仪的图标

（9）网络分析仪（Network Analyzer）

网络分析仪 ▦ 是一种用来分析双端口网络的仪器，可以用于衰减器、放大器、混频器、功率分配器等电子电路特性的测量。通过网络分析仪的分析，用户可以了解电路的布局，以及使用的元器件是否符合规范。Multisim13 所提供的网络分析仪可以测量电路的 s 参数并计算 H、Y、Z 参数。网络分析仪的图标如图 3.3.23 所示。

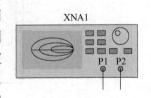

图 3.3.23 网络分析仪的图标

（10）安捷伦（Agilent）系列仪器、泰克（Tektronix）四踪示波器及 LabVIEW 仪器

Multisim13 还提供了安捷伦（Agilent）系列测量仪器，包括安捷伦函数信号发生器、安捷伦万用表、安捷伦示波器等，以及泰克（Tektronix）四踪示波器，这些仪器的面板都与实际仪器高度一致，既方便用户熟悉仪器面板操作，同时也可以利用这些仪器的优秀

性能进行电路信号检测。此外软件还提供了一组 LabVIEW 组件，方便 Multisim 与 Lab-VIEW 联调使用。

3.4 Multisim 13 的仿真分析与实例

在利用 Multisim 13 进行电路分析与设计的时候，可以利用仪器仪表栏所提供的各种器件对电路进行电压、电流、波形等方面的检测。但是有时还会遇到一些更为复杂的情况，例如研究"电路中的某元件参数的变化对电路工作性能指标的影响"、"电路性能指标受温度的影响"、"电路在某频率范围内的性能表现"等，这些分析如果采用传统的实验方法去完成就会很困难。Multisim 13 提供了丰富的电路分析模块，可以有效解决这些问题，从而使电路分析和设计更为快捷准确。

3.4.1 Multisim 13 仿真分析菜单

与仿真分析有关的命令在 Multisim 13 主界面菜单栏的 Simulate 菜单下。一般情况下可以采用 Multisim 默认的仿真器设置。在主界面执行菜单命令"Simulate"→"Analyses"可以得到如图 3.4.1 所示的二级菜单，该二级菜单包含了 Multisim 所提供的所有分析功能。

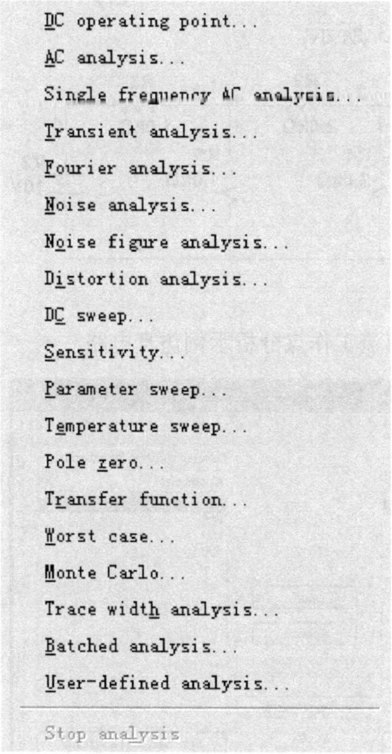

DC operating point...	直流工作点分析
AC analysis...	交流分析
Single frequency AC analysis...	单一频率交流分析
Transient analysis...	瞬态分析
Fourier analysis...	傅里叶分析
Noise analysis...	噪声分析
Noise figure analysis...	噪声图形分析
Distortion analysis...	失真度分析
DC sweep...	直流扫描分析
Sensitivity...	灵敏度分析
Parameter sweep...	参数扫描分析
Temperature sweep...	温度扫描分析
Pole zero...	零极点分析
Transfer function...	传输函数分析
Worst case...	最坏情况分析
Monte Carlo...	蒙特卡罗分析
Trace width analysis...	线宽分析
Batched analysis...	批处理分析
User-defined analysis...	用户自定义分析
Stop analysis	停止分析

图 3.4.1 Multisim 13 的分析菜单

每一种分析功能都针对了各自不同的电路情况，有着自己独特的参数和设置，在进行仿真分析之前应当对其进行适当的设置。考虑到本书的定位，将在后续的内容中仅对与电路基本分析和设计相关的分析功能进行较为详细的说明。读者如需了解所有分析功能的具体使用方法，请参阅 Multisim 13 帮助文档或相关参考书籍。

一个值得注意的问题是：对于电路分析来说，将电路结点的编号显示在电路图中十分重要。这是因为各种分析都是针对电路中的某点来说的，对计算机来说，当对元器件连线时会因为连线的先后顺序而自动产生了一系列结点编号，且总以电路中的接地点为结点 0。而在具体分析时，往往需要指定待分析的输出量是哪个结点上的量。在电路图绘制好之后，直接按快捷键〈Ctrl〉+〈M〉（或者在绘图区域的空白处单击鼠标右键，在弹出的右键菜单中选择"Properties"）调出"Sheet Properties"对话框。在该对话框的"Sheet Visibility"选项卡中"Net Names"一栏选中"Show All"，单击"OK"按钮确定即可。

3.4.2　直流工作点分析（DC Operating Point Analysis）

直流工作点分析常用于测定电路中的直流工作点，通常可以测量电路的结点电压、支路电流、元件的功率等信息。其分析计算的结果常作为中间值用于其他分析，如在进行暂态分析和交流小信号分析之前，软件会自动先进行直流工作点分析，以确定暂态的初始条件和交流小信号情况下非线性器件的线性化模型参数。在进行直流工作点分析时，电路中的交流源将被置零，电容视为断路，电感视为短路。

以对图 3.4.2 所示仿真电路进行结点电压测量为例。搭建好该仿真电路后，在软件主界面执行菜单命令"Simulate"→"Analyses"→"DC operating point"，将弹出"DC Operating Point Analysis"设置对话框，如图 3.4.3 所示。

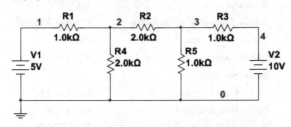

图 3.4.2　直流工作点分析示例仿真电路

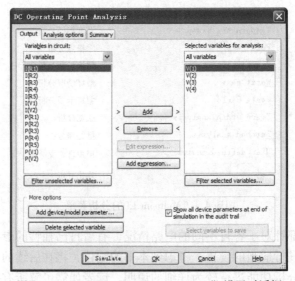

图 3.4.3　"DC Operating Point Analysis"设置对话框

该设置对话框包含了输出设置选项卡（Output）、分析选项设置选项卡（Analysis options）和摘要选项卡（Summary），通常只需要对 Output 选项卡进行相关设置即可进行直流工作点分析。

Output 选项卡是用来选择所需要进行分析的变量。该选项卡的"Variables in circuit"栏是待选变量栏，该栏列出了当前电路中可用于分析的结点和变量，默认情况下显示所有可用变量，用户也可以指定显示哪一类变量。在该栏中选中某变量直接双击鼠标左键，或者选中后单击"Add"按钮，即可将选中的变量添加至"Selected variables for analysis"栏，即已选变量栏。如果想删除某已选变量，可以在该栏中的相应变量上直接双击鼠标左键，或者选中后单击"Remove"按钮，即可将选中的变量从已选变量中移动到左侧的待选变量栏。单击"Add expression"可以向已选变量栏添加复杂表达式变量，从而实现复杂分析功能。该选项卡的其余内容通常保持默认设置。变量选择完毕后，单击"Simulate"按钮即可启动直流工作点分析，并弹出分析结果图。在图 3.4.3 中，可以看到 4 个结点电压已经由左侧的待选变量栏添加至右侧的已选变量栏，示例电路的结点电压变量已经全部选择完毕。执行仿真后结果如图 3.4.4 所示。

Design3.4.1
DC Operating Point Analysis

	Variable	Operating point value
1	V(1)	5.00000
2	V(2)	3.68421
3	V(3)	4.73684
4	V(1)	10.00000

图 3.4.4　直流工作点仿真分析结果

3.4.3　交流分析（AC Analysis）

交流分析功能用于分析电路的频率响应。在进行交流分析时，首先通过直流工作点分析计算得到电路中可能存在的所有非线性元件的小信号线性模型，然后指定待分析变量，此时电路中的直流电源将自动置零，交流信号源、电容、电感等均采用相应的交流模型，非线性元件被它们由直流工作点导出的交流小信号模型替代。所有的输入电源都设定为正弦形式，其原有频率被忽略。若电路采用函数信号发生器的三角波或方波信号作为输入激励信号，则在进行交流分析时，会自动把它切换到正弦信号。交流分析所得到的输出结果是被指定为输出变量的幅频特性和相频特性。

以对图 3.4.5 所示电路进行交流分析为例。在软件主界面执行菜单命令"Simulate"→"Analyses"→"AC analysis"，将弹出"AC Analysis"设置对话框，如图 3.4.6 所示。该设置对话框包含了频率参数设置选项卡（Frequency parameters）、输出设置选项卡（Output）、分析选项设置选项卡（Analysis options）和摘要选项卡（Summary），通常只需要对频率参数设置选项卡（Frequency parameters）、输出设置选项卡（Output）进行相关设置即可进行交流分析。

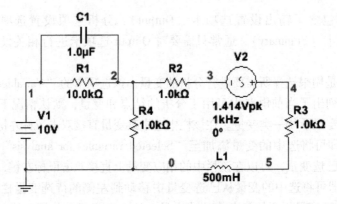

图 3.4.5　交流分析示例仿真电路

　　"Frequency parameters"选项卡用于设置电路进行交流分析所使用的起始频率（Start frequency）和终止频率（Stop frequency），指定扫描方式（Sweep type）为十倍频（Decade）、倍频（Octave）或线性频率（Linear），设定每十倍频扫描点数（Number of points per decade），设定纵轴采用线性坐标（Linear）、对数坐标（Logarithmic）、分贝坐标（Decibel）或倍频坐标（Octave）。按图 3.4.6 中数据进行设置，并切换到 Output 选项卡，该页的设置方法与直流工作点分析的设置类似，选择结点 2 的电压 V(2)作为待分析变量，单击"Simulate"按钮即可启动交流分析，执行仿真后结果如图 3.4.7 所示。

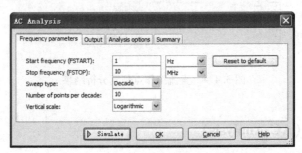

图 3.4.6　"AC Analysis"设置对话框

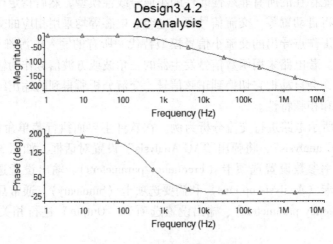

图 3.4.7　交流分析仿真结果

3.4.4 单一频率交流分析（Single Frequency AC Analysis）

单一频率交流分析与交流分析相类似，只不过是对某一个指定频率而不再是对某一段频率范围进行扫描分析。因此，采用单一频率交流分析能够获得指定变量的幅值与相位或者是实部与虚部。

在图 3.4.5 所示电路中，在软件主界面执行菜单命令"Simulate"→"Analyses"→"Single frequency AC analysis"，将弹出"Single Frequency AC Analysis"设置对话框，如图 3.4.8 所示。该设置对话框的输出设置选项卡（Output）、分析选项设置选项卡（Analysis options）和摘要选项卡（Summary）与交流分析功能的设置完全相同，要进行单一频率交流分析，通常只需要对频率参数设置选项卡（Frequency parameters）、输出设置选项卡（Output）进行相关设置即可。

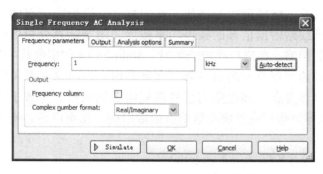

图 3.4.8　"Single Frequency AC Analysis"设置对话框

单一频率交流分析的"Frequency parameters"选项卡用于设置电路进行交流分析所使用的单一频率（Frequency），单击"Auto‐detect"按钮可以自动检测电路中交流电源的频率。该选项卡中的 Output 栏中可以设置是否输出频率列数据（Frequency column），并可以指定输出复数的格式（Complex number format）是实部与虚部（Real/Imaginary）还是幅值与相位（Magnitude/Phase）。按图 3.4.8 中数据进行设置，并切换到 Output 选项卡，选择结点 2 的电压 V(2)作为待分析变量，单击"Simulate"按钮即可启动单一频率交流分析，执行仿真后结果如图 3.4.9 所示。

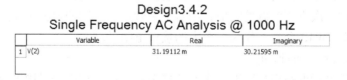

图 3.4.9　"Single Frequency AC Analysis"示例仿真结果

3.4.5 其他分析功能

除了已经介绍过的直流工作点分析和交流分析外，Multisim 13 还提供了多种强大的分析功能以适用于不同的场合。限于篇幅，本书仅作简述。

（1）瞬态分析（Transient analysis）

瞬态分析也称作时域瞬态分析，是对指定的电路信号绘制其时域瞬态响应曲线。在进行瞬态分析时，需要指定仿真运行的时间区间以及待分析变量。进行瞬态分析仿真时，Multisim 13 假定直流电源保持常值，交流信号源随时间改变而改变，电容和电感元件以能量存储模型进行分析，将每个时间周期划分为多个很小的时间间隔，形成时间点，分别对各个时间点展开直流工作点分析计算，最终形成完整周期的瞬态分析结果。

（2）傅里叶分析（Fourier analysis）

傅里叶分析方法用于分析一个时域信号的直流分量、基波分量和谐波分量，即把被测时域信号做离散傅里叶变换，求出它的频域变化规律。在进行傅里叶分析时，必须首先指定被分析的信号；一般将电路中的交流激励源的频率设定为基波频率；若电路中有多个交流激励源，则可以将基频设定在这些频率的最小公因数上。例如有一个 10.5 kHz 和一个 8 kHz 的交流激励源信号，则基频可取 0.5 kHz。

（3）噪声分析（Noise analysis）

噪声与磁和电有关，能降低信号品质，影响数字、模拟等所有的信号传输系统。噪声分析用于检测电子线路输出信号的噪声功率幅度，用于计算分析电阻或晶体管等元件的各类噪声对电路的影响。在进行噪声分析时，Multisim 13 假定电路中各噪声源是互不相关的，因此它们的数值可以分开各自计算。在计算时，先将这些元件所产生的噪声信号全部折算到输入噪声参考点（即电路的信号源或电源输入点，等效于在参考点分别加入噪声），然后计算该等效信号在指定测量结点的输出值。总噪声是各噪声在该结点的输出值均方根的和。

（4）噪声图形分析（Noise figure analysis）

与噪声分析相似，输出为图形方式，用以说明某个噪声源对电路的影响情况。

（5）失真分析（Distortion analysis）

一个完美的线性放大器可以将输入信号不失真地放大到输出端，但是真实器件会由于其本身的各种因素造成输入信号的失真。失真分析用于分析电子电路中的谐波失真和内部调制失真（互调失真），通常非线性失真会导致谐波失真，而相位偏移会导致互调失真。失真分析对于研究在瞬态分析中不易观察到的、比较小的失真较为有效。

（6）直流扫描分析（DC sweep）

直流扫描分析是利用一个或两个直流电源分析电路中某一结点上的直流工作点的数值变化的情况。利用直流扫描分析，可以快速根据直流电源的变动范围确定电路直流工作点。该分析相当于每变动一次直流电源的数值，则对电路做几次不同的直流工作点仿真。若电路中有数字器件，Multisim 13 会将其作为一个大的接地电阻处理。

（7）灵敏度分析（Sensitivity）

灵敏度分析是分析电路特性对电路中元器件参数的敏感程度。灵敏度分析包括直流灵敏度分析和交流灵敏度分析功能。直流灵敏度分析的仿真结果以数值的形式显示，交流灵敏度分析的仿真结果以图形的形式显示。利用该仿真结果，可以为电路中关键部位的元件指定误差值，并可以使用最佳的元件进行替换。同时，可以找出最关键的元器件，在保证不影响设计性能的前提下，保证电路要求的精度，降低成本。

（8）参数扫描分析（Parameter sweep）

参数扫描分析是采用参数扫描的方法分析电路，可以较快地获得某个元件的参数在一定范围内变化时对电路的直流工作点、瞬态特性及交流频率特性的影响。相当于对指定元件每次取不同的值，进行多次仿真。对于数字器件，在进行参数扫描分析时将被视为高电阻接地。

（9）温度扫描分析（Temperature sweep）

温度扫描分析用来研究电路在不同温度条件下的特性，相当于对指定元件每次取不同的温度值进行多次分析（包括直流工作点分析、交流分析和瞬态分析）。进行温度扫描分析需要指定待分析元件的温度起始值、终止值及增量。在进行其他分析时，电路的仿真温度默认值设定在 27℃。温度扫描分析只对在 Multisim 13 软件中对温度有依赖性的器件起作用。

（10）零极点分析（Pole zero）

零极点分析方法可以用于分析交流小信号电路传递函数中的零点和极点，零点和极点决定了电子电路的稳定性。在分析时，通常先进行直流工作点分析，对电路中可能存在的非线性器件求得线性化的小信号模型，在此基础上再分析传递函数的零点和极点。该方法主要用于模拟小信号电路的分析，数字器件在分析时将被视为高电阻接地。

（11）传递函数分析（Transfer function）

传递函数分析用于分析一个电路的指定传递函数，并计算出相应的输入输出阻抗。通常输入量是某信号源，输出量是某两结点之间的电压或某电源的电流。与零极点分析类似，在分析时，通常先进行直流工作点分析，对电路中可能存在的非线性器件求得线性化的小信号模型，再进行传递函数分析。

（12）最坏情况分析（Worst case）

最坏情况分析是一种统计分析方法，适合对模拟电路直流和小信号电路的分析。所谓最坏情况是指电路中的元件参数在其容差域边界点上取某种组合时所引起的电路性能的最大偏差，而最坏情况分析是在给定电路元件参数容差的情况下，估算出电路性能相对于标称值时的最大偏差。它可以使用户观察到在元件参数变化时，电路特性变化的最坏可能性。

（13）蒙特卡洛分析（Monte Carlo）

蒙特卡洛分析方法是采用统计分析方法来观察给定电路中的元器件参数容差的统计分布规律，用一组伪随机元器件参数的随机抽样序列，对这些随机抽样序列进行直流、交流和瞬态分析，并通过多次分析结果估算出电路性能的统计分布规律。利用蒙特卡洛分析的结果可以预测电路在批量生产时的成品率和生产成本。

（14）线宽分析（Trace width analysis）

线宽分析主要用于计算电路中 RMS 电流流过时所需要的最小导线宽度，为进行 PCB 设计提供依据。

（15）批处理分析（Batched analysis）

在实际电路分析中，通常需要对同一个电路进行多种分析，批处理分析提供了一个为高级用户从单一的命令中执行多重分析的简便方法。例如对一个放大电路，为了确定静态工作点，需要进行直流工作点分析；为了了解其频率特性，需要进行交流分析；为了观察输出波形，需要进行瞬态分析。批处理分析可以将这些不同的分析功能放在一起依序执行。

（16）用户自定义分析（User‐defined analysis）

用户自定义分析允许用户手工加载一个 SPICE 卡或网络表并且输入 SPICE 命令，这将给用户带来比使用 Multisim 中的图形界面更多的自由空间，但用户需对 SPICE 知识有相当程度的掌握。

3.4.6　图形分析器（Grapher）

执行仿真分析后，如果先前的设置有错或者电路连接有问题，Multisim 13 会弹出报错窗口，提示用户修改。这个窗口也可以通过执行菜单命令"Simulate"→"Simulation Error Log/Audit Trail"打开。

如果电路的连接、分析参数的设置、输出变量的指定都正确，启动仿真后会自动弹出图形分析器"Grapher View"窗口，该窗口也可以通过执行菜单命令"View"→"Grapher"打开。图 3.4.10 给出了对图 3.4.5 所示电路进行交流分析后的"Grapher View"窗口界面。

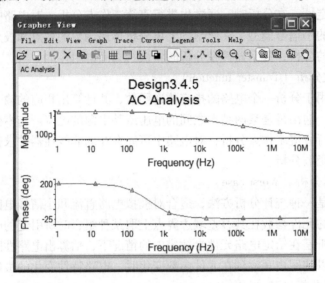

图 3.4.10　"Grapher View"窗口

Multisim 13 的图形分析器可以记录每一次仿真所产生的波形，包括了电路中示波器等图形仪器记录的波形以及指定输出的波形。用户利用图形分析器可以实现对仿真曲线进行曲线属性设置、坐标调整、数值测量、将结果输出为 Excel 文件等操作。

（1）页面属性设置

在"Grapher View"窗口中执行菜单命令"Edit"→"Page Properties"，弹出页面属性设置对话框（Page Properties），如图 3.4.11 所示。在该对话框中可以设置本选项卡的名称

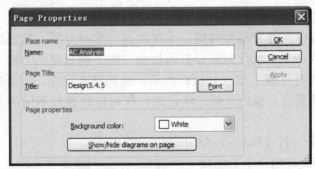

图 3.4.11　页面属性设置对话框

（Name）和图形标题的名称（Title）及字体（Font）。另外，在 Page Properties 对话框里可以设置图像的背景色（Background color）。若单击按钮"Show/hide diagrams page"则可以打开页面图形显示控制对话框，如图 3.4.12 所示。在该对话框显示了同一个页面上的图形名称，如果想关闭某图形在页面中的显示，可在其对应的"VISIBLE"处双击鼠标即可改变为"HIDDEN"。

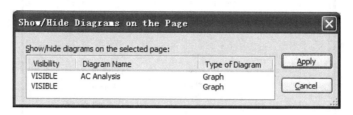

图 3.4.12　页面图形显示控制对话框

（2）图形属性设置

在"Grapher View"窗口中执行菜单命令"Graph"→"Properties"，弹出图形属性设置对话框（Graph Properties），如图 3.4.13 所示。该对话框包含了 General（总体设置）选项卡、Traces（曲线设置）选项卡和左、底、右、顶共 4 个 axis（坐标轴）选项卡。在 General 选项卡中可以设置本图形的名称（Title）、网格（Grid）、曲线图例操作（Traces）和屏幕光标（Cursors）等；在 Traces 选项卡（如图 3.4.14 所示）中可以设置曲线标签（Trace label）、颜色（Color）、线宽（Width）、数据点形状（Shape）和横、纵坐标轴位置（X – horizontal axis、Y – Vertical axis）及偏移量（Offsets）等。图 3.4.15 给出了设置底部坐标轴（Bottom axis）属性的选项卡，该选项卡可以设置横坐标的数据标志（Label）、坐标轴的线宽（Pen size）、颜色（Color）以及坐标字体（Font）。Scale 栏用于选择线性（Linear）、对数（Logarithmic）、分贝（Decibels）或倍频（Octave）坐标轴。Range 栏用于设置横坐标的起止范围，常用于调整曲线的显示。Divisions 栏用于设置横坐标的分度。其他几个坐标轴标签页的设置大致相同，不再赘述。

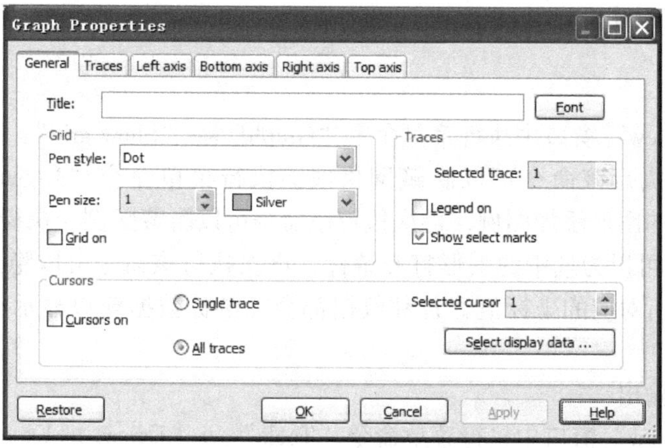

图 3.4.13　图形属性设置对话框中的 General 选项卡

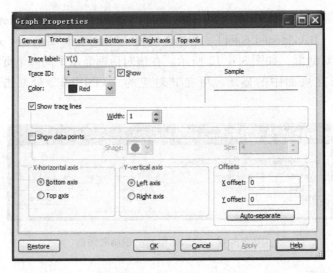

图 3.4.14　图形属性设置对话框中的 Traces 选项卡

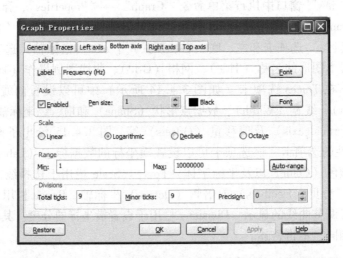

图 3.4.15　图形属性设置对话框中的 Bottom axis 选项卡

（3）数值测量

在"Grapher View"窗口中执行菜单命令"Graph"→"Show grid"，可以为选中的图形添加网格线，再次执行该命令可以隐藏网格线。执行菜单命令"Legend"→"Show legend"，可以为选中的图形添加图例，再次执行该命令可以隐藏图例。执行菜单命令"Cursor"→"Show cursors"，可以为选中的图形打开游标，再次执行该命令可以隐藏游标。当游标打开时，移动游标，所对应的坐标值等各种数据都会在游标数据窗口显示出来，如图 3.4.16 所示。

（4）曲线数据输出

在"Grapher View"窗口中执行菜单命令"Tools"→"Export to Excel"，可以将制定的曲线数据直接输出到 Excel，利用该命令可以很方便地查询指定曲线上各点的坐标值情况，并为后续分析服务。

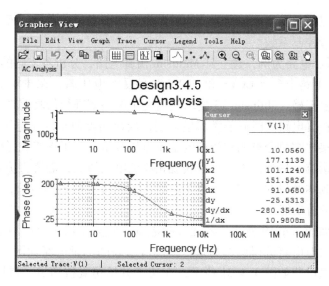

图 3.4.16 图形属性设置窗口的数值测量

Multisim 13 的图形分析器还提供了缩放控制、复制、粘贴等常规操作，在窗口界面的上方也给出了部分常用命令的快捷按钮，当鼠标悬停在按钮上的时候，会有命令提示，在此不再赘述。

3.4.7 Multisim 的仿真实例

在电路理论中，受控源是一种非常常见的电路元件。对应于 Multisim 13 中，常见受控源的符号及名称如图 3.4.17 所示。

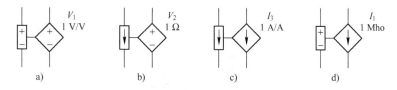

图 3.4.17　Multisim 13 的常见受控源符号
a）VCVS　b）CCVS　c）CCCS　d）VCCS

在 Multisim 13 主窗口按快捷组合键〈Ctrl〉+〈W〉或执行菜单命令"Place"→"Component"，打开选择元件窗口，将 Group 栏设置为 Sources，找到 CONTROLLED_VOLTAGE_SOURCES 即受控电压源器件栏，可以分别找到 VOLTAGE_CONTROLLED_VOLTAGE_SOURCE（压控电压源 VCVS）及 CURRENT_CONTROLLED_VOLTAGE_SOURCE（流控电压源 CCVS）；如果要找受控电流源，在 CONTROLLED_CURRENT_SOURCES 器件栏中可以分别找到 VOLTAGE_CONTROLLED_CURRENT_SOURCE（压控电流源 VCCS）及 CURRENT_CONTROLLED_CURRENT_SOURCE（流控电流源 CCCS）。每一种受控源都包括控制量取回支路（小矩形框）及被控制量支路（菱形框）。当控制量为电压时，小矩形框的正负号代表了电压控制量的参考极性，小矩形框应与控制量所在支路并联以取得支路电压信号作为控制量。当控制量为电流时，小矩形框内的箭头代表了电流控制量的参考方向，小矩形框应与控制量所在支路串联以取得支路电流信号作为控制量。双击受控源符号，可以打开受控源属性设置窗口，直接设置控制系数。

以图 3.4.18 所示电路为例，建立其 Multisim 仿真电路，分析各支路的电压。

图 3.4.18 所示电路中含有 CCVS 和 VCVS 两种受控电压源，在建立仿真电路时应特别注意控制量的连接要正确。Multisim 13 要求任何一个电路要进行仿真前必须至少含有一个接地点，因此在建立仿真电路的时候要添加接地端，接地端类似于结点电压法中的参考结点，指定哪一个结点为接地端只会影响到相应的结点电压表示，对于支路或元件上的电压、电流及功率大小不会有影响。另外，为了直观表现相应的电压情况，需要将仿真电路的结点编号设置为显示。考虑到本题目的要求，可以采取直接测量有关数据的方法，也可以采用 Multisim 13 对应的仿真分析功能。

建立仿真电路如图 3.4.19 所示。各元件参数都设置完毕后，可以用添加电压表、电流表、测量探针等方法对电路进行仿真测量。采用电压表的测量电路如图 3.4.20 所示。采用动态测量探针的测量电路如图 3.4.21 所示，在按下开始仿真按钮后，鼠标取得动态测量探针，依次指向结点 1、2、4 以测得它们的电压。

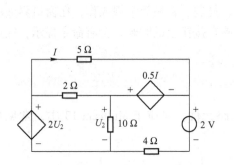

图 3.4.18　受控电压源电路示例

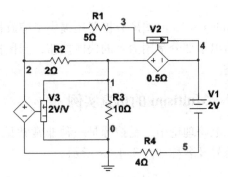

图 3.4.19　仿真电路图

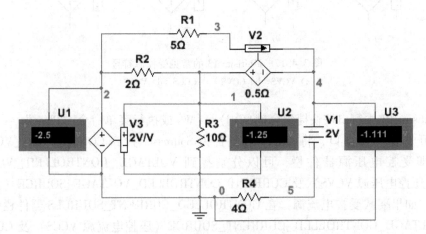

图 3.4.20　采用电压表进行电压测量

比较这两种方法可知，采用电压表直接测量读数，虽然直观，但是由于电路中增加了测量线路而导致电路看上去显得比较杂乱，不如测量探针简洁。但是动态测量探针随测随显示，不如使用多个电压表可以同时固定多个电压数据。

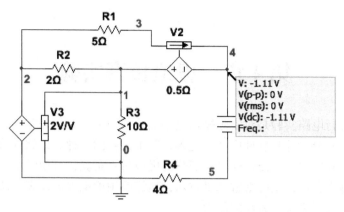

图 3.4.21　采用测量探针进行电压测量

　　本题也可以利用 Multisim 13 的直流工作点分析功能。建立图 3.4.19 所示的仿真电路图，执行菜单命令"Simulate"→"Analyses"→"DC operating point"，在弹出的"DC Operating Point Analysis"设置对话框中设置要观测的变量如结点 1、2、4 的结点电压、电阻 R1 的电流、2 V 电压源的功率等，如图 3.4.22 所示，其余参数保持默认，启动仿真可得到仿真结果如图 3.4.23 所示。可以看到，该仿真结果与上述两种方式测量的结果相一致，同时采用直流工作点分析法进行仿真更为灵活，功能更为强大。

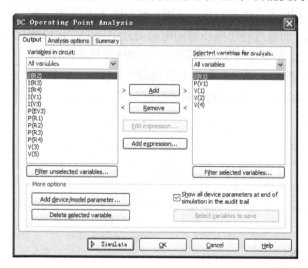

图 3.4.22　采用直流工作点分析功能

Design3.4.19
DC Operating Point Analysis

	Variable	Operating point value
1	V(1)	-1.25000
2	V(2)	-2.50000
3	V(4)	-1.11111
4	I(R1)	-277.77778 m
5	P(V1)	-1.55556

图 3.4.23　采用直流工作点分析的仿真结果

第4章 虚拟仿真实验

利用计算机进行电路实验是对实际操作电路实验的一种补充与完善。Multisim 13 是目前各种电路辅助设计和分析计算软件中功能完善、版本最新的一种。该软件采用菜单操作、全键盘编辑，使用起来简单、方便。通过这部分的虚拟仿真实验，可使学生学会利用计算机来分析电路问题的基本方法，正确掌握测量技术，熟练使用虚拟仪器仪表，从而更好地培养电路分析、设计和应用开发等各方面的能力。

4.1 电压源与电流源外特性的研究及等效变换

1. 实验目的

（1）利用计算机分析了解理想电流源与理想电压源的外特征。

（2）验证电压源与电流源之间进行等效转换的条件以及负载获得最大功率传输的条件。

2. 要实验原理

（1）在电路理论中，理想电源有两种：理想电压源和理想电流源。理想电压源两端的电压 u 完全由其参数 U_S 决定，不会受外电路的影响，而流过理想电压源的电流受外电路的变化而变化；流过理想电流源的电流 i 完全由其参数 I_S 决定，不会受外电路的影响，而理想电流源两端的电压受外电路变化而变化。理想电压源和理想电流源的电路图形符号与伏安特性如图 4.1.1 所示。无论外电路中的电阻 R 如何变化，电压源两端的电压 u、流过电流源的电流 i 都不会改变。

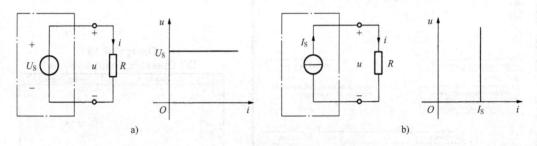

图 4.1.1 理想电源及其伏安特性

a）理想电压源　b）理想电流源

在工程实际中，绝对的理想电源是不存在的，但有一些电源的外特性与理想电源极为接近。在电子技术中，通常采用的晶体管电流源与电压源就是其中的一例，因为用电子学的方法，可以使晶体管电压源的串联等效内电阻极小，一般为 10^{-3} Ω 以下，晶体管电流源并联等效内电阻极大，一般为 10^6 Ω 以上。因此，可以近似地将其视为理想电源。

（2）实际电压源可以用一个理想电压源 U_S 与一电阻 R_0 串联组合来表示，实际电流源可以用一个理想电流源 I_S 与一个电导 G_0 并联的组合来表示，如图 4.1.2 和图 4.1.3 所示，点划线框内部是一个实际的电压源与一个实际的电流源，如果它们向相同的负载提供相同的电压 u 和电流 i，那么这个电压源和电流源是等效的，即实际电压源与其等效的实际电流源有相同的外特性。

实际电压源与实际电流源进行等效变换的条件为

$$I_S = \frac{U_S}{R_0}, G_0 = \frac{1}{R_0} 或 U_S = \frac{I_S}{G_0}, R_0 = \frac{1}{G_0}$$

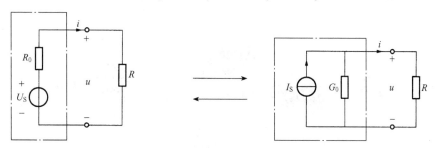

图 4.1.2　实际电压源　　　　　　　图 4.1.3　实际电流源

（3）一个实际的电压源或电流源，它们不但可以互相等效变换，而且也能进行串联、并联或混联，电压源串联时其等效电压源的电压为各电压源电压的代数和，其等效内阻为各电压源内阻之和，即

$$u_S = \sum_{k=1}^{n} u_{Sk}, R_0 = \sum_{k=1}^{n} R_k$$

u_{Sk} 和 u_S 同方向时为正，反之为负。

当多个电流源并联时，其等效电流源的电流为各电流源电流的代数和，其等效内电导为各电流源内电导之和，即

$$i_S = \sum_{k=1}^{n} i_{Sk}, G_0 = \sum_{k=1}^{n} G_k$$

i_{Sk} 和 i_S 同方向时为正，反之为负。

（4）在实际问题中，有时需要研究负载在什么条件下能获得最大功率。这类问题可以归结为一个一端口向负载输送功率的问题。

在图 4.1.4 中，R_0 为实际电源的内电阻，R_L 为负载电阻，其功率为

$$P = i^2 R_L = \left(\frac{U_S}{R_L + R_0} \right)^2 R_L$$

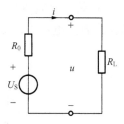

图 4.1.4　负载电路

为求得 R_L 从电源中获得最大功率的条件，可以将功率 P 对 R_L 求导，并令其导数等于零

$$\frac{dP}{dR_L} = \frac{(R_0 + R_L)^2 - 2R_L(R_0 + R_L)}{(R_0 + R_L)^4} U_S^2 = \frac{R_0^2 - R_L^2}{(R_0 + R_L)^4} U_S^2 = 0$$

解得

$$R_L = R_0$$

得到最大功率

$$P_{max} = \left(\frac{U_S}{R_L + R_0} \right)^2 R_L = \frac{U_S^2}{4R_0}$$

即：负载电阻 R_L 从电源中获得最大功率的条件是负载电阻 R_L 等于电源内阻 R_0。

3. 实验任务

（1）测量理想电压源的外特性

当外接负载电阻在一定范围内变化时，电源输出电压基本不变，可将其视为理想电压源。

① 按仿真电路图4.1.5接线，电阻 R_1 的值取 $R_1 = 1\,k\Omega$，串联接入直流电流表，并联接入直流电压表。

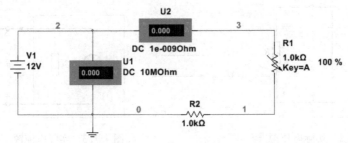

图4.1.5　电压源外特性测试仿真电路

② 设直流电压源电压为12 V，用电压表和电流表分别测此时电压源端电压 U 和输出电压 I，记入表4.1.1中。

表4.1.1　测试理想电压源外特性实验数据

$R_1/k\Omega$	1								
U/V									
I/mA									

③ 改变负载电阻 R_1 的值，每改变一次 R_1 值记下 U 和 I，数据记入表4.1.1中，即可得到理想电压源的外特性。

（2）测量理想电流源的外特性

当负载电阻在一定的范围内变化时（注意必须使电流源两端的电压不超出额定值），电流基本不变，即可将其视为理想电流源。

① 将一个阻值为50 Ω的可变电阻 R_1 接至电流源的输出端上，串联接入直流电流表，并联接入直流电压表，即接成如图4.1.6所示的实验仿真电路。

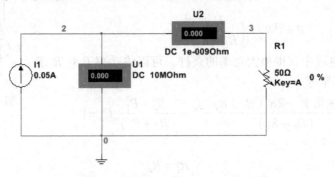

图4.1.6　电流源外特性测试仿真电路

② 实验时首先取电阻 $R_1 = 0$，直流电流源的输出电流 $I = 0.05\,A$，测出此时电流源的端电压 U 和输出电流 I，记入表4.1.2中。

③ 改变电阻 R_1，每改变 R_1 值记下 U 和 I，数据记入表4.1.2中，即可得理想电流源的

外特性。

表 4.1.2　测试理想电流源外特性实验数据

R_1/Ω	0									
U/V										
I/mA										

（3）验证实际电压源与电流源等效转换的条件

① 在实验任务 2 中，已测得理想电流源的电流 $I = 0.05$ A，若在其输出端 2 和 0 间并联一电阻 R_0（即 $G_0 = 1/R_0$），例如 240 Ω，从而构成一实际电流源，将此电流源接至负载电阻 R_1（$R_1 = 10$ kΩ），并在电路中串联接入直流电流表，并联接入直流电压表，即构成如图 4.1.7 所示的实验仿真电路。

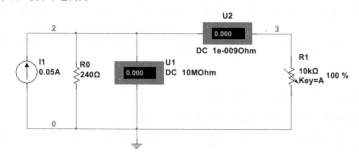

图 4.1.7　实际电流源外特性测试仿真电路

② 改变电阻 R_1 的电阻值，每改变一个 R_1 值，记下相应的端电压 U 和输出电流 I，且计算出电阻 R_1 上的功率 P 记入表 4.1.3 中，即可测出该实际电流源的外特性。

电流源 $I_S =$ 　　 ，$G_0 =$ 　　　　**表 4.1.3　实际电流源外特性**

电流 I/mA	0									
电压 U/V										
电阻 R_1/Ω										
$P = I^2 R_1$										

③ 根据等效转换的条件，将电压源的输出电压调至 $U_S = I_S R_0$，并串接一个电阻 R_0，构成如图 4.1.8 所示的实际电压源，再将该电压源接负载电阻 R_1，串联接入测量用直流电流表和并联接入直流电压表，即构成如图 4.1.8 所示的实验仿真电路。

④ 改变负载电阻 R_1，对应每一个 R_1 值记下端电压和输出电流的值，且计算出 R_1 上的功率 P，记入表 4.1.4 中，即可测出实际电压源的外特性。

电压源 $U_S =$ 　　 ，$R_0 =$ 　　　　**表 4.1.4　实际电压源外特性**

电流 I/mA	0									
电压 U/V										
电阻 R_1/Ω										
$P = I^2 R_1$										

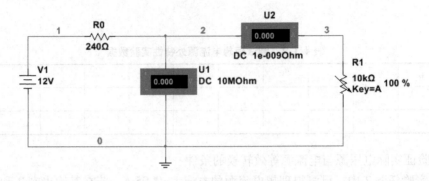

图 4.1.8 实际电压源外特性实验仿真电路

在测量上述实际电压源和实际电流源外特性中,在实验中可以取两种情况下的负载电阻 R_1 的值——对应相等,这样便于比较,看一看当 R_1 值相同时,两种情况下是否具有相同的电压与电流。并观察实际电压源中电阻 R_1 上的功率最大时,R_1 与 R_0(电压源内阻)是否相等。

当电阻 R_1 上的功率 $P = \dfrac{U_s^2}{4R_1}$ 最大时,R_1 与 R_0 是否相等。从而验证了最大功率传输的条件。

4. 注意事项

(1)熟悉 Multisim 13 软件的基本操作。

(2)预习本实验教程中关于 Multisim 13 的相关章节。

(3)电压表的"Value"一栏设置为:内阻(Resistance)为"10MOhm",方式(Mode)选"DC"。

(4)电流表的"Value"一栏设置为:内阻(Resistance)为"1e−009Ohm",方式(Mode)选"DC"。

5. 实验报告要求

(1)绘出所测电流源及电压源的外特性曲线。

(2)通过实验搞清楚理想电压源和理想电流源能否等效互换。

(3)从实验结果验证电压源和电流源是否等效。

(4)验证负载获得最大功率的条件。

6. 思考题

(1)理想电压源与理想电流源能否等效互换?

(2)自行证明实际电压源与实际电流源互相等效的条件,并画出相应电路图。

(3)试比较使用 Multisim 进行仿真和传统实验的异同之处,Multisim 的优越性体现在哪里?

4.2 直流电路的结点电压分析

1. 实验目的

(1)熟悉上机操作基本过程,掌握应用 Multisim 13 软件分析电路的基本方法。

(2)利用计算机分析电阻网络的结点电压。

2. 实验原理

(1)线性直流电路的结点电压

当电路有 n 个结点，可任取其中一个结点作为参考结点，并设该结点电位为零，其余的 $(n-1)$ 个结点为独立结点，每一个独立结点与参考结点之间的电压称为结点电压。

对于有 n 个结点的电路有 $(n-1)$ 个独立结点电压。

结点电压法是以结点电压作为未知变量，应用基尔霍夫电流定律（KCL），对电阻电路列写与结点电压数目相等的独立电流方程组，从而解得结点电压。在知道各结点电压之后，就可以求出各支路电压。

若任取一个结点为参考结点，以其余 $(n-1)$ 个独立结点的结点电压为求解量，则所列写的 KCL 方程的一般形式为

$$\begin{cases} G_{11}u_{n1} + G_{12}u_{n2} + G_{13}u_{n3} + \cdots + G_{1(n-1)}u_{n(n-1)} = i_{S11} \\ G_{21}u_{n1} + G_{22}u_{n2} + G_{23}u_{n3} + \cdots + G_{2(n-1)}u_{n(n-1)} = i_{S22} \\ \qquad\qquad\qquad \cdots \\ G_{(n-1)1}u_{n1} + G_{(n-1)2}u_{n2} + G_{(n-1)3}u_{n3} + \cdots + G_{(n-1)(n-1)}u_{n(n-1)} = i_{S(n-1)(n-1)} \end{cases}$$

（2）利用计算机分析结点电压

欲求电阻电路的结点电压，关键是利用 Multisim 13 软件正确画出电路的原理图。在给出电路元件参数后，利用 Multisim 13 计算出所求结点电压，从而得到各元件上电压。（可从 Multisim 13 菜单栏的 Simulate 下拉菜单 Analys 中的选项"Transient Analysis…"查看各结点电压的图形及数值）

3. 实验任务

（1）仿真电路如图 4.2.1 所示，求结点 2 和结点 3 的结点电压。

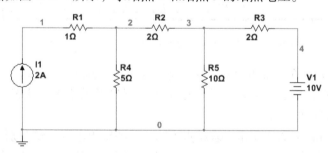

图 4.2.1　实验任务（1）仿真电路图

首先，可以使用电压表来测量该电路图中结点 2 和结点 3 的结点电压，如图 4.2.2 所示。

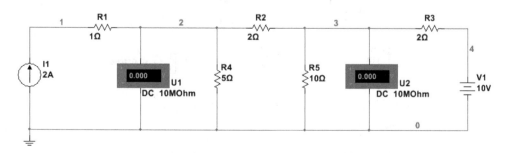

图 4.2.2　实验任务（1）使用电压表测量结点电压的仿真电路

149

其次，还可以使用直流工作点分析的方法获得结点电压值，首先建立如图4.2.1所示的仿真电路，在软件主界面执行菜单命令"Simulation"→"Analyses"→"DC operating point"，将弹出"DC Operating Point Analysis"设置对话框，如图4.2.3所示。

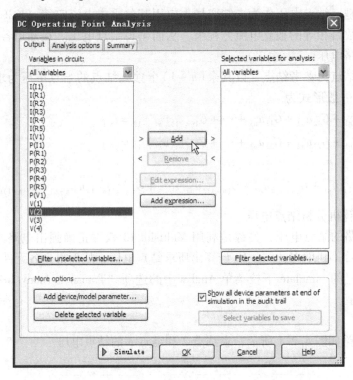

图4.2.3 "DC Operating Point Analysis"设置对话框

在Output选项卡设置所需测量分析的变量，这里将结点电压V(2)、V(3)通过"Add"按钮设置为测量变量，单击"Simulate"按钮进行直流工作点分析，并获得分析结果，并对比电压表测量结点电压的结果。

（2）仿真电路如图4.2.4所示，求结点1、2、3的结点电压。试分别用电压表和直流工作点分析来测量结点1、2、3的结点电压。使用电压表测量结点电压的仿真电路图如图4.2.5所示。

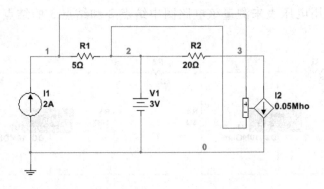

图4.2.4 实验任务（2）仿真电路图

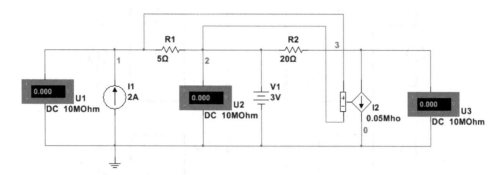

图 4.2.5　实验任务（2）使用电压表测量结点电压

4. 注意事项

（1）预习本实验教程中关于 Multisim 13 的相关章节。

（2）在预习报告中画出实验中的电路图并进行理论计算。

5. 实验报告要求

（1）把观察到的各结点电压数值记录下来，与理论计算结果相比较。

（2）回答思考题。

6. 思考题

（1）图 4.2.2 中，若改变实验任务（1）中与电流源串联电阻 R_1 的大小，对结点 2 的电压有无影响？改变电阻 R_1 后电阻 R_1 两端的电压有什么变化？电流源的电压情况如何？

（2）在图 4.2.5 中，改变实验任务（2）中电阻 R_1 元件上的控制量 U 的参考方向，实验结果有无不同？由此加深对参考方向的理解。

4.3　互易定理的验证

1. 实验目的

（1）加深对线性定常网络中互易定理的理解。

（2）进一步熟悉电压表、电流表、稳压电源及恒流电源等设备的使用。

2. 实验原理

互易定理是线性电路的一个重要性质。所谓互易，是指对线性电路，当只有一个激励源（一般不含受控源）时，激励与其在另一支路中的响应可以等值地相互易换位置。对于单一激励的不含受控源的线性电阻电路，存在三种互易定理。

定理 1：在图 4.3.1a 与 b 所示电路中，N 为仅由电阻组成的线性电阻电路，有

$$\frac{i_2}{u_{S1}} = \frac{i_1}{u_{S2}} \tag{4.3.1}$$

互易定理 1 表明：对于不含受控源的单一激励的线性电阻电路，互易激励（电压源）与响应（电流）的位置，其响应与激励的比值仍然保持不变。当激励 $u_{S1} = u_{S2}$ 时，则 $i_2 = i_1$。

证明：将图 4.3.1a、b 中各电路变量标出，如图 4.3.1c、d 所示，使用特勒根定理 2，有

$$u_1 \hat{i}_1 + u_2 \hat{i}_2 = \hat{u}_1 i_1 + \hat{u}_2 i_2$$

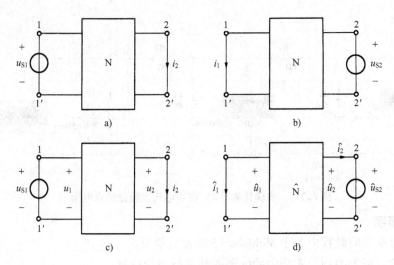

图 4.3.1 互易定理 1 电路图

$$u_{S1}\hat{i}_1 + 0 \times \hat{i}_1 = 0 \times i_1 + u_{S2}i_2$$

$$u_{S1}\hat{i}_1 = u_{S2}i_2$$

所以

$$\frac{i_2}{u_{S1}} = \frac{\hat{i}_1}{u_{S2}}$$

当 $u_{S1} = u_{S2}$ 时，则 $i_2 = i_1$。证毕。

定理 2： 在图 4.3.2a 与 b 所示电路中，N 为仅由电阻组成的线性电阻电路，有

$$\frac{u_2}{i_{S1}} = \frac{u_1}{i_{S2}} \tag{4.3.2}$$

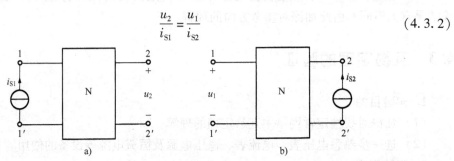

图 4.3.2 互易定理 2 电路图
a) 电流激励 i_{s1}　b) 电流激励 i_{s2}

互易定理 2 表明： 对于不含受控源的单一激励的线性电阻电路，互易激励（电流源）与响应（电压）的位置，其响应与激励的比值仍然保持不变。当激励 $i_{S1} = i_{S2}$ 时，则 $u_2 = u_1$。

互易定理 3： 在图 4.3.3a 与 b 所示电路中，N 为仅由电阻组成的线性电阻电路，有

$$\frac{u_2}{u_{S1}} = \frac{i_1}{i_{S2}} \tag{4.3.3}$$

互易定理 3 表明： 对于不含受控源的单一激励的线性电阻电路，互易激励与响应的位置，且把原电压激励改换为电流激励，把原电压响应改换为电流响应，则互易位置前后响应与激励的比值仍然保持不变。如果在数值上 $u_{S1} = i_{S2}$ 时，则 $u_2 = i_1$。

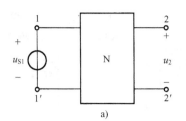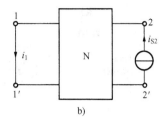

图 4.3.3　互易定理 3

a）电压激励　b）电流激励

定理 2、定理 3 可自行证明。

3. 实验任务

（1）互易定理 1 的验证。仿真电路如图 4.3.4 所示，激励源为两个理想电压源，图 4.3.4a 中的理想电压源为 12 V，图 4.3.4b 中的理想电压源为 4 V，$R_1 = 100\ \Omega$，$R_2 = 200\ \Omega$，$R_3 = 470\ \Omega$，使用万用表电流挡测量图 4.3.4a、b 的支路电流值，图 4.3.4a 测流过 R_2 的电流 I_2，图 4.3.4b 测流过 R_1 的电流 I_1，填入表 4.3.1 中，并验证互易定理 1。

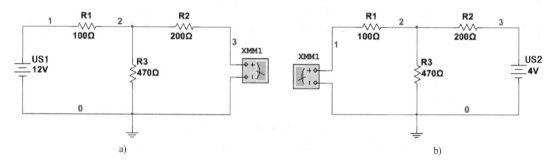

图 4.3.4　互易定理 1 的验证仿真电路

a）理想电压源为 12 V 时的电路　b）理想电压源为 4 V 时的电路

表 4.3.1　实验任务（1）测量数据

U_{S1}/V	U_{S2}/V	I_2/A	I_1/A
12	4		

（2）互易定理 2 的验证。仿真电路如图 4.3.5 所示，激励源为两个理想电流源，图 4.3.5a 为 2 A 的电流源，图 4.3.5b 为 4 A 的电流源，$R_1 = 100\ \Omega$，$R_2 = 200\ \Omega$，$R_3 = 470\ \Omega$，使用万用表电压挡测量图 4.3.5a、b 的支路电压值，图 4.3.5a 测开路电压 U_2，图 4.3.5b 测开路电压 U_1，填入表 4.3.2 中，并验证互易定理 2。

表 4.3.2　实验任务（2）测量数据

I_{S1}/A	I_{S2}/A	U_2/V	U_1/V
2	4		

（3）互易定理 3 的验证。仿真电路如图 4.3.6 所示，激励为电压源和电流源，其中图 4.3.6a 中为 12 V 的理想电压源，图 4.3.6b 中为 6 A 的理想电流源，$R_1 = 100\ \Omega$，$R_2 = 200\ \Omega$，

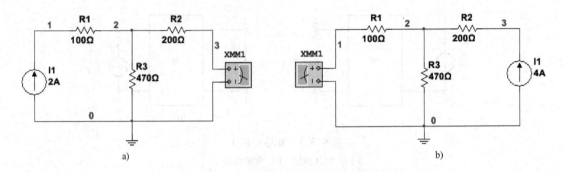

图 4.3.5 互易定理 2 的验证仿真电路

a）理想电流源为 2 A 时的电路   b）理想电流源为 4 A 时的电路

$R_3 = 470\ \Omega$，使用万用表分别测量图 4.3.6a 的 U_2 和支路电压 b 的支路电流值 I_1，填入表 4.3.3 中，并验证互易定理 3。

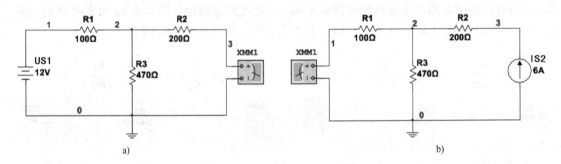

图 4.3.6 互易定理 3 的验证仿真电路

a）理想电压源为 12 V 时的电路   b）理想电流源为 6 A 时的电路

表 4.3.3 实验任务（3）测量数据

U_{S1}/V	I_{S2}/A	U_2/V	I_1/A
12	6		

上面实验(1)~(3)中支路电压、支路电流都是使用万用表进行测量的，大家也可以使用直流工作点分析对所需分析的支路电压、支路电流进行测量，不妨动手试一下。

（4）试自行设计一个含有受控源（类型不限）的电路，重复上述任务，并验证是否满足互易定理。

4. 注意事项

（1）熟悉 Multisim 软件的基本操作。

（2）预习本实验教程中关于 Multisim 的相关章节。

（3）测量和记录时，注意支路的电压和电流的实际方向。

（4）注意在使用万用表时注意电流档和电压档的及时更换。

5. 实验报告要求

（1）由测得的数据验证互易定理，对结果进行误差分析，然后给予必要的说明和讨论。

（2）回答思考题。

（3）分析研究实验数据，得出实验结论。

（4）本次实验的主要收获、体会及存在的问题。

6. 思考题

（1）对互易定理的第三种形式给予证明。

（2）互易定理对含有线性受控源的网络是否适用？为什么？

4.4 *RLC* 串联电路的动态过程分析

1. 实验目的

（1）利用计算机分析动态电路的特性。

（2）研究二阶 *RLC* 串联电路的动态过程的特点及其与电路元件参数的关系。

（3）观察二阶 *RLC* 串联电路在直流电压和方波激励下的欠阻尼和过阻尼响应波形。

（4）观察并分析欠阻尼和过阻尼电路的状态轨迹。

2. 实验原理

（1）二阶 *RLC* 串联电路的动态过程及其与电路元件参数的关系

含有动态元件的电路，其电路方程为微分方程。如果电路含有两个独立的储能元件，则其电路方程为二阶微分方程，该电路称为二阶电路。

求解如图 4.4.1 所示的 *RLC* 串联电路的二阶微分方程：

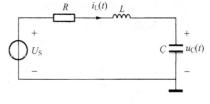

$$LC\frac{\mathrm{d}^2 u_C}{\mathrm{d}t^2} + RC\frac{\mathrm{d}u_C}{\mathrm{d}t} + u_C = U_S$$

初始值：$\begin{cases} u_C(0_+) = u_C(0_-) \\ i_L(0_+) = i_L(0_-) \end{cases}$

图 4.4.1　*RLC* 串联电路

由此可以解得电容上的电压 $u_C(t)$ 和电感上的电流 $i_L(t)$。

与一阶电路不同，二阶 *RLC* 串联电路的动态过程的性质和元件参数有关。

① 当 $R > 2\sqrt{\dfrac{L}{C}}$ 时，动态过程中的电压、电流具有非周期性的特点，称为过阻尼状态（非振荡情况）。

② 当 $R < 2\sqrt{\dfrac{L}{C}}$ 时，动态过程中的电压、电流具有周期衰减振荡的特点，称为欠阻尼状态（衰减震荡情况）。此时衰减系数为 $\delta = \dfrac{R}{2L}$；$\omega_0 = \dfrac{1}{\sqrt{LC}}$，是在 $R = 0$ 情况下的振荡角频率，称为无阻尼振荡电路的固有角频率。在 $R \neq 0$ 时，*RLC* 串联电路的固有振荡角频率为 $\omega = \sqrt{\omega_0^2 - \delta^2}$，它将随 δ 的增加而减小。

③ 当 $R = 2\sqrt{\dfrac{L}{C}}$ 时，$\delta = \omega_0$，$\omega = \sqrt{\omega_0^2 - \delta^2} = 0$，*RLC* 串联电路的动态过程界于非振荡过程与振荡过程之间，称为临界状态。

本次实验研究前两种情况。

（2）二阶 *RLC* 串联电路的状态轨迹

对于图 4.4.1 电路，可以用状态方程来求解。选取 $u_C(t)$ 和 $i_L(t)$ 为状态变量，则

$$\begin{cases} \dfrac{\mathrm{d}u_C(t)}{\mathrm{d}t} = \dfrac{i_L(t)}{C} \\[2mm] \dfrac{\mathrm{d}i_L(t)}{\mathrm{d}t} = -\dfrac{u_C(t)}{L} - \dfrac{Ri_L(t)}{L} + \dfrac{u_S(t)}{L} \end{cases}$$

初始值为

$$\begin{cases} u_C(0_-) = U_0 \\ i_L(0_-) = I_0 \end{cases}$$

对所有 $t \geqslant 0$ 的不同时刻，由状态变量在状态平面上所确定的点的集合，称为状态轨迹。用模拟示波器的"A/B"通道，A 通道输入 $u_C(t)$ 波形，B 通道输入 $i_L(t)$，分别调节 A、B 通道的单位幅值和扫描时间，即可在示波器上观察到状态轨迹的图形，如图 4.4.2 所示。

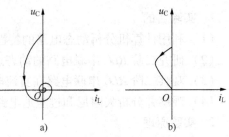

图 4.4.2　状态轨迹
a）零输入欠阻尼　b）零输入过阻尼

3. 实验任务

（1）零输入、零状态响应及其状态轨迹

按仿真电路图 4.4.3 接线。开关 S 首先由位置 0 合向位置 2，即可观察到零状态响应。待电路达到稳态后，开关 S 再由位置 2 合向位置 0，即可观察到零输入响应。

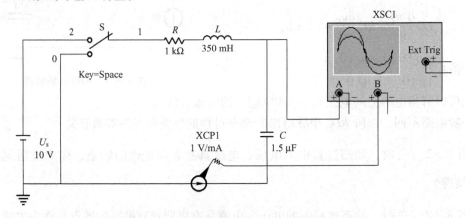

图 4.4.3　零输入响应和零状态响应仿真电路图

① 分别改变电阻 R 的值，观察并记录过阻尼、欠阻尼情况下的零输入响应和零状态响应 $u_C(t)$ 和 $i_L(t)$ 的波形。

过阻尼时，$R = 1\,\mathrm{k}\Omega$，$C = 1.5\,\mu\mathrm{F}$，$L \approx 0.35\,\mathrm{H}$；

欠阻尼时，$R = 100\,\Omega$，$C = 1.5\,\mu\mathrm{F}$，$L \approx 0.35\,\mathrm{H}$。

② 模拟示波器置于 A/B 或 B/A 状态，将 $u_C(t)$ 和 $i_L(t)$ 分别输入通道 A 和通道 B，观察并记录过阻尼、欠阻尼响应的状态轨迹。

（2）方波响应和状态轨迹

电路接线如仿真电路图 4.4.4 所示，改变回路的电阻值，分别观察并记录过阻尼、欠阻尼情况下的方波响应及其状态轨迹。

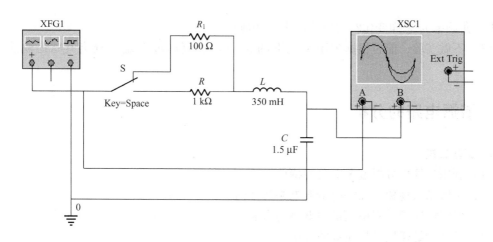

图 4.4.4　方波响应仿真电路图

注意选取电感 L、电容 C 的数值。为了清楚地观察到方波响应的全过程，可选取方波的半周期 T_1 和振荡频率周期 T_2（$T_2 = 2\pi\sqrt{LC}$）大致保持 5∶1 的关系。

参考数据：$u = 10\,\mathrm{V}$，$f = 1\,\mathrm{kHz}$；

过阻尼时，$R = 1\,\mathrm{k\Omega}$，$C = 1.5\,\mu\mathrm{F}$，$L \approx 0.35\,\mathrm{H}$；

欠阻尼时，$R = 100\,\Omega$，$C = 1.5\,\mu\mathrm{F}$，$L \approx 0.35\,\mathrm{H}$。

4. 注意事项

（1）为了观察电流 $i_\mathrm{L}(t)$，可利用模拟示波器来观察采样电阻上的电压波形，同时要弄清楚它们之间的参数关系和参考方向关系。

（2）注意各采样量之间的公共端问题。

（3）将模拟示波器置于 A/B 或 B/A 输入方式可观察状态轨迹，将示波器置于 Y/T 输入方式可观察过阻尼、欠阻尼的过渡过程。

（4）接于示波器的连线可以定义为不同的色彩，有利于区分所观察的变量。

（5）调节示波器的扫描时间和通道 A、B 的单位幅值，以达到最佳观察效果。

5. 实验报告要求

（1）绘出在直流电压下的零输入、零状态的电压及电流波形。注意标明波形名称和坐标比例。

（2）绘出在方波激励下的欠阻尼、过阻尼的电容电压响应波形。

（3）绘出欠阻尼和过阻尼在直流输入下的状态轨迹。

（4）回答思考题（1）、（2）。

（5）自行设计 RL、RC 串联电路，观察相关波形并与 RLC 串联电路在欠阻尼状态时的波形进行比较。

6. 思考题

（1）当 RLC 电路处于过阻尼情况时，如果再增加回路电阻，过渡过程的时间应如何变化？为什么？又若电路处于欠阻尼情况时，再减小回路电阻，过渡过程的时间应如何变化？在什么情况下，电路过渡过程的时间最短？

（2）在方波函数发生器信号输入作用下，对于欠阻尼情况，改变电阻 R，此时衰减系数

δ 和振荡角频率 ω 怎样变化？对方波的影响如何？

（3）不做实验，能否根据欠阻情况下的 $u_C(t)$ 和 $i_L(t)$ 波形定性画出其状态轨迹？为什么？

4.5 谐振电路的分析

1. 实验目的

（1）利用计算机分析谐振电路的特性。

（2）了解谐振现象，加深对谐振电路特性的认识。

（3）研究电路参数对串联谐振电路的影响。

（4）掌握测绘通用谐振曲线的方法。

2. 实验原理

（1）谐振电路的特性

当含有电感 L、电容 C 的一端口网络的端口电压与端口电流同相位，呈现电阻性质时，则称该一端口网络处于谐振状态。通过调节网络参数或电源频率，能发生谐振的电路，称为谐振电路。谐振是线性电路在正弦稳态下的一种特定的工作状态。

由电阻 R、电感 L 和电容 C 串联组成的一端口网络如图 4.5.1 所示，该网络的等效复阻抗 $Z = R + \mathrm{j}\left(\omega L - \dfrac{1}{\omega C}\right)$ 是电源频率的函数。根据谐振的定义，当发生谐振时，其端口电压与端口电流同相位。满足此条件的复阻抗的虚部应该为零，即

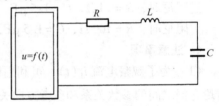

图 4.5.1 RLC 串联谐振电路

$$\mathrm{Im}\left[Z(\mathrm{j}\omega)\right] = 0$$

当虚部 $\omega L - \dfrac{1}{\omega C} = 0$ 时，得到谐振角频率记为 ω_0，有

$$\omega_0 = \frac{1}{\sqrt{LC}}$$

固定上式中的任意两项，调节另一项，使电路满足上式就能发生谐振。实验中通过示波器观察端口电压与端口电流的波形，当二者同相位时为电路的谐振点。调节频率时对应谐振的信号源频率为电路的谐振频率 f_0；调节电容时对应谐振的电容为谐振电容 C_0；调节电感时对应谐振的电感为谐振电感 L_0。可见，要使电路发生谐振，可改变 f、C 或 L 来达到。

定义谐振时的感抗 $\omega_0 L$ 或容抗 $\dfrac{1}{\omega_0 C}$ 为特性阻抗 ρ。特性阻抗 ρ 与电阻 R 的比值为品质因数 Q，即

$$Q = \frac{\rho}{R} = \frac{\omega_0 L}{R} = \frac{\sqrt{\dfrac{L}{C}}}{R}$$

（2）RLC 串联电路谐振的特点

① 谐振时电路的阻抗最小。当端口激励 U_s 一定时，谐振电路中的电流达到最大值，该值的大小仅与电阻的值有关，与电感和电容的值无关。图 4.5.2 表示 RLC 串联电路中的电

流 I 随 ω 变化的波形。实验中，在调节频率或调节电容的同时，使用电流表监测回路电流，当电流达到最大值时即为谐振点。

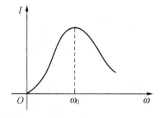

图 4.5.2 RLC 串联电路的电流

② 谐振时电感与电容的电压有效值相等，相位相反，电抗的两端电压为零。电阻的电压等于总电压（$U_R = U_S$）。若电路的品质因数 $Q \gg 1$（即 $\rho \gg R$），则电感及电容上的电压将远远大于总电压，即

$$U_L = U_C = QU_S \gg U_S$$

实验中若能保证信号源的输出电压为 1 V 的情况下，调节信号源频率，当找出谐振点时，用交流电压表测得的谐振电容两端的电压 U_C 就是 Q 值的大小，即 $Q = \dfrac{U_C}{U_S} = \dfrac{U_C}{1} = U_C$。

（3）RLC 串联电路的通用谐振曲线

RLC 串联电路的电流是电源频率的函数，即

$$I(\omega) = \frac{U_S}{|Z(\omega)|} = \frac{U_S}{\sqrt{R^2 + \left(\omega L - \dfrac{1}{\omega C}\right)^2}}$$

$$= \frac{\dfrac{U_S}{R}}{\sqrt{1 + Q^2\left(\dfrac{\omega}{\omega_0} - \dfrac{\omega_0}{\omega}\right)^2}} = \frac{I_0}{\sqrt{1 + Q^2\left(\dfrac{\omega}{\omega_0} - \dfrac{\omega_0}{\omega}\right)}}$$

上式称为电流的幅频特性。

在电路的 L、C 值和信号源 U_S 不变的情况下，不同的 R 值将得到不同的 Q 值。对应于不同 Q 值的电流幅频特性曲线如图 4.5.3a 所示。

为了研究电路参数对谐振特性的影响，通常采用通用谐振曲线。将上式两边同时除以 I_0，得到通用谐振幅频特性为

$$\frac{I(\omega)}{I_0} = \frac{1}{\sqrt{1 + Q^2\left(\eta - \dfrac{1}{\eta}\right)^2}}$$

其中，$I_0 = \dfrac{U_S}{R}$ 为谐振电流值；$\eta = \dfrac{\omega}{\omega_0}$ 是外加电压的角频率 ω 与谐振频率 ω_0 的比值。当以 η 为横坐标，$\dfrac{I}{I_0}$ 为纵坐标，取不同的 Q 值时，可画出一组曲线，如图 4.5.3b 所示，这组曲线称为串联谐振电路的通用谐振曲线，其形状只与 Q 值有关，Q 值相同的任何 RLC 串联电路只有一条曲线与之对应。这便是称为通用谐振曲线的原因。

从 Q 值不同的谐振曲线可以看出，Q 值越大，谐振曲线越尖，则电路的选择性就越好。由此可以看出 Q 值的重要性。图 4.5.3b 绘出了对应不同 Q 值的通用谐振曲线。

用实验测定通用谐振曲线时，首先确定电路的谐振频率 f_0，使频率向两侧扩展，取不同的频率点，测量对应的回路电流 I。其频率的改变范围应能够使从最大值降到最大值的十分之一以下。每次频率的改变量不应相等，在 f_0 附近可以小些，或者使 I 的每次变化大体相似为好，如此取值可使通用谐振曲线中间突出部分测绘得更准确些。

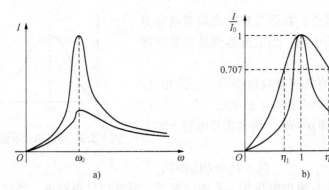

图 4.5.3　RLC 串联谐振电路的谐振特性

a）电流幅频特性曲线　b）通用谐振曲线

通用谐振曲线呈尖陡状，表明电路具有良好的选择特性。定义通用谐振曲线幅值下降至峰值的 0.707 倍时所对应的频率为截止频率 f_c，幅值大于峰值的 0.707 倍所对应的频率范围称为通频带 Δf，经理论推导可得

$$\Delta f = f_2 - f_1 = \frac{f_0}{Q}$$

其中，$\Delta f = f_2 - f_1$ 称为通频带。可见通频带与品质因数成反比。

实验中当测得通用谐振曲线后，可根据上式计算品质因数 Q。还有一种方法可以计算品质因数 Q，即通过曲线的纵坐标 $\frac{I}{I_0} = \frac{1}{\sqrt{2}}$ 处作一条平行于 η 轴的直线，如图 4.5.3b 所示。该直线交谐振曲线于两点，其横坐标分别为 η_1 及 η_2，则电路品质因数 $Q = \frac{1}{\eta_2 - \eta_1}$。

3. 实验任务

（1）定性观察 RLC 串联电路的谐振现象，确定电路的谐振点

实验电路如仿真电路图 4.5.4 所示，其中信号源为低频函数发生器（内阻很小，可视为理想电压源）。

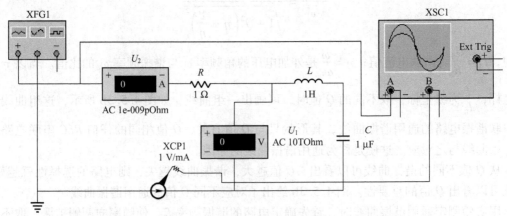

图 4.5.4　RLC 串联谐振的仿真电路图

① 固定 R、L、C 的值，并使信号源的输出电压为 5 V。改变信号源的频率，通过示波器或电压表、电流表监视电路，观察电路的谐振现象，寻找谐振点，确定电路的谐振频率

（参考数据：$R = 1\,k\Omega$；$L = 1\,H$；$C = 1\,\mu F$）。

② 信号发生器的输出电压 $U_S = 5\,V$ 保持不变，频率调至 $f_0 = 400\,Hz$。调定电感值，记录此时的电阻及电感值。调节电容，通过示波器或电压表、电流表监测电路，定性观察电路的谐振现象，寻找谐振点，记录此时的谐振电容值。

（2）测定 RLC 串联电路的通用谐振曲线

实验电路仍如图 4.5.4 所示，取电感 $L = 0.35\,H$，电容 $C = 2\,\mu F$。固定信号源的输出电压为 $5\,V$。调节电源的频率，测量回路电流。测量点以谐振频率 f_0 为中心，左右各扩展至少取 6 个测量点。将以上测量结果记录于表 4.5.1。用示波器定性观察在调节频率的过程中，端口电压波形与端口电流波形的相位关系，体会当频率从小到大变化时，RLC 串联—端口网络从容性电路到感性电路的转变。

表 4.5.1　实验任务（2）测量数据

频率 f/Hz					$f_0 =$					
频率 f/f_0					1					
测量值 I/A										
计算值 I/I_0					1					

4. 注意事项

（1）判断 RLC 串联电路已达到谐振状态的方法有下列几种：

① 观察端口电流，当端口电流最大时电路发生谐振。

② 观察电容和电感串联后的两端电压，当电压最小时电路发生谐振。

③ 用示波器观察端口的电压、电流，当端口的电压、电流同相位时电路发生谐振。

（2）注意各采样量之间的公共端问题。

（3）串联电路中的电流可用电流探针得到，注意电压与电流之间的参数关系以及参考方向关系。

（4）电压表的 Value 一栏设置为：内阻 "10 M"；Mode（方式）选 "AC"。

（5）电流表的 Value 一栏设置为：内阻 "1 n"；Mode（方式）选 "AC"。

（6）信号源选择函数信号发生器（Function Generator），电压设定为正弦交流信号，幅值为 $5\,V$。

5. 实验报告要求

（1）按实验任务（1）的要求，找出调节频率和调节电容两种情况下电路的谐振频率和谐振电容值，并根据测量数据计算出对应电路的品质因数和通频带。

（2）根据实验任务（2）的测量数据，绘出对应两个不同电阻值的通用谐振曲线，利用此曲线，计算对应不同电阻值的电路品质因数和通频带，并将实验结果与理论计算结果进行比较。

（3）在图 4.5.4 中，当电源频率 $f = 200\,Hz$，电阻 $R = 100\,\Omega$，电感 $L = 350\,mH$ 时，改变电容的值，使电路达到谐振状态，此时的电容值为多少？

（4）总结 RLC 串联谐振电路的特点。

（5）回答思考题（1）、（2）。

6. 思考题

（1）品质因数 Q 是电路谐振时电抗和电阻的比值，没有单位，这里"品质"的含义是什么？品质因数表明了电路谐振时的什么特性？

（2）用 Multisim 13 进行电路实验时，如何判断电路发生了谐振？将实验结果与理论值进行比较。

（3）自行设计一非串并联电路，观察其谐振现象。将实验结果与理论值进行比较。

4.6 无源滤波器特性分析

1. 实验目的

（1）利用计算机分析无源滤波器的频谱特性。

（2）通过实验，加深对用电阻和电容组成的无源滤波器的理解。

2. 实验原理

（1）滤波电路的基础知识

滤波器是对信号频率有选择性的二端口网络，允许规定范围（频带）内的信号通过；而使规定范围之外的信号不能通过或衰减很大。频率特性是衡量滤波器性能的重要标志，图 4.6.1 所示的二端口网络的输入、输出关系可用网络函数来描述，即

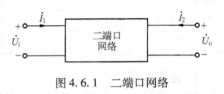

图 4.6.1　二端口网络

$$H(j\omega) = \frac{\dot{U}_o}{\dot{U}_i} = |H(j\omega)| \underline{/\varphi(\omega)}$$

网络函数的模 $|H(j\omega)|$ 为输入信号和输出信号的幅值比，它与频率的关系称为幅频特性；其幅角 $\varphi(\omega)$ 为输入信号和输出信号的相位差，它与频率的关系称为相频特性；幅频特性和相频特性统称为电路的频率响应。

滤波电路按通带频率的不同，可以分成以下四类：

低通滤波器：允许低频信号通过，将高频信号衰减。

高通滤波器：允许高频信号通过，将低频信号衰减。

带通滤波器：允许一定频带范围内的信号通过，将此频带外的信号衰减。

带阻滤波器：阻止某一频带范围内的信号通过，而允许此频带以外的信号通过。

（2）无源滤波器和有源滤波器

从 20 世纪 20 年代至 60 年代，滤波器主要由无源元件 R、L、C 构成，常采用多节 T 型或 π 型 RLC 电路组成，称为无源滤波器。为了提高无源滤波器的质量，要求所用的电感元件具有较高的品质因数 Q_L，但同时又要求有一定的电感量，这就必然增加电感元件的体积、重量与成本，这种矛盾在低频时尤为突出。

60 年代以来，由有源元件和无源元件（通常为 RC）共同构成的有源滤波器得到了应用和发展。和无源滤波器相比，它的设计和调整过程较简便，此外还能提供增益，且具有隔离和缓冲作用。

有源滤波器的性能通常要比无源滤波器的性能好，但只能应用于小功率系统，而无源滤波器可以应用于功率级系统。

（3）常用 RC 无源滤波电路

① RC 低通网络

图 4.6.2a 所示为 RC 低通网络。

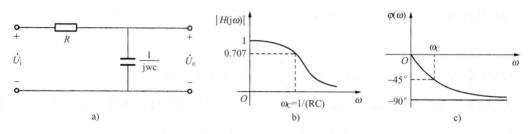

图 4.6.2 RC 低通网络及其频率特性

a）RC 低通网络 b）幅频特性 c）相频特性

低通网络的网络传递函数为

$$H(j\omega) = \frac{\dot{U}_o}{\dot{U}_i} = \frac{1/j\omega C}{R + 1/j\omega C} = \frac{1}{1 + j\omega RC} = \frac{1}{\sqrt{1 + \omega^2 R^2 C^2}} \underline{/-\arctan(\omega RC)}$$

幅频特性为

$$|H(j\omega)| = \frac{1}{\sqrt{1 + (\omega RC)^2}}$$

相频特性为

$$\varphi(\omega) = -\arctan(\omega RC)$$

显然，随着频率的提高，$|H(j\omega)|$ 将减小，这说明低频信号可以通过，高频信号被衰减或抑制。当 $\omega = \frac{1}{RC}$ 时，$|H(j\omega)| = 0.707$，即 $\frac{U_o}{U_i} = 0.707$。通常把 U_o 降低到 $0.707U_i$ 时的角频率 ω 称为截止角频率 ω_C，即

$$\omega_C = \frac{1}{RC}$$

低通网络的幅频特性和相频特性分别如图 4.6.2b、c 所示。

② RC 高通网络

图 4.6.3a 所示为 RC 高通网络。

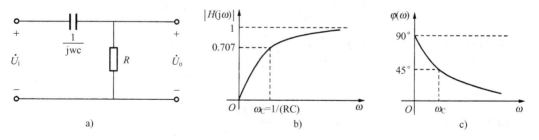

图 4.6.3 RC 高通网络及其频率特性

a）RC 高通网络 b）幅频特性 c）相频特性

它的网络传递函数为

$$H(j\omega) = \frac{\dot{U}_o}{\dot{U}_i} = \frac{R}{R + 1/j\omega C} = \frac{1}{\sqrt{1 + \frac{1}{(\omega RC)^2}}} \ \bigg/ \arctan\frac{1}{\omega RC}$$

幅频特性为

$$|H(j\omega)| = \frac{1}{\sqrt{1 + \frac{1}{(\omega RC)^2}}}$$

相频特性为

$$\varphi(\omega) = \arctan\frac{1}{\omega RC} = 90° - \arctan\omega RC$$

显然，随着频率的降低，$|H(j\omega)|$ 将减小，这说明高频信号可以通过，低频信号被衰减或抑制。当 $\omega = \frac{1}{RC}$，$|H(j\omega)| = 0.707$，即 $\frac{U_o}{U_i} = 0.707$，网络的截止频率仍为

$$\omega_c = \frac{1}{RC}$$

高通网络的幅频特性和相频特性分别如图 4.6.3b、c 所示。

③ RC 带通网络（RC 选频网络）

图 4.6.4a 所示 RC 带通滤波电路（选频网络）。

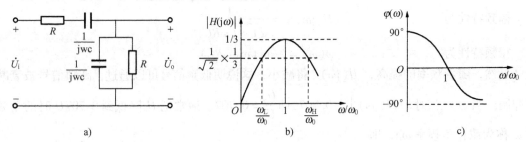

图 4.6.4　RC 带通网络及其频率特性

a）RC 带通网络　b）幅频特性　c）相频特性

网络传递函数为

$$H(j\omega) = \frac{\dot{U}_o}{\dot{U}_i} = \frac{\dfrac{R}{1 + j\omega RC}}{R + \dfrac{1}{j\omega C} + \dfrac{R}{1 + j\omega RC}} = \frac{1}{3 + j\left(\omega RC - \dfrac{1}{\omega RC}\right)}$$

幅频特性为

$$|H(j\omega)| = \frac{1}{\sqrt{9 + \left(\omega RC - \dfrac{1}{\omega RC}\right)^2}}$$

相频特性为

$$\varphi(\omega) = \arctan\frac{\dfrac{1}{\omega RC} - \omega RC}{3}$$

可以看出，当信号频率为 $\omega_0 = \dfrac{1}{RC}$ 时，模 $|H(j\omega)| = 1/3$ 为最大，而输出与输入间相移为零，即电路发生谐振，谐振频率为 $\omega_0 = \dfrac{1}{RC}\left(\text{或} f_0 = \dfrac{1}{2\pi RC}\right)$。也就是说，当信号频率为 f_0 时，RC 串、并联电路的输出电压 $\dot{U}_o$ 与输入电压 $\dot{U}_i$ 同相，其大小是输入电压的三分之一，这

一特性称为 RC 串、并联电路的选频特性，该电路又称为文氏电桥。

信号频率偏离 $\omega_0 = \dfrac{1}{RC}$ 越远，信号被衰减和阻塞越厉害。即 RC 网络允许以 $\omega = \omega_0 = \dfrac{1}{RC}$（$\neq 0$）为中心的一定频率范围（频带）内的信号通过，而衰减或抑制其他频率的信号，即对某一窄带频率的信号具有选频通过的作用，因此将它称为带通网络或选频网络。

而将 ω_0 或 f_0 称为中心频率。当 $|H(j\omega)| = \dfrac{1}{\sqrt{2}}|H(j\omega)|_{\max}$ 时，所对应的两个频率也称截止频率，用 ω_H 和 ω_L 表示。

带通网络的幅频特性和相频特性分别如图 4.6.4b、c 所示。

④ RC 带阻网络（RC 双 T 网络）

图 4.6.5 所示电路称为 RC 双 T 网络，它的特点是在一个较窄的频率范围内具有显著的带阻特性，是一个带阻网络。它的幅频特性及相频特性如图 4.6.5b、c 所示。

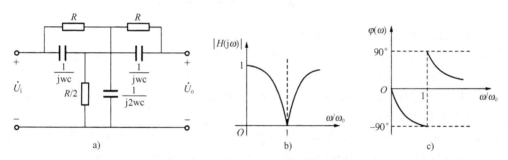

图 4.6.5 RC 带阻网络及其频率特性

a）RC 双 T 网络 b）幅频特性 c）相频特性

3. 实验任务

（1）无源 RC 低通滤波电路

① 创建无源 RC 低通滤波电路，如仿真电路图 4.6.6 所示。

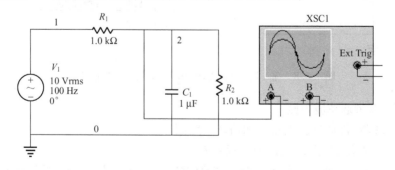

图 4.6.6 无源 RC 低通滤波仿真电路图

② 计算该低通滤波电路的理论截止频率 f_c。

③ 进行交流频率分析。选择 Simulate 菜单中的"Analyses"命令，然后选择"AC Analysis"子命令，在弹出的对话框中，将"Frequency Parameters"选项卡中的起止频率设为 1 Hz 和 10 MHz，在"Output Variables"选项卡中，选中在"Variables in Circuit"栏中的

"V(2)"，单击"Add"按钮，即选择结点 2 作为分析结点，单击"Simulate"按钮，即可观察到频率响应。

④ 调整负载阻抗 R_2 为 1 MΩ，重新观察频率特性响应，并分析滤波参数与负载的关系。

（2）无源 RC 高通滤波电路

① 创建无源 RC 高通滤波电路，如仿真电路图 4.6.7 所示。

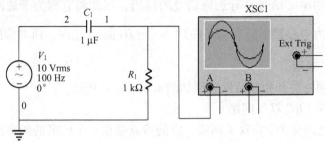

图 4.6.7　无源 RC 高通滤波仿真电路图

② 计算该高通滤波电路的理论截止频率 f_c。

③ 进行交流频率分析。选择 Simulate 菜单中的"Analyses"命令，然后选择"AC Analysis"子命令，在弹出的对话框中，将"Frequency Parameters"选项卡中的起止频率设为 1 Hz 和 10 MHz，在"Output Variables"选项卡中选择结点 1 作为分析结点，单击"Simulate"按钮，即可观察到频率响应。

④ 输出并接一个 1 kΩ 的负载阻抗，如仿真电路图 4.6.8 所示，重新观察频率特性响应，改变该负载阻抗的大小，观察频率特性响应，并分析滤波参数与负载的关系。

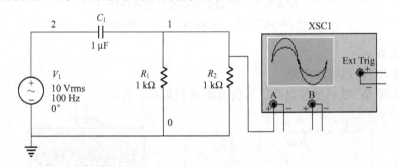

图 4.6.8　带 1 kΩ 负载无源 RC 高通滤波仿真电路图

（3）无源 RC 带通滤波电路

① 创建无源 RC 带通滤波电路，如仿真电路图 4.6.9 所示。

② 计算该带通滤波电路的理论中心频率 f_0。

③ 进行交流频率分析。选择 Simulate 菜单中的"Analyses"命令，然后选择"AC Analysis"子命令，在弹出的对话框中，将"Frequency Parameters"选项卡中的起止频率设为 1 Hz 和 10 MHz，在"Output Variables"选项卡中选择结点 2 作为分析结点，单击"Simulate"按钮，即可观察到频率响应。

④ 改变负载 R_2 的大小，重新观察输出的频率响应，分析负载对频率响应的影响。

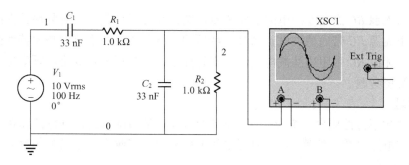

图 4.6.9　无源 RC 带通滤波仿真电路图

（4）无源 RC 带阻滤波电路

① 创建无源 RC 带通滤波电路，如仿真电路图 4.6.10 所示。

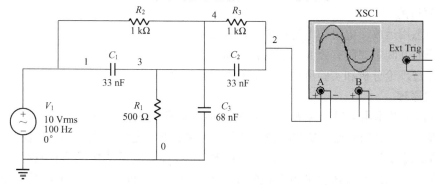

图 4.6.10　无源 RC 带阻滤波仿真电路图

② 进行交流频率分析。选择 Simulate 菜单中的 "Analyses" 命令，然后选择 "AC Analysis" 子命令，在弹出的对话框中，将 "Frequency Parameters" 选项卡中的起止频率设为 1 Hz 和 10 MHz，在 "Output Variables" 选项卡中选择结点 2 作为分析结点，单击 "Simulate" 按钮，即可观察到频率响应。

③ 改变 C_3 的大小，重新观察输出的频率响应，分析电容变化对频率响应的影响。

4. 注意事项

（1）在 "AC Analysis" 对话框的 "Frequency Parameters" 选项卡中，将 "Vertical scale" 设为 "Linear"。

（2）在 "AC Analysis" 对话框的 "Output Variables" 选项卡中，一定要正确选择观察结点的编号。

在 Output Variables 选项卡中，选中在 "Variables in circuit" 栏中的结点编号，如 "V（2）"，单击 "Add" 按钮，即选择结点 2 作为分析结点。

如果观察结点变为结点 3，则在 Oucput Variables 选项卡中，在 "Selected variables for analysis" 栏中选中前面的观察结点，如 "V（2）"，单击 "Remove"，删除原观察结点；再在 "Variables in circuit" 栏中选中所需的结点编号，如 "V（3）"，单击 "Add" 按钮，即重新选择结点 3 作为分析结点。

5. 实验报告要求

（1）绘出无源 RC 低通滤波电路的频率特性图，并分析负载变化对频率特性的影响。

（2）绘出无源 RC 高通滤波电路的频率特性图，并分析负载变化对频率特性的影响。

（3）绘出无源 RC 带通滤波电路的频率特性图，并分析负载变化对频率特性的影响。

（4）绘出无源 RC 带阻通滤波电路的频率特性图，并分析电容变化对频率特性的影响。

（5）回答思考题。

6. 思考题

（1）根据频率特性概念，推导出图 4.6.5 所示 RC 带阻网络的幅频特性和相频特性。

（2）根据电路参数，估算 RC 带阻网络的谐振频率。当频率等于谐振频率时，电路的输出、输入有何关系？

4.7 有源滤波器特性分析

1. 实验目的

（1）熟悉用运放、电阻和电容组成有源滤波器。

（2）研究并测量二阶有源滤波器的幅频特性。

（3）通过理论分析和实验测试加深对有源滤波器的认识。

2. 实验原理

无源滤波器基本由无源元件 R、L、C 构成的，它常用多节 T 型或 π 型 RLC 电路组成，存在制造难、成本高的缺点。从 20 世纪 60 年代以来，集成运放电路得到了广泛应用和迅速发展，给有源滤波器赋予了巨大的生命力。用 RC 元件和集成运放构成的有源滤波器不但从根本上克服了 R、L、C 无源滤波器存在的体积大和重量重等问题，而且成本低、质量可靠。此外，和无源滤波器相比，它的设计和调整过程较简便，还能提供稳定增益，且具有隔离和缓冲作用。

最简单的一阶有源低通滤波电路就是在无源 RC 低通滤波电路的输出端接一个由集成运放构成的电压跟随器，使得负载变化不影响滤波参数。但一阶滤波电路在过渡带是以每 10 倍频程 20 dB 的增益下降的，过渡带较宽。为了改善过渡带特性，可以提高滤波电路的阶数。而且任何复杂的 n 阶有源滤波器总是由若干个二阶有源基本单元和一阶无源基本单元连接而成，其中二阶有源基本单元尤为重要。所以在这里主要介绍二阶有源滤波电路。

（1）二阶低通有源滤波电路

低通滤波器是用来通过低频信号，衰减或抑制高频信号。

图 4.7.1 所示为典型的二阶低通有源滤波器电路。它由两级 RC 滤波环节与同相比例运算电路组成，其中第一级电容 C_1 接至输出端，引入适量的正反馈，以改善幅频特性。

电路分析：结点 A、B 的 KCL 方程

结点 A：

$$\frac{\dot{U}_A - \dot{U}_i}{R_1} + \frac{\dot{U}_A - \dot{U}_B}{R_2} + \frac{(\dot{U}_A - \dot{U}_o)}{j\omega C_1} = 0 \qquad (4.7.1)$$

结点 B：

$$\frac{(\dot{U}_B - \dot{U}_A)}{R_2} + \frac{\dot{U}_B}{j\omega C_2} = 0 \qquad (4.7.2)$$

由同相比例运算电路可知其放大倍数为

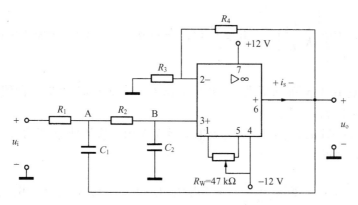

图 4.7.1　二阶低通有源滤波电路

$$K = \frac{\dot{U}_o}{\dot{U}_B} = 1 + \frac{R_4}{R_3} \qquad (4.7.3)$$

由式（4.7.1）、式（4.7.2）、式（4.7.3）可解出图4.7.1所示低通滤波器的传递函数为

$$\frac{\dot{U}_o}{\dot{U}_i} = \frac{K}{(j\omega)^2(R_1 R_2 C_2 C_2) + (j\omega)[C_2(R_1 + R_2) + R_1 C_1(1 - K)] + 1} \qquad (4.7.4)$$

设参数：$\omega_0 = \dfrac{1}{\sqrt{R_1 R_2 C_2 C_2}}$，或者 $f_0 = \dfrac{1}{2\pi \sqrt{R_1 R_2 C_2 C_2}}$；

和 $\qquad Q = \dfrac{\sqrt{R_1 R_2 C_1 C_2}}{C_2(R_1 + R_2) + R_1 C_1(1 - K)}$（称为品质因数）

代入传递函数式（4.7.4），可化简成如下典型表达式：

$$\frac{\dot{U}_o}{\dot{U}_i} = \frac{K \cdot \omega_0^2}{(j\omega)^2 + \dfrac{\omega_0}{Q}(j\omega) + (\omega_0)^2} = \frac{K}{\left(j\dfrac{\omega}{\omega_0}\right)^2 + \dfrac{1}{Q}\left(j\dfrac{\omega}{\omega_0}\right) + 1}$$

代入 $j^2 = -1$，可以得到低通滤波器的幅频特性和相频特性为

$$\left| \frac{1}{K} \frac{\dot{U}_o}{\dot{U}_i} \right| = \frac{1}{\sqrt{\left[1 - \left(\dfrac{\omega}{\omega_0}\right)^2\right]^2 + \dfrac{1}{Q^2}\left(\dfrac{\omega}{\omega_0}\right)^2}} \qquad (4.7.5)$$

$$\varphi(t) = -\arctan \frac{\omega/\omega_0 Q}{1 - (\omega/\omega_0)^2} \qquad (4.7.6)$$

对式（4.7.5）取对数得到以 dB 为单位的幅频特性公式为

$$20\lg \left| \frac{1}{K} \frac{\dot{U}_o}{\dot{U}_i} \right| = -10\lg \left\{ \left[1 - \left(\frac{\omega}{\omega_0}\right)^2\right]^2 + \frac{1}{Q^2}\left(\frac{\omega}{\omega_0}\right)^2 \right\}$$

$$= -10\lg \left[\left(\frac{\omega}{\omega_0}\right)^4 + \left(\frac{1}{Q^2} - 2\right)\left(\frac{\omega}{\omega_0}\right)^2 + 1 \right] \qquad (4.7.7)$$

分析式（4.7.7），可知

当 $\omega \ll \omega_0$ 时，$20\lg \left| \dfrac{1}{K} \dfrac{\dot{U}_o}{\dot{U}_i} \right| = 0 \text{ dB}$；

当 $\omega \gg \omega_0$ 时，$20\lg\left|\dfrac{1}{K}\dfrac{\dot{U}_o}{\dot{U}_i}\right| \approx -40\lg\dfrac{\omega}{\omega_0}\mathrm{dB}$，是一条过（1，0）、斜率为 $-40\ \mathrm{dB}/10$ 倍频的直线。

在折断点附近 10 倍频范围折线误差极大。当 $Q = 1/\sqrt{2} = 0.707$ 时，曲线平坦部分最长，当 $Q > 0.707$ 时有正峰值出现。

曲线获得高频提升正是运放产生的效果。增大 K 值，应当使 Q 值增大，所以运放必须为同相放大器，K 为正。

显然，当 $\omega = \omega_0$ 时，$20\lg\left|\dfrac{1}{K}\dfrac{\dot{U}_o}{\dot{U}_i}\right| = 20\lg Q$，所以 $Q = 10$ 时为 20 dB，$Q = 0.707$ 时为 -3 dB 等。

当 $Q < 0.707$ 时，式（4.7.7）中三项均为正值，曲线会随 ω 的增加而单调下降；

当 $Q = 0.707$ 时，式（4.7.7）中间项为零，曲线仍会随 ω 的增加而单调下降，但下降速度比 $Q < 0.707$ 时要缓慢；

当 $Q > 0.707$ 时，式（4.7.7）中间项为负值，曲线会升高，但是由于 $(\omega/\omega_0) > 1$ 之后，$(\omega/\omega_0)^4$ 的迅速增大，最终使曲线迅速下降。

二阶低通有源滤波器的幅频特性如图 4.7.2 所示。

当 $R_1 = R_2 = R$，$C_1 = C_2 = C$ 时，电路性能参数如下：

二阶低通滤波器的通带增益：

$$K = \frac{\dot{U}_o}{\dot{U}_B} = 1 + \frac{R_4}{R_3}$$

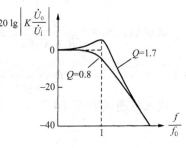

图 4.7.2　二阶低通有源
滤波器的幅频特性曲线

截止频率：截止频率是二阶低通滤波器通带与阻带的界限频率，$\omega_0 = \dfrac{1}{RC}$ 或 $f_0 = \dfrac{1}{2\pi RC}$。

品质因数：品质因数的大小影响高通滤波器在截止频率处幅频特性的形状，

$$Q = \frac{1}{3 - K}$$

（2）二阶高通有源滤波电路

与低通滤波器相反，高通滤波器用来通过高频信号，衰减或抑制低频信号。

只要将图 4.7.1 低通滤波电路中起滤波作用的电阻、电容互换，即可变成二阶高通有源滤波电路，如图 4.7.3 所示。

高通滤波器性能与低通滤波器相反，其频率响应和低通滤波器是"镜像"关系，仿照二阶低通有源滤波器的分析方法，不难求得二阶高通有源滤波器的幅频特性。

当 $R_1 = R_2 = R$，$C_1 = C_2 = C$ 时，电路性能参数如下：

二阶高通滤波器的通带增益：$K = \dfrac{U_o}{U_B} = 1 + \dfrac{R_4}{R_3}$

截止频率：截止频率是二阶高通滤波器通带与阻带的界限频率，$\omega_0 = \dfrac{1}{RC}$ 或 $f_0 = \dfrac{1}{2\pi RC}$

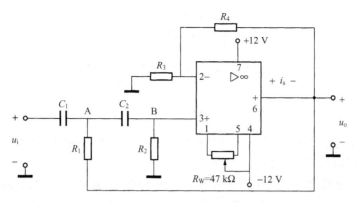

图 4.7.3 二阶高通有源滤波电路

品质因数：品质因数的大小影响高通滤波器在截止频率处幅频特性的形状，

$$Q = \frac{1}{3 - K}$$

图 4.7.4 为二阶高通滤波器的幅频特性曲线，可见，它与二阶低通滤波器的幅频特性曲线有"镜像"关系。

（3）二阶带通有源滤波电路

带通滤波器的作用是只允许在某一个通频带范围内的信号通过，而比通频带下限频率低和比上限频率高的信号均加以衰减或抑制。

典型的带通滤波器可以从二阶低通滤波器中将其中一级改成高通而成。二阶带通有源滤波器的电路图如图 4.7.5 所示，其幅频特性如图 4.7.6 所示。

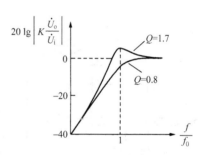

图 4.7.4 二阶高通有源滤波器的幅频特性曲线

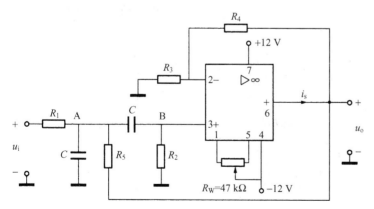

图 4.7.5 二阶带通有源滤波电路

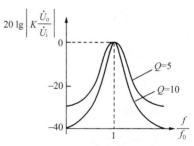

图 4.7.6 二阶带通有源滤波器的幅频特性曲线

电路性能参数如下：

通带增益：

$$K = \frac{U_o}{U_B} = \frac{R_3 + R_4}{R_3 R_1 CB}$$

中心频率：
$$f_0 = \frac{1}{2\pi}\sqrt{\frac{1}{R_2 C^2}\left(\frac{1}{R_1 + R_5}\right)}$$

通带宽度：
$$B = \frac{1}{C}\left(\frac{1}{R_1} + \frac{2}{R_2} - \frac{R_4}{R_3 R_5}\right)$$

选择性：
$$Q = \frac{\omega_0}{B}$$

此电路的优点是改变 R_4 和 R_3 的比例就可以改变频宽而不影响中心频率。

（4）二阶带阻有源滤波电路

二阶带阻有源滤波电路如图 4.7.7 所示，这种电路的性能和带通滤波器相反，即在规定的频带内，信号不能通过（或受到很大衰减或抑制），而在其余频率范围，信号能顺利通过。

在双 T 网络后加一级同相比例运算电路就构成了基本的二阶带阻有源滤波器。其幅频特性曲线如图 4.7.8 所示。

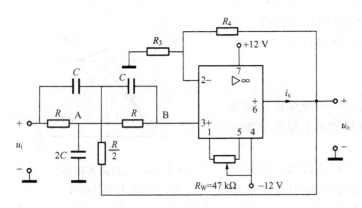

图 4.7.7 二阶带阻有源滤波电路

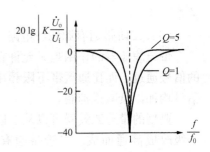

图 4.7.8 二阶带阻有源
滤波器的幅频特性曲线

电路性能参数如下：

通带增益：
$$K = \frac{U_o}{U_B} = 1 + \frac{R_4}{R_3}$$

中心频率：
$$f_0 = \frac{1}{2\pi RC}$$

带阻宽度：
$$B = 2(2 - K)f_0$$

选择性：
$$Q = \frac{1}{2(2 - K)}$$

3. 实验任务

（1）二阶低通有源滤波电路

① 创建典型的二阶低通有源滤波电路，如图 4.7.9 所示。

② 进行交流频率分析。选择 Simulate 菜单中的 "Analysis" 命令，然后选择 "AC analysis" 子命令，在弹出的对话框中，将 "Frequency parameters" 选项卡中的起止频率设为 1 Hz 和 1 MHz，在 "Output" 选项卡中选择结点 7 作为分析结点，单击 "Simulate" 按钮，

即可观察到频率响应。观察其截止频率。

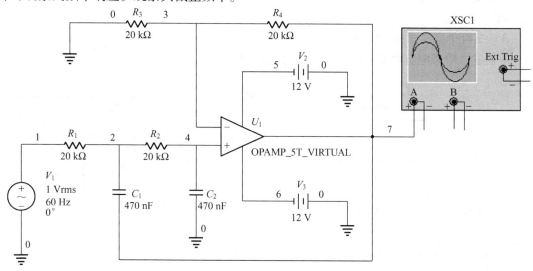

图 4.7.9 典型二阶低通有源滤波器仿真电路

③ 改变 R_4 或 R_3 的值，即改变品质因数 Q 的值，重新运行交流频率分析，研究 Q 对电路频率特性的影响。

（2）二阶高通有源滤波电路

① 创建二阶高通有源滤波电路，如仿真电路图 4.7.10 所示。

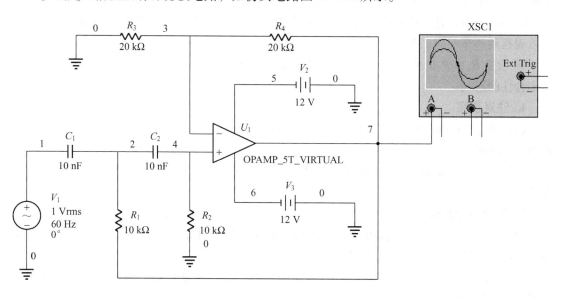

图 4.7.10 二阶高通有源滤波器仿真电路

② 进行交流频率分析。选择 Simulate 菜单中的"Analysis"命令，然后选择"AC analysis"子命令，在弹出的对话框中，将"Frequency parameters"选项卡中的起止频率设为 1 Hz 和 1 MHz，在"Output"选项卡中选择结点 7 作为分析结点，单击"Simulate"按钮，即可观察到频率响应。观察其截止频率。

③ 改变 R_4 或 R_3 的值，即改变品质因数 Q 的值，重新运行交流频率分析，研究 Q 对电路频率特性的影响。

（3）二阶带阻有源滤波电路

① 创建二阶带阻有源滤波电路，如仿真电路图 4.7.11 所示。

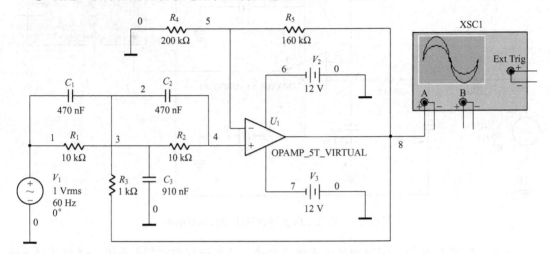

图 4.7.11 二阶带阻有源滤波器仿真电路

② 进行交流频率分析。选择 Simulate 菜单中的"Analysis"命令，然后选择"AC analysis"子命令，在弹出的对话框中，将"Frequency parameters"选项卡中的起止频率设为 1 Hz 和 1 MHz，在"Output"选项卡中选择结点 8 作为分析结点，单击"Simulate"按钮，即可观察到频率响应。观察其截止频率。

③ 改变 R_4 或 R_3 的值，即改变品质因数 Q 的值，重新运行交流频率分析，研究 Q 对电路频率特性的影响。

4. 注意事项

（1）在"AC analysis"对话框的"Frequency parameters"选项卡中，将"Vertical scale"设为"Linear"。

（2）在"AC analysis"对话框的"Output"选项卡中，一定要正确选择观察结点的编号。

5. 实验报告要求

（1）绘出二阶低通有源滤波电路的幅频特性图，计算理论的截止频率，并分析 Q 对电路频率特性的影响。

（2）绘出二阶高通有源滤波电路的幅频特性图，计算理论的截止频率，并分析 Q 对电路频率特性的影响。

（3）绘出二阶带阻有源滤波电路的幅频特性图，计算理论的中心频率和带阻宽度，并分析 Q 对电路频率特性的影响。

6. 思考题

（1）推导出带通滤波器的幅频特性。

（2）推导出带阻滤波器的幅频特性。

4.8　整流滤波电路的分析

1. 实验目的

（1）利用计算机分析整流滤波电路的特性。

（2）掌握整流滤波电路的工作原理。

（3）了解桥式整流电路的工作原理。

（4）研究元件参数对整流滤波电路的影响。

（5）通过实验加深对整流滤波电路各种连接方法的理解。

2. 实验原理

（1）整流电路的工作原理

整流电路的作用是将交流电变换为直流电。

整流滤波电路在电子线路中应用非常广泛，其中单相桥式整流滤波电路在小功率整流电路中应用更为普及。单相桥式全波整流电路的工作原理图如图4.8.1所示，它由4个二极管构成桥式电路，工作原理是4个二极管轮流导通：当电压为正半周期时，二极管 VD_2、VD_3 导通，VD_1、VD_4 截止，电流通路为 $VD_2 \rightarrow$ 负载 $R_1 \rightarrow VD_3$；当电压为正负周期时，二极管 VD_4、VD_1 导通，VD_2、VD_3 截止，电流通路为 $VD_4 \rightarrow$ 负载 $R_1 \rightarrow VD_1$。因此，当交流电变化一个周期时，负载上所通过的电流方向不变，即负载上的电压将没有反相电压，成为脉动的直流电压。单相桥式全波整流电路波形如图4.8.2所示。

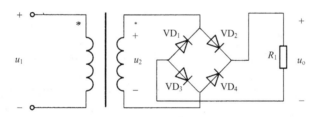

图 4.8.1　单相桥式全波整流电路的原理图

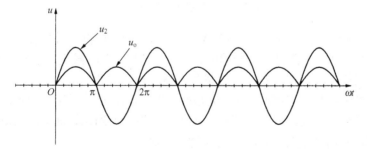

图 4.8.2　单相桥式全波整流电路的波形图

（2）滤波电路工作原理

整流电路虽然可以将交流电变成直流电，但输出的电压是脉动的，在许多设备中，这种脉动是不允许的，因此还必须设计出减小脉动程度的电路，这就是滤波电路。滤波电路有很多种，下面介绍三种情况：

① 电容滤波。在整流电路的输出端与负载并联一个电容，就构成了简单的电容滤波器，其电容滤波电路如图4.8.3所示。

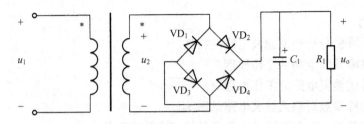

图4.8.3　电容滤波电路

电容滤波的工作原理为：电容为储能元件，利用电容两端的电压在电路状态改变时不能跳变的原理使输出电压趋于平滑。其工作过程为：当变压器的二次电压 u_2 工作在正半周期，且数值大于电容二端电压 u_C 时，二极管 VD_2、VD_3 导通，u_2 一方面供电给负载，同时对电容 C 充电。充电电压 u_C 与上升的正弦电压 u_2 一致，如图4.8.4中 AB 段波形所示。当 u_2 在 B 点达到最大值时，u_C 也达到最大值。而当 u_2 按正弦规律下降，电容通过负载电阻 R_1 放电，u_C 也将由于放电而逐渐下降，趋势与 u_2 基本相同，如图4.8.4中 BC 段波形所示。但是，由于电容按指数规律放电，所以当 u_2 下降到一定数值后，u_C 的下降速度小于 u_2 的下降速度，使 $u_C > u_2$，这时二极管 VD_2、VD_3 因承受反向电压而截止，于是 u_C 以一定的时间常数按指数规律下降，如图4.8.4中 CD 段波形所示。

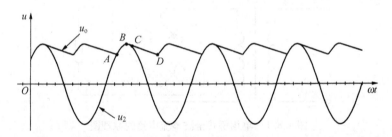

图4.8.4　电容滤波的波形图

在 u_2 的负半周幅值大于 u_C 时，二极管 VD_4、VD_1 导通，u_2 再次对电容 C 充电，u_C 上升到 u_2 的峰值后又开始下降，下降到一定数值时，二极管 VD_4、VD_1 截止，电容 C 对负载电阻 R_1 放电，u_C 按指数规律下降。在 u_2 的下一个周期，重复以上过程。

调整电容及电阻参数，即可调整 RC 电路的充电及放电的时间参数，来改变输出脉冲电压波形的波纹，其电容滤波的波形如图4.8.4所示。为了得到比较好的滤波效果，在实际工作中经常根据下式来选择滤波电容的容量（桥式整流）。

$$R_L C \geq (3 \sim 5)\frac{T}{2}$$

式中，T 为电源电压的周期。

② 电感滤波。电感元件也是储能元件，它有通直流阻交流的作用，当它与负载电阻串联起来就能起到滤波的作用，即只需将电感串联在负载电路中即可。电感滤波只适合于负载电流较大、且变化也较大的情况。再有当电感越大，电感线圈的匝数就越多，这使得线圈的

电阻就不能忽略，电源电压将有一部分损耗在线圈上，在滤波的同时，也降低了负载电压的平均值。电感滤波工作原理图如图4.8.5所示。

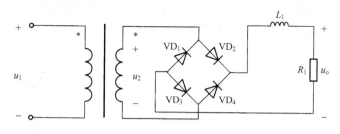

图 4.8.5　电感滤波电路

③ 复式滤波。为了得到更好的滤波效果，可以将滤波电容和滤波电感混合使用，这就是复式滤波电路。图4.8.6所示的复式滤波电路是一种典型的π型滤波电路。

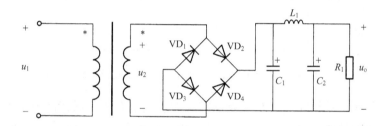

图 4.8.6　π 型复式滤波电路

3. 实验任务

（1）单相桥式全波整流电路

选择信号源、变压器、整流桥、电容、负载电阻、示波器等，创建单相桥式全波整流电路，如仿真电路图4.8.7所示，其中，$R_1 = 500\,\Omega$。运行并双击示波器图标XSC1，观察示波器中整流前后的输入及输出电压波形。

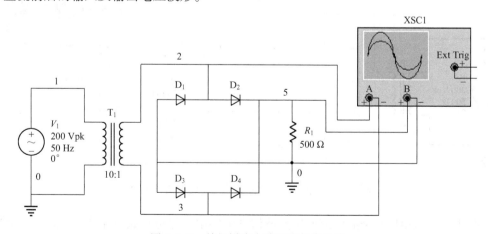

图 4.8.7　单相桥式全波整流仿真电路

（2）滤波电路

① 电容滤波。在图4.8.7单相桥式全波整流仿真电路中的负载电阻 R_1 二端接入电容

C_1，变成图 4.8.8 所示的单相桥式全波整流电容滤波仿真电路，选择电路参数 $R_1 = 500\ \Omega$，$C_1 = 100\ \mu F$，运行并双击示波器图标 XSC1，观察示波器中电容滤波后的电压波形。

在图 4.8.8 单相桥式全波整流电容滤波仿真电路中，保持负载电阻 R_1（取 $R_1 = 500\ \Omega$）不变，改变电容 C_1，运行并双击示波器图标 XSC1，观察滤波电容变化所引起的整流滤波电压波形的变化。

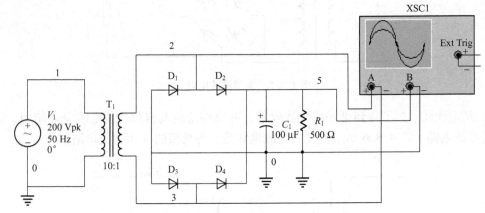

图 4.8.8　单相桥式全波整流电容滤波仿真电路

在图 4.8.8 所示的单相桥式全波整流电容滤波仿真电路中，保持滤波电容 C_1（取 $C_1 = 100\ \mu F$）不变，改变负载电阻 R_1，运行并双击示波器图标 XSC1，观察负载电阻变化所引起的整流滤波电压波形的变化。

② 电感滤波。根据电感滤波电路的工作原理，创建图 4.8.5 所示的单相桥式全波整流电感滤波仿真电路，选择电路参数 $R_1 = 500\ \Omega$，$L_1 = 50\ H$，运行并双击示波器图标 XSC1，观察示波器中电感滤波后的电压波形。

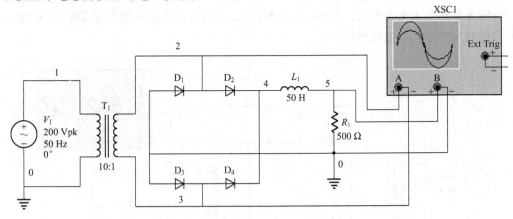

图 4.8.9　单相桥式全波整流电感滤波仿真电路

在图 4.8.9 单相桥式全波整流电感滤波仿真电路中，保持负载电阻 R_1（取 $R_1 = 500\ \Omega$）不变，改变滤波电感 L_1，运行并双击示波器图标 XSC1，观察滤波电感变化所引起的整流滤波电压波形的变化。

在图 4.8.9 单相桥式全波整流电感滤波仿真电路中，保持滤波电感 L_1（取 $L_1 = 50\ H$）

不变，改变负载电阻 R_1，运行并双击示波器图标 XSC1，观察滤波负载电阻变化所引起的整流滤波电压波形的变化。

③ 复式滤波。根据图4.8.6所示的 π 型复式滤波电路的工作原理，创建单相桥式全波整流复式滤波电路，如图4.8.10所示，选择电路参数 $R_1 = 500\ \Omega$，$C_1 = 100\ \mu F$，$C_2 = 100\ \mu F$，$L_1 = 50\ H$，运行并双击示波器图标 XSC1，观察示波器中复式滤波后的电压波形。

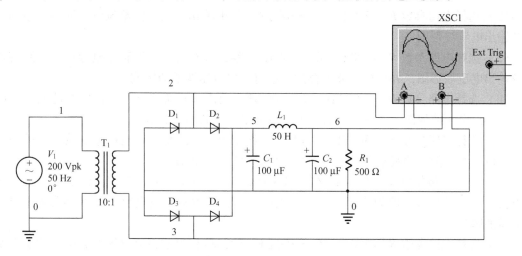

图4.8.10　单相桥式全波整流复式滤波仿真电路

在4.8.10单相桥式全波整流复式滤波仿真电路中分别改变滤波电容、电感的参数，观察滤波电容、电感参数变化对复式滤波电路输出电压的影响。

④ 单相半波整流滤波。创建单相半波整流滤波电路，选择电路参数 $R_1 = 500\ \Omega$，$C_1 = 100\ \mu F$，如仿真电路图4.8.11所示，运行并双击示波器图标 XSC1，分别在开关断开和闭合时观察示波器中单相半波整流滤波电路滤波后的电压波形；观察滤波电容变化所引起的单相半波整流滤波电压波形的变化。

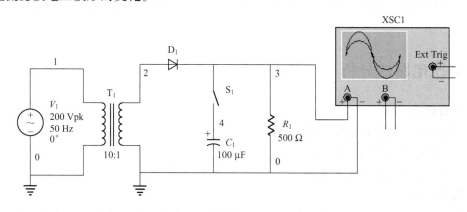

图4.8.11　单相半波整流滤波仿真电路

4. 注意事项

（1）连接单相桥式全波整流电路时，要注意4个二极管的连接方向。

（2）在观察电源的输入电压波形时，要注意示波器的连接及变压器二次侧的连接。

（3）当调整负载电阻或滤波电容时，要注意示波器的扫描时间及幅值的大小。

（4）当利用 π 型复式滤波电路进行滤波时，要注意 C_1、C_2、L_1 的取值大小。

5. 实验报告要求

（1）通过观察，绘出负载电阻 $R_1 = 500\,\Omega$ 时，单相桥式全波整流电路的输入及输出电压波形图。

（2）选择电路参数 $R_1 = 500\,\Omega$，$C_1 = 100\,\mu F$，绘出单相桥式全波整流电容滤波电路的输入及输出电压波形图。

（3）选择电路参数 $R_1 = 500\,\Omega$，$C_1 = 150\,\mu F$，绘出单相桥式全波整流电容滤波电路的输入及输出电压波形图，并分析滤波电容的大小对输出电压波形的影响。

（4）选择电路参数 $R_1 = 1\,000\,\Omega$，$C_1 = 100\,\mu F$，绘出单相桥式全波整流电容滤波电路的输入及输出电压波形图，并分析负载的大小对输出电压波形的影响。

（5）选择电路参数 $R_1 = 500\,\Omega$，$L_1 = 50\,H$，绘出单相桥式全波整流电感滤波电路的输入及输出电压波形图，并观察滤波电感参数变化对输出电压的影响。

（6）选择电路参数 $R_1 = 500\,\Omega$，$C_1 = 100\,\mu F$，$C_2 = 100\,\mu F$，$L_1 = 50\,H$，绘出单相桥式全波整流 π 型复式滤波电路的输入及输出电压波形图，并观察滤波电容、电感参数变化对输出电压的影响。

（7）选择电路参数 $R_1 = 500\,\Omega$，$C_1 = 100\,\mu F$，绘出单相半波整流电容滤波电路的输入及输出电压波形图，并分析单相桥式全波整流滤波电路与单相半波整流滤波电路的区别。

（8）回答思考题（1）、（2）。

6. 思考题

（1）利用 4 个二极管构成单相桥式全波整流电路如图 4.8.1 所示，如将图中的 VD_1、VD_2 二极管反相，还能构成单相桥式全波整流电路吗？

（2）为什么增大负载电阻值或增大滤波电容值会减小脉动电压的纹波？

（3）π 型复式滤波电路为什么比电容滤波电路效果要好？

（4）为什么在同样的负载和滤波电容参数下，半波整流滤波没有全波整流滤波的效果好？

4.9　稳压电路的分析

1. 实验目的

（1）利用计算机分析稳压电路的特性。

（2）了解稳压电路的工作原理。

（3）掌握稳压电路的连接方法。

2. 实验原理

稳压电路的作用是进一步降低直流电源电压的纹波系数，而且在负载变化和电网波动时也能保持直流电压的相对稳定。稳压电路常采用并联稳压管稳压电路和串联型稳压电路，它们的工作原理分别为：

（1）并联稳压管稳压电路

在图 4.9.1 所示电路中，限流电阻 R 和稳压管 VD_Z 组成稳压管稳压电路，其工作原理为：当电网电压增加时，稳压电路的输入电压 u_C 随着增加，负载电压 u_o 也要增加。由于 $u_o = u_Z$，根据稳压管的伏安特性，当 u_Z 稍有增加时，稳压管的电流 i_Z 将急剧增加，这将引起电阻 R 上的电流 i_R 急剧增加，显然，限流电阻 R 上的压降随之增加，从而使负载电阻电压 u_o 保持近似不变。

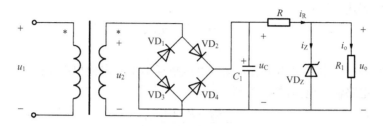

图 4.9.1 并联稳压管稳压电路

当负载电流增大时，限流电阻 R 上压降增大，负载电阻电压 u_o 因而下降。只要 u_o 下降一点，稳压管电流就显著减小，通过限流电阻 R 的电流和压降保持近似不变，因此负载电阻电压 u_o 也就近似稳定不变。

综上所述，稳压管稳压电路是利用稳压管的电流调节作用，通过限流电阻 R 上电压或电流的变化进行补偿，来达到稳定电压的目的。

（2）串联型稳压电路

并联稳压管稳压电路是靠稳压管的电流调节作用来实现稳压的，它的调节范围是 $i_{Zmin} \sim i_{Zmax}$，限制了负载电流的变化范围；其输出电压等于稳压管稳压值，使得输出电压不可调。因此，这种电路在很多场合不能满足要求。采用串联型稳压电路，可以扩大负载电流的变化范围，电压稳定度高，且输出电压可调。

串联型稳压电路结构如图 4.9.2 所示。图中电阻 R 与稳压管 VD_Z 构成基准电压电路，给集成运放同相输入端提供一个基准电压 $u_+ = u_Z$；电阻 R_2、R_3 和 R_4 为采样电路，它取出输出电压的一部分引到集成运放反相输入端 $u_- = \dfrac{R_4' + R_2}{R_2 + R_3 + R_4} u_o$；集成运放作为比较器放大电路工作在线性区，有 $u_+ = u_-$，所以 $u_o = \dfrac{R_2 + R_3 + R_4}{R_4' + R_2} u_Z$，可以通过 R_4 来调节 u_o。晶体管 VT 为调整管，将运放输出电流放大 $(1 + \beta)$ 倍，扩大了输出电流的范围。调整管、基准电压电路、采样电路和比较放大电路是串联型稳压电路的基本组成部分。

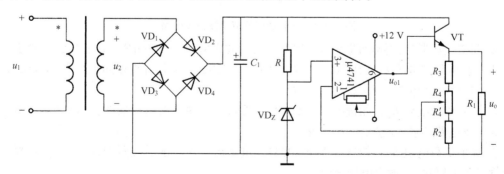

图 4.9.2 串联型稳压电路

串联型稳压电路的工作原理为：当电网电压或负载电阻的变化而使输出电压 u_o 升高时，采样电路将这一变化量引到集成运放反相输入端，并与同相输入端的基准电位 u_z 进行比较放大，运放的输出电压 u_{o1} 将降低，u_{o1} 通过调整管的跟随作用，使输出 u_o 降低，从而 u_o 得到稳定。其过程可表述如下：

$$u_o \uparrow \rightarrow u_- \uparrow \rightarrow u_{o1} \downarrow$$
$$u_o \downarrow \leftarrow \cdots \vdots$$

可见，串联型稳压电路实质是引入深度电压负反馈来稳定输出电压的。

串联型稳压电路输出电压的调节范围为

$$u_o = \frac{R_2 + R_3 + R_4}{R_4' + R_2} U_z$$

当电位器 R_4 滑动到最上端时，输出电压最小，为

$$u_o = \frac{R_2 + R_3 + R_4}{R_4 + R_2} u_Z$$

当电位器 R_4 滑动到最下端时，输出电压最大，为

$$u_o = \frac{R_2 + R_3 + R_4}{R_2} u_Z$$

3. 实验任务

（1）并联稳压管稳压电路

① 创建并联稳压管稳压仿真电路，如图 4.9.3 所示。对于仿真电路图 4.9.3 中的变压器、稳压管、电容、电阻、信号源、二极管等元件，可在对应的元器件库里寻找，组成图 4.9.3 所示的仿真电路。

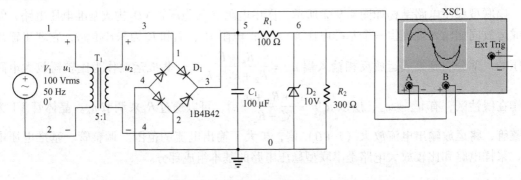

图 4.9.3　并联稳压整流滤波仿真电路

② 调整变压器二次侧电压使 $u_2 = 20\ \text{V}$，取滤波电容 $C_1 = 100\ \mu\text{F}$，稳压二极管的稳压值为 10 V，稳压限流电阻 $R_1 = 100\ \Omega$ 和负载电阻 $R_2 = 300\ \Omega$，运行并双击示波器图标 XSC1，观察并联稳压管稳压电路输入/输出电压波形。

③ 增大负载电阻 R_2，如选择 $R_2 = 500\ \Omega$，重新运行并双击示波器图标 XSC1，观察并联稳压管稳压电路的输入/输出电压波形。

④ 减小负载电阻 R_2，如选择 $R_2 = 100\ \Omega$，重新运行并双击示波器图标 XSC1，观察并联稳压管稳压电路输入/输出电压波形。

⑤ 在①的基础上，将稳压二极管稳压值往上调整，或增大限流电阻 R_1，重新运行并双击示波器图标 XSC1，观察并联稳压管稳压电路输入/输出电压波形。

（2）串联型稳压电路

① 创建串联型稳压仿真电路，如图 4.9.4 所示。其中，选择调整管 Q_1 时，要求最大耗散功率不小于 2 W，这样可以在最小输出电压时有足够的电流输出能力。取电容 $C_1 = 200$ μF，电阻 $R_1 = R_2 = R_4 = 1$ kΩ，$R_3 = 10$ kΩ（取 R_2、R_3、R_4 为 kΩ 级电阻以降低功耗）。

② 运行并双击示波器图标 XSC1，观察串联型稳压电路输入／输出电压波形。

③ 在如仿真电路图 4.9.4 所示的参数下，调整取样电位器 R_3，观察输出电压 u_o 的幅值范围。可以输出的电压范围为 3.25 ～ 20.15 V。

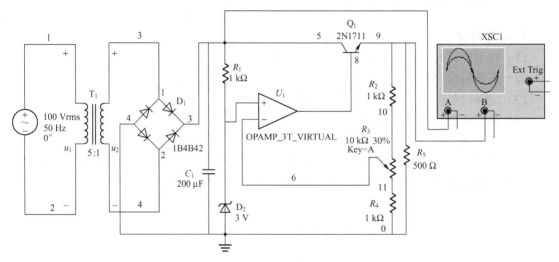

图 4.9.4　串联型稳压仿真电路

4. 注意事项

（1）在选择稳压二极管的稳压值大小时，要注意与变压器二次侧电压大小的关系。

（2）注意要保证并联稳压管稳压电路的输出电压稳定，必须使输入电压高于输出电压一定的值，且在某个负载变化范围内，限流电阻 R 不是任意的，需根据负载范围、输入／输出电压来确定一个合适的阻值。

（3）在选择调整管 Q_1 时，要注意晶体管的最大耗散功率数值。

5. 实验报告

（1）对于并联稳压管稳压整流滤波电路，如图 4.9.3 所示，选择电路参数：$u_2 = 20$ V，$C_1 = 100$ μF，$R_1 = 100$ Ω，$R_2 = 300$ Ω，稳压二极管的稳压值为 10 V，观察并绘出并联稳压管稳压电路输入／输出电压波形。

（2）在（1）的情况下增大负载电阻 R_2，使 $R_2 = 500$ Ω，观察并绘出并联稳压管稳压电路的输入／输出电压波形。

（3）在（1）的情况下减小负载电阻 R_2，使 $R_2 = 100$ Ω，观察并绘出并联稳压管稳压电路的输入／输出电压波形。

（4）对于串联型稳压电路，如图 4.9.4 所示，选择电路参数：$u_2 = 20$ V，$R_1 = R_2 = R_4 = 1$ kΩ，$R_3 = 10$ kΩ，$C_1 = 200$ μF，$R_5 = 500$ Ω，稳压二极管的稳压值为 3 V，观察并绘出串联型稳压电路输入／输出电压波形。

（5）调整输出电压为 3.25 ～ 20.15 V 时，确定对应的电位器 R_3 的数值。

（6）回答思考题（1）、（2）。

6. 思考题

（1）在并联稳压管的稳压电路中，为什么需要限流电阻 R_1，它的作用是什么？

（2）在串联型稳压电路中，可变电阻 R_3 的作用是什么？

（3）为什么讲串联型稳压电路可以扩大负载电流的变化范围，电压稳定度高，且输出电压可调？

4.10　非正弦交流电路的分析

1. 实验目的

（1）利用计算机分析非正弦交流电路。

（2）复习用示波器观察波形的方法，并对波形进行分析比较。

（3）加深对非正弦有效值关系式的理解。

（4）观察非正弦电流电路中电感及电容对电流波形的影响。

2. 实验原理

在非正弦周期电流电路的计算中，常常将非正弦电压和电流分解成傅里叶级数，如非正弦电压 $u(t)$ 和电流 $i(t)$ 可分别写为

$$\begin{cases} u(t) = U_0 + \sum_{k=1}^{\infty} U_{km}\cos(k\omega t + \varphi_{uk}) \\ i(t) = I_0 + \sum_{k=1}^{\infty} I_{km}\cos(k\omega t + \varphi_{ik}) \end{cases}$$

而非正弦电压和电流的有效值 U 和 I 可分别表示成

$$\begin{cases} U^2 = U_0^2 + U_1^2 + U_2^2 + \cdots \\ I^2 = I_0^2 + I_1^2 + I_2^2 + \cdots \end{cases}$$

式中，U_0、I_0 是非正弦电压和电流的恒定分量，而 U_1、U_2 和 I_1、I_2 等分别为电压和电流各次谐波的有效值。

若将一非正弦电压作用于 RL 串联电路，由于电感 L 对高次谐波呈现大的电抗，因而电流中谐波次数越高者越不明显，其结果是电流波形比电压波形更接近于正弦波形。

若将一非正弦电压作用于 RC 串联电路，则由于电容 C 对高次谐波呈现小的电抗 $\left(X_C = \dfrac{1}{\omega C}\right)$，因而使得电流中谐波次数越高者越显著，其结果是电流波形比电压波形更偏离正弦波形。

3. 实验任务

（1）观察基波波形

设置一个电压源的频率为 50 Hz，电压有效值为 110 V，用示波器观察 u_1 的波形，并将波形仔细地描绘在坐标纸上。

（2）观察三次谐波波形

设置一个电压源的频率为 150 Hz，电压有效值为 50 V，用示波器观察 u_3 的波形，并将波形仔细地描绘在坐标纸上。

（3）观察马鞍波形与尖顶波形

将频率为 50 Hz、电压有效值为 110 V 的 u_1 和频率为 150 Hz、电压有效值为 50 V 的 u_3 两个电压源顺向串联起来，用示波器观察这两个电源叠加之后的总电压 u_{13} 的波形，并将波形仔细地描绘在坐标纸上。把三倍频电源 u_3 正负极调换，再用示波器观察 u'_{13} 的波形，并将波形仔细地描绘在坐标纸上。验证 $U_{13}^2 = U_1^2 + U_3^2$。

（4）观察电感、电容对非正弦电流波形的影响

电路如图 4.10.1 所示，利用示波器 A 通道观测合成电源的非正弦电压波形，利用示波器的 B 通道及电流探针观测流过电阻的电流波形，注意选择合适的电流探针比例及示波器 A、B 通道参数值。分别观察并记录当高次谐波取不同频率值（基波电源保持不变）时，示波器所显示的波形情况。将图 4.10.1 所示电路中的电感元件替换为 1 μF 的电容元件，重复上述测量步骤。通过两种情况的观察，研究电感、电容元件对非正弦电流波形的影响。

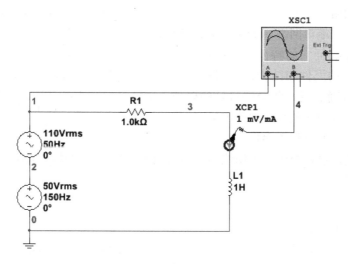

图 4.10.1　实验任务（4）用图

4. 注意事项

（1）将电流探针放入电路中的不同位置时，应特别注意其所测电流的方向，同时应注意电流探针的参数设置。

（2）观察电压与电流之间的相位差时，要注意示波器的起始时刻。

（3）把电压与电流波形取为不同色彩，注意观察二者之间的相位超前与滞后的关系。

5. 实验报告要求

（1）通过观察，分别画出基波、三次谐波、马鞍波和尖顶波的波形图。

（2）分别绘出感性电路 RL 和容性电路 RC 电路中总的电压与电流波形。

（3）回答思考题（1）。

6. 思考题

（1）改变电源中某高次谐波的频率（例如将实验任务（4）中的 150 Hz 三次谐波的频率 f_3 改为 100 Hz 二次谐波频率 f_2），对电路的有功功率有无影响？为什么？

（2）试设计一低通滤波电路，用示波器观察电感对高频电流的抑制作用，电容对高频电

流的分流作用，并简要分析。

（3）试设计一滤波电路，该电路含有两个电感、一个电容。要求 4ω 的谐波电流传至负载，而使基波电流无法到达负载。电容 C 为 $1~\mu F$，$\omega = 1~000~\mathrm{rad/s}$，试画出电路图并求出两个电感的参数值。

4.11 二端口网络的分析

1. 实验目的

（1）利用计算机仿真测定二端口网络的参数。

（2）学习测定无源线性二端口网络参数的方法。

（3）验证二端口网络 T 型等效电路的等效性。

2. 实验原理

（1）二端口网络

对于无源线性二端口网络（如图4.11.1所示），可以用网络参数来表征它的特征，这些参数只取决于二端口网络内部的元件和结构，而与输入激励无关。网络参数一旦确定后，两个端口处的电压、电流关系即网络的特性方程就唯一地确定了。

图 4.11.1　二端口网络

（2）二端口网络的方程和参数

按正弦稳态情况进行分析，无源线性二端口网络的特性方程共有六种，常用的有下列四种，写成矩阵形式为

① Y 参数

$$\begin{bmatrix} \dot{I}_1 \\ \dot{I}_2 \end{bmatrix} = Y \begin{bmatrix} \dot{U}_1 \\ \dot{U}_2 \end{bmatrix}, Y = \begin{bmatrix} Y_{11} & Y_{12} \\ Y_{21} & Y_{22} \end{bmatrix}, 对互易网络有：Y_{12} = Y_{21}。$$

② Z 参数

$$\begin{bmatrix} \dot{U}_1 \\ \dot{U}_2 \end{bmatrix} = Z \begin{bmatrix} \dot{I}_1 \\ \dot{I}_2 \end{bmatrix}, Z = \begin{bmatrix} Z_{11} & Z_{12} \\ Z_{21} & Z_{22} \end{bmatrix}, 对互易网络有：Z_{12} = Z_{21}。$$

③ H 参数

$$\begin{bmatrix} \dot{U}_1 \\ \dot{I}_2 \end{bmatrix} = H \begin{bmatrix} \dot{I}_1 \\ \dot{U}_2 \end{bmatrix}, H = \begin{bmatrix} H_{11} & H_{12} \\ H_{21} & H_{22} \end{bmatrix}, 对互易网络有：H_{12} = -H_{21}。$$

④ T 参数

$$\begin{bmatrix} \dot{U}_1 \\ \dot{I}_1 \end{bmatrix} = T \begin{bmatrix} \dot{U}_2 \\ -\dot{I}_2 \end{bmatrix}, T = \begin{bmatrix} T_{11} & T_{12} \\ T_{21} & T_{22} \end{bmatrix}, 对互易网络有：T_{11}T_{22} - T_{12}T_{21} = 1。$$

如果这四种参数反映的是同一网络，它们之间必有内在联系，因而可由一套参数求出另一套参数。

由线性电阻、电容、电感（包括互感）元件构成的无源二端口网络称为互易网络。

（3）二端口网络参数的测定方法

上述各种方程的参数都可以通过实验的方法测定。工程上常常遇到用实验的方法测定二端口网络 T 参数的问题。测定 T 参数时，可分别测出二端口网络在开路和短路时的入端复阻抗 Z_{1oc}、Z_{1sc} 和出端复阻抗 Z_{2oc}、Z_{2sc}，则 T 参数可由下式求得：

$$\begin{cases} T_{11} = T_{21}Z_{1oc} \\ T_{12} = T_{22}Z_{1sc} \\ T_{21} = \dfrac{T_{22}}{Z_{2oc}} \\ T_{22} = \dfrac{Z_{2oc}}{Z_{1oc} - Z_{1sc}} \end{cases}$$

本实验通过示波器的读数可得到开路、短路时的入端复阻抗、出端复阻抗为

$$|Z| = \frac{U}{I}, Z = |Z| \angle \varphi$$

Z 为感性复阻抗时，$\varphi > 0$；Z 为容性复阻抗时，$\varphi < 0$。

（4）互易二端口网络的 T 型等效电路

无源互易二端口网络的外部特性可以用三个阻抗（或导纳）元件组成的 T 型或 π 型等效电路来代替，其 T 型等效电路如图 4.11.2 所示。若已知网络的 T 参数，则阻抗 Z_1、Z_2、Z_3 分别为

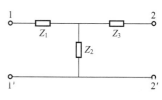

图 4.11.2　互易二端口网络的
T 型等效电路

$$\begin{cases} Z_1 = \dfrac{T_{11} - 1}{T_{21}} \\ Z_2 = \dfrac{1}{T_{21}} \\ Z_3 = \dfrac{T_{22} - 1}{T_{21}} \end{cases}$$

因此，求出二端口网络的 T 参数后，网络的 T 型（或 π 型）等效电路的参数也可求得。

3. 实验任务

（1）测定给定 T 型二端口网络的 T 参数

测量电路如图 4.11.3 和图 4.11.4 所示，用示波器测定给定二端口网络在输出端开路和短路时的入端复阻抗 Z_{1oc}、Z_{1sc}，另行设计实验电路，测量出端复阻抗 Z_{2oc}、Z_{2sc}，再利用实验原理（3）中的 T 参数测定方法求得 T 参数。

在测量时，观察示波器，用示波器的标尺精确测定端口电压 u_{10} 及端口电流的数值。则入端阻抗的模值为端口电压 u_{10} 与端口电流的比值。入端阻抗的幅角为端口电压 u_{10} 与端口电流的相位差。

对于出端复阻抗 Z_{2oc}、Z_{2sc} 的测量，可参照图 4.11.3 和图 4.11.4 并作适当修改。

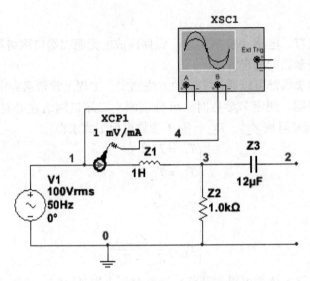

图 4.11.3　测量当端口 2 开路时的入端复阻抗 Z_{1oc}

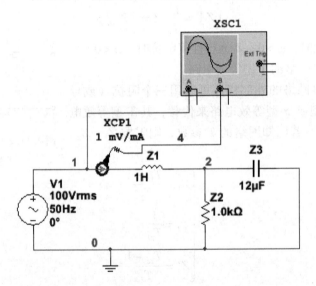

图 4.11.4　测量当端口 2 短路时的入端复阻抗 Z_{1sc}

（2）验证二端口网络 T 型等效电路的等效性。要求：

① 由 T 参数确定给定的 T 型二端口网络内元件参数 Z_1、Z_2、Z_3。

② 用实验的方法分别测出元件 Z_1、Z_2、Z_3，并与上述值相比较。

4. 注意事项

（1）必须注意电流探针所测电流的方向。

（2）用不同色彩的导线连接示波器的 A、B 通道，以便于观察电压、电流波形的超前或滞后关系。

（3）用示波器的标尺精确测定电压、电流的峰值，二者的比值即为阻抗的数值，注意电流的峰值须考虑电流探针的参数情况。

（4）用示波器的标尺精确测定阻抗角。注意，在测量时，须在同一个周期内，两个波形都达到同等程度时（例如都过零或都达到正的最大值），其相位差即为阻抗角。计算公式为：$\varphi = 2\pi f(t_2 - t_1)$。

（5）自拟数据记录表格，作好实验数据记录。

5. 实验报告要求

（1）求出给定网络的 T 参数。

（2）绘出二端口网络的 T 型等效电路，标明各元件参数值。

（3）回答思考题。

6. 思考题

（1）试推导公式 $\varphi = 2\pi f(t_2 - t_1)$。

（2）自行设计两个二端口网络，试选择一种连接方式（串联、并联、级联），验证对应的二端口连接公式。

（3）如果不使用电流探针而是使用采样电阻来观测相应的电流，该如何实现？

4.12 负阻抗变换器的应用与分析

1. 实验目的

（1）利用计算机仿真分析负阻抗变换器（NIC）。

（2）获得负阻抗器件的感性认识。

（3）了解负阻抗变换器的一些特性。

2. 实验原理

（1）负阻抗变换器的原理

图 4.12.1 中虚线框中所示的电路是由一个运算放大器组成的电流倒置型负阻抗变换器。

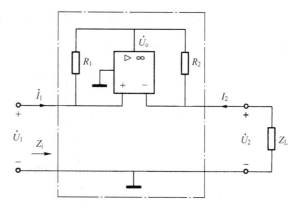

图 4.12.1　电流倒置型负阻抗变换器

设运算放大器是理想的，$R_1 = R_2$，此时有 $\dot{U}_1 = \dot{U}_2$，则运算放大器的输出电压 $\dot{U}_o$ 为

$$\dot{U}_o = \dot{U}_1 - \dot{I}_1 R_1 = \dot{U}_2 - \dot{I}_2 R_2$$

则

$$\dot{I}_1 = \frac{\dot{U}_1 - \dot{U}_o}{R_1} = \frac{\dot{U}_2 - \dot{U}_o}{R_2} = \dot{I}_2$$

又

$$\dot{I}_2 = -\frac{\dot{U}_2}{Z_L}$$

因此，输入阻抗 Z_i 为

$$Z_i = \frac{\dot{U}_1}{\dot{I}_1} = \frac{\dot{U}_2}{\dot{I}_2} = -Z_L$$

可见输入阻抗 Z_i 为负阻抗。

（2）阻抗变换器的特性

若 Z_L 为一纯电阻元件的负载阻抗，则负阻抗变换器输入端可以等效为一个纯负电阻元件，负电阻用 "$-R$" 表示，其伏安特性曲线如图 4.12.2 所示。当输入电压 u 是一正弦波时，由于负阻特性，输入端电流 i 与电压波形 u 正好相反，如图 4.12.3 所示。

利用负阻抗变换器，可以实现用电阻、电容元件来模拟电感，原理图如图 4.12.4 所示。

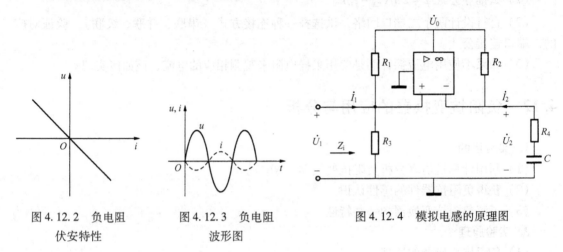

图 4.12.2　负电阻 伏安特性　　图 4.12.3　负电阻 波形图　　图 4.12.4　模拟电感的原理图

设运算放大器是理想的，则输入阻抗 Z_i 可以视为电阻 R_3 与负阻抗元件 $-\left(R_4 + \frac{1}{j\omega C}\right)$ 相并联，设 $R_1 = R_2 = R_3 = R_4 = R$，即

$$Z_i = \frac{-\left(R_4 + \frac{1}{j\omega C}\right)R_3}{-\left(R_4 + \frac{1}{j\omega C}\right) + R_3} = \frac{-\left(R + \frac{1}{j\omega C}\right)R}{-\left(R + \frac{1}{j\omega C}\right) + R}$$

$$= \frac{-R^2 - \frac{R}{j\omega C}}{\frac{1}{-j\omega C}} = R + j\omega R^2 C$$

对输入端而言，电路等效为一个电感量为 $L_{eq} = R^2 C$ 的有损耗电感。同样，若将图 4.12.4 中负载端的电容 C 替换为电感 L，则在输入端即可等效为有损耗的电容，即

$$Z_i = \frac{-(R_4 + j\omega C)R_3}{-(R_4 + j\omega C) + R_3} = \frac{-(R + j\omega L)R}{-(R + j\omega L) + R}$$

$$= \frac{-R^2 - j\omega LR}{-j\omega L} = R + \frac{1}{j\omega \frac{L}{R^2}}$$

此时，对输入端而言，电路等效为一个 $C_{eq} = \frac{L}{R^2}$ 的电容与电阻 R 的串联。

3. 实验任务

（1）用电压表、电流表测量负阻数值

电路如图 4.12.5 所示，断开开关，测出对应的 U、I 数值，计算负阻值；合上开关，测出对应的 U、I 数值，计算并联的等效电阻。将图 4.12.5 中的 6.0 kΩ 电阻改为 2.0 kΩ，重复上述步骤，观察并分析结果。

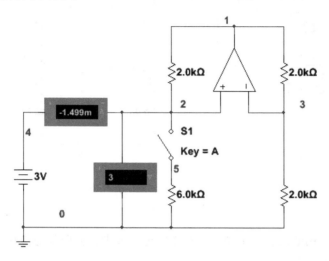

图 4.12.5　实验任务（1）用图

（2）用示波器观察和测量负阻元件

电路如图 4.12.6 所示，函数信号发生器的输出电压为 $U=1V_{\mathrm{p}}$，$f=100\,\mathrm{Hz}$ 的正弦波，断开开关，用示波器观察和记录输入电压 u 与输入电流 i 的波形；合上开关，重复上述过程。

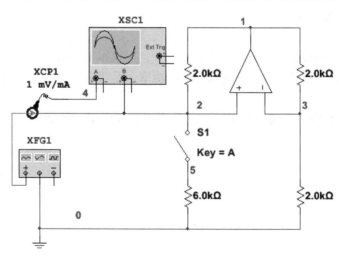

图 4.12.6　实验任务（2）用图

（3）将示波器置于 A/B 或 B/A 工作状态，观察并记录伏安特性曲线

（4）负阻抗变换器

按图 4.12.7 接线，用示波器观察正弦输入下的 u、i 的相位关系，验证用电阻、电容元

件模拟的电感器的特性。改变正弦频率 f 和电容 C 的值，重复上述过程。

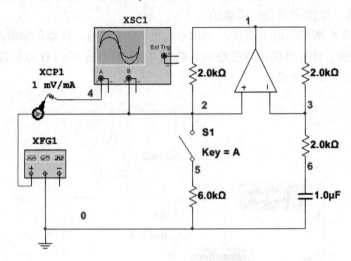

图 4.12.7　实验任务（4）用图

4. 注意事项

（1）注意正确使用电流探针来观察电路中的电流波形，同时注意电压与电流之间的参数关系以及参考方向的关系。

（2）注意函数信号发生器的正确使用方法。

5. 实验报告要求

（1）整理实验数据和图形，将实测各种情况下的电阻值与相应的理论数值加以比较。

（2）对负阻抗变换器的实验图形和曲线进行理论分析。

（3）回答思考题。

6. 思考题

（1）在图 4.12.4 电路中，若 $R = 1\ \Omega$，$C = 1\ F$，则模拟电感为多大？

（2）在图 4.12.5 仿真电路中的电源是发出功率还是吸收功率？负阻器件是发出功率还是吸收功率？

（3）如果在实验中不使用电流探针，而是使用采样电阻的形式对输入端的电流进行观测，如何实现？

第5章 电路设计

电路理论是一门研究电路分析和网络综合与设计的基础工程学科。要学好电路理论,不仅要掌握电路的基本理论、分析计算的基本方法,而且要能把电路理论知识化成工程设计能力。本章所介绍的电路设计内容,就是要利用计算机技术将电路理论基本知识运用到实际应用中,从而提高创新能力。

5.1 电阻温度计的设计

1. 设计目的

(1)了解非电量转为电量的一种实现方法。

(2)掌握电桥测量电路的基本设计。

(3)熟悉利用 Multisim 13 进行电路仿真设计的方法。

(4)训练自行设计、制作、调试电路的技能。

2. 设计原理

电桥测量电路如图 5.1.1 所示。图中安倍表 A 两端的电压为

$$u_{bd} = u_{bc} + u_{cd} = \frac{R_2}{R_1 + R_2}U_s - \frac{R_3}{R_x + R_3}U_s = \frac{R_2 R_x - R_1 R_3}{(R_1 + R_2)(R_x + R_3)}U_s$$

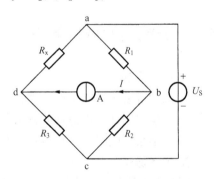

当 $R_2 R_x = R_1 R_3$ 时,电桥达到平衡,安倍表 A 的指示为零,令此时 $R_x = R_{x0}$。则当 $R_x \neq R_{x0}$ 时,电桥平衡条件被破坏,就会有电流流过检流计,且电流的大小随电阻阻值 R_x 而变化。

利用电桥这一特性可制成各种仪器设备,如要制作电阻温度计,取 R_x 为热敏电阻,其阻值随温度的变化而变化,随着阻值的变化,流过检流计的电流也随之变化,从而将温度 T 这一非电量转变为电流 I 这一电量。同理,如果当 R_x 分别为压敏电阻、湿敏电阻、光敏电阻时,则可以相应地制作成压力计、湿度计、照度计等测量仪器。

图 5.1.1 电桥测量电路

3. 设计任务

制作电阻温度计时,R_x 应选用热敏电阻 R_T。

(1)选择合适的电阻及电源参数,利用 Multisim 虚拟实验台设计如图 5.1.2 所示的电桥测量仿真电路,其中万用表设置成电流表,调整电阻 R_1 的阻值,测量电流表的读数 I。

(2)利用上一步设计出的电路进行实际测量,记录仿真数据并与表 5.1.1 所示的理论计算数据进行比较。

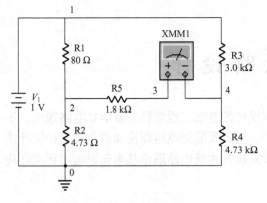

图 5.1.2　电桥测量电路

表 5.1.1　理论计算数据

R_4	I
$3.000E+03$	$-3.638E-20$
$1.850E+03$	$2.154E-05$
$1.180E+03$	$4.114E-05$
$8.000E+02$	$5.635E-05$
$5.500E+02$	$6.878E-05$
$3.500E+02$	$8.057E-05$
$2.400E+02$	$8.794E-05$
$1.800E+02$	$9.226E-05$
$1.400E+02$	$9.528E-05$
$1.100E+02$	$9.761E-05$
$8.000E+01$	$1.000E-04$

（3）利用设计的电路图及计算测量的数据，标定温度表刻度，制作出电阻温度计。

（4）用水银温度计作标准，以一杯开水逐渐冷却的温度作测试对象，对自制的温度计误差进行调试。

4. 设计报告要求

（1）简述设计中各参数选取的依据，以及调试中遇到问题的解决思路和方法。

（2）绘出自制温度计的温度修正曲线。

（3）标出设计用仪器的型号规格。

（4）总结收获与体会。

5.2　衰减器的分析与设计

1. 设计目的

（1）理解衰减器的工作原理。

（2）学习用计算机仿真的方法寻找最佳参数。

（3）学会用电阻△ − Y 等效变换来分析电路。

2. 设计原理

图 5.2.1 所示电路为桥 T 型电路，其负载 R_L 上的输出电压 u_o 总是小于输入电压 u_i，由此构成衰减器电路。

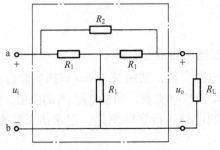

图 5.2.1　桥 T 型衰减器电路

分析如图 5.2.1 所示的桥 T 型电路，可利用 Y － △ 等效变换或 △ － Y 等效变换，如图 5.2.2 所示。

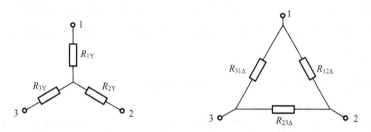

图 5.2.2　Y 形联结和△形联结的等效变换

（1）利用 Y － △ 等效变换：已知三个星形电阻 R_{1Y}、R_{2Y}、R_{3Y}，若要等效变换为三角形电路，则三个等效电阻分别为

$$R_{12\triangle} = \frac{R_{1Y}R_{2Y} + R_{2Y}R_{3Y} + R_{3Y}R_{1Y}}{R_{3Y}}$$

$$R_{23\triangle} = \frac{R_{1Y}R_{2Y} + R_{2Y}R_{3Y} + R_{3Y}R_{1Y}}{R_{1Y}}$$

$$R_{31\triangle} = \frac{R_{1Y}R_{2Y} + R_{2Y}R_{3Y} + R_{3Y}R_{1Y}}{R_{2Y}}$$

（2）利用 △ － Y 等效变换：已知三个三角形电阻 $R_{12\triangle}$、$R_{23\triangle}$、$R_{31\triangle}$，若要等效变换为星形电路，则三个等效电阻分别为

$$R_{1Y} = \frac{R_{12\triangle}R_{31\triangle}}{R_{12\triangle} + R_{23\triangle} + R_{31\triangle}}$$

$$R_{2Y} = \frac{R_{23\triangle}R_{12\triangle}}{R_{12\triangle} + R_{23\triangle} + R_{31\triangle}}$$

$$R_{3Y} = \frac{R_{31\triangle}R_{23\triangle}}{R_{12\triangle} + R_{23\triangle} + R_{31\triangle}}$$

经过 Y － △ 等效变换后，可将图 5.2.1 等效变换为图 5.2.3，其中 $R = 3R_1$。

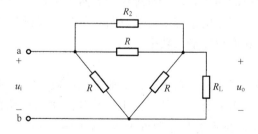

图 5.2.3　桥 T 型等效电路

对图 5.2.3 等效电路利用串联电阻的分压公式可得到 u_o 和 u_i 的关系：

$$u_o = \frac{R /\!/ R_L}{(R /\!/ R_L) + (R /\!/ R_2)}u_i$$

显然，输出电压 u_o 总是小于输入电压 u_i，电压是衰减的。调节负载电阻到 R_L 的阻值，就可以得到衰减程度不同的输出电压。

3. 设计任务

试选用合适的电阻参数，进行 EWB 仿真设计：

（1）利用电阻 △ – Y 等效变换，从理论上计算电阻 R_1、R_2、R_L 满足什么关系时，有 u_o = $0.5u_i$。以理论计算确定的电阻及电源参数，利用 Multisim 进行仿真实验，从仿真结果验证理论计算的正确性。

（2）改变 R_L 值，测量输出电压 $\dfrac{u_o}{u_i}$ ~ R_L 的变化曲线。

（3）理论证明：当 $R_2 = \dfrac{2R_1 R_L^2}{3R_1^2 - R_L^2}$ 时，有 $R_{ab} = R_L$。对此进行实验验证，测出此时电压比 $\dfrac{u_o}{u_i}$ 的值。

4. 设计报告要求

（1）分析衰减器的工作原理。

（2）自拟表格。在某一确定的输入电压下，利用理论计算记录输出电压 u_o 随负载 R_L 的变化情况。

（3）自拟表格。在某一确定的输入电压下，利用仿真测试记录输出电压 u_o 随负载 R_L 的变化情况。

（4）针对理论计算和设计测试表格进行比较，分析设计结果。

5.3 一端口网络等效参数测量与最大功率传输电路设计

1. 设计目的

（1）掌握含有受控源的戴维宁等效电路的分析方法。

（2）掌握最大功率传输原理。

（3）利用仿真软件，验证戴维宁定理。

2. 设计原理

在求负载获得最大功率的问题时，分析过程分为两个步骤，一是先求出负载之外的一端口网络的戴维宁等效电路，二是由戴维宁等效电路和负载组成新的电路，应用最大功率传输原理求得最佳阻抗匹配以获得负载最大功率。

（1）戴维宁定理

对于一个复杂的电路，当求负载功率时，一般先应用戴维宁定理，求出负载之外的一端口网络的等效电路，如图 5.3.1 所示。其等效电源为该一端口网络的开路电压 u_{oc}，而其等效电阻 R_{eq} 为该一端口网络内部所有独立源置于零之后的输入电阻。

在求等效电阻 R_{eq} 时，若电路中含有受控源，电路往往不能直接用简单的串并联求取等效电阻，这是因为受控源具有二重性（即电阻性和电源性），因此在电路中含有受控源时，等效电阻中将包含受控源的电阻性的作用。在对含有受控源的电路求等效电阻时，只能利用端口电压电流关系即输入电阻来求等效电阻。常用的方法有"加流求压法"、"加压求流法"。注意在分析时，要把原一端口网络的内部独立电源置于零。除此之外，还有开路"电压短路电流法"，即分别求出原一端口网络的开路电压和短路电流，求取其比值获得等效电阻。

（2）最大功率传输原理

由有源一端口网络传输给负载 R_L 最大功率的条件是：负载电阻 R_L 与一端口网络的戴维宁等效电路的等效电阻 R_{eq} 相等，如图 5.3.2 所示。满足 $R_L = R_{eq}$ 称为负载 R_L 与一端口等效电阻 R_{eq} 最佳匹配。此时，负载 R_L 获得的最大功率为

$$P_{max} = \frac{u_{oc}^2}{4R_{eq}}$$

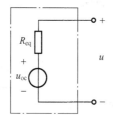 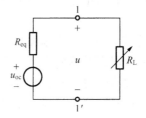

图 5.3.1　戴维宁等效电路　　　　图 5.3.2　带有负载的戴维宁等效电路

3. 设计任务

（1）根据实验原理，从理论上求取图 5.3.3 参考电路的戴维宁等效电路。

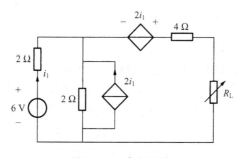

图 5.3.3　参考电路

（2）对图 5.3.3 所示电路，用仿真软件测出开路电压 u_{oc}、等效电阻 R_{eq}，并画出等效电路图。

（3）自拟表格，选取若干测量点，试用电压表和电流表分别测量图 5.3.3 和其等效电路电压、电流的数值。

（4）根据等效电路，求负载取何值时得到最大功率。

（5）自拟两种含某类受控源的电路，并设计仿真方案。利用测量手段求其电路的开路电压，并通过测量电路的电压、电流，求取等效电阻。测试负载为何值时，获得最大功率。

4. 设计报告要求

（1）分析最大功率传输原理。

（2）针对设计任务（3）和任务（5）设计方案，绘制表格，记录数据。

（3）对设计任务（5），求取其最大功率。

（4）比较仿真结果和理论计算结果，并分析误差原因。

（5）总结对含有受控源的电路求取戴维宁等效电路的特点和注意事项。

5.4　数字模拟信号转换器的设计

1. 设计目的

（1）掌握理想运算放大器的工作原理。

（2）掌握梯形电路的分析方法。

（3）通过具体的梯形电路实现数字信号到模拟信号的转换。

2. 设计原理

（1）理想运算放大器的工作原理

图 5.4.1 所示为理想运算放大器电路工作原理示意图。理想运算放大器应满足两个规则。

规则 1：流入倒向端的电流和非倒向端的电流均为零，即 $i_- = i_+ = 0$。

规则 2：对于公共端（地），倒向输入端的电压和非倒向输入端的电压相等，即 $u_- = u_+$。

由规则 1 和规则 2，对图 5.4.1 电路，可得

$$\frac{u_o}{u_i} = -\frac{R_f}{R}$$

（2）数模转换器的工作原理

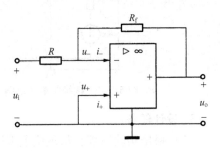

图 5.4.1　理想运算放大器电路

在实际设计电路时，经常要将数字信号转换为模拟信号输出。根据数字信号的位数不同，数模转换器有一级数模转换器、二级及以上数模转换器。仿真电路图 5.4.2 所示电路为一级数字模拟信号转换电路。其中，左端是由电阻和电压源组成的一级梯形电路，可知，该梯形电路的等效电阻为 1 Ω。当电压源 $u_S = 1\,V$ 时，此时相当于输入信号为二进制的数字量"1"，对应输出的模拟量为 1 V；如果当电压源 $u_S = 0\,V$ 时，相当于输入信号为二进制的数字量"0"，对应输出的模拟量为 0 V。第一个运算放大器为负反馈电路，其放大倍数为 2。第二个运算放大器是反相器电路，其放大倍数为 1，目的是使输出的模拟电压和实际数字信号表示的方向为同向。

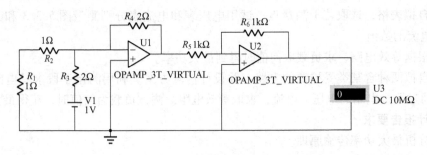

图 5.4.2　一级数字模拟信号转换仿真电路图

仿真电路图 5.4.3 所示为二级数字模拟信号转换电路。在该电路中，输入的数字量为"11"，对应的输出模拟量为 3 V。注意比较二级数模转换器和一级数模转换器有哪些异同之处。对于三级以上数字模拟信号转换电路的分析与此类似。不同级数的数字模拟信号转换器

可适当增添梯形电路，以实现不同级数的转换。此时，要注意负反馈电阻 R_f 的选取。

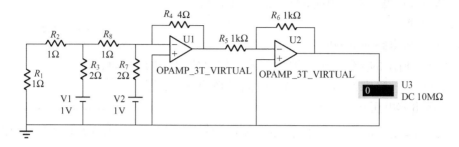

图 5.4.3　二级数字模拟信号转换仿真电路图

3. 设计任务

（1）仿真电路图 5.4.4 所示为四级数字模拟信号转换电路，对其进行实验仿真。例如，图中输入信号为 0111 时，对应的模拟输出为 7 V，即 $0 \times 2^3 + 1 \times 2^2 + 1 \times 2^1 + 1 \times 2^0 = 7$，从而实现了二进制数字量到模拟量的转换。

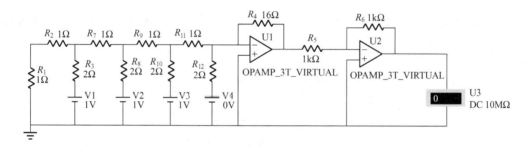

图 5.4.4　四级数字模拟信号转换仿真电路图

（2）自拟设计方案，分别绘出三级、五级数字模拟信号转换电路图（注意运算放大器偏置电压的设置），并绘出数字模拟信号转换的对应表格。

（3）试设计一个 n 级数模转换电路，在此电路中，能分别实现一级、二级，…，n 级转换器。

4. 设计报告要求

（1）绘制设计任务（1）和任务（2）的表格，记录数据，分析结果。

（2）以三级数模转换器为例，分析其工作原理。

（3）分析三级梯形电路的等效电阻及运算放大器的放大倍数。

（4）分析反馈电阻 R_f 的取值在数字模拟转换电路中与级数的关系。

（5）分析模拟输出电压与运算放大器中的反馈电阻及梯形电路等效电阻之间的关系。

5.5　波形发生器的设计

1. 设计目的

（1）掌握差动输入时的运算放大器的工作原理。

（2）掌握动态电路的三要素分析方法。

（3）深入了解方波和三角波波形发生器的工作原理。

（4）掌握波形发生器的周期和参数之间的关系。

2. 设计原理

（1）RC 一阶电路的全响应

如图 5.5.1 所示的 RC 一阶电路中，若已知电容电压的初始值为 $u_C(0_+)$，稳态值为 $u_C(\infty)$，时间常数为 τ，根据三要素法，则电容电压 $u_C(t)$ 为

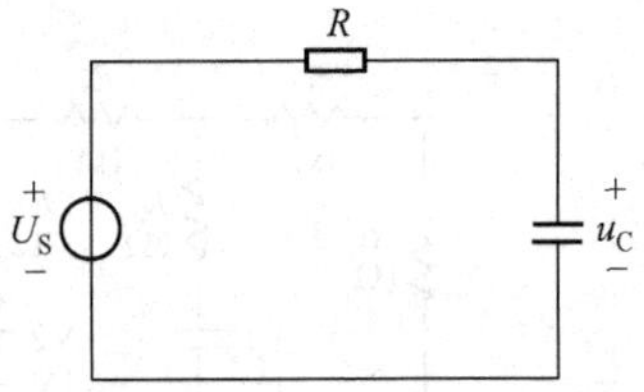

$$u_C(t) = u_C(\infty) + [u_C(0_+) - u_C(\infty)] e^{-\frac{t}{\tau}}$$

图 5.5.1　RC 一阶电路

（2）方波发生器的工作原理

在图 5.5.2 所示的方波发生器的工作原理示意图中，比较器输出有两种可能，即 U_{OH} 或 U_{OL}。该方波发生器的工作原理为：输出电压 U_O 引起 RC 电路充电或者放电，即电容上电压 u_C 升高或降低。而电容电压 u_C 又同时作为比较器的控制信号，来控制 U_O 的状态翻转。U_O 的跳变又进而控制电容上的电压 u_C 进行充电或者放电，如此进入循环状态，因此在比较器的输出端可以得到周期性的输出信号。选择不同的参数与结构，可得到宽窄不同的方波（矩形波）输出信号。方波（矩形波）发生器的占空比为 $\frac{t_u}{T}$，t_u 为脉冲波幅度大于 0 的脉宽，T 为周期。

图 5.5.2　方波发生器原理示意图

在图 5.5.3 所示电路中，设初始电容电压 $u_C(0_+) = 0\text{V}$，此时 $u_C(t) = u_- = 0\text{V}$，$u_o = +U_Z$，此时输出端电压 u_o 通过电阻 R 向电容 C 充电，$u_C(t)$ 以指数规律增大，趋向于 $+U_Z$。当 $u_C(t) = u_-$ 上升并超过 $u_+ = +\dfrac{R_1}{R_1 + R_2} U_Z$ 时，输出电压 u_o 的状态翻转，u_o 从 $+U_Z$ 跳变至 $-U_Z$，此时电容 C 开始放电，$u_C(t)$ 开始以指数规律下降，并趋向于 $-U_Z$。当 $u_C(t) = u_-$ 下降并低于 $u_+ = -\dfrac{R_1}{R_1 + R_2} U_Z$ 时，输出电压 u_o 的状态再次翻转，u_o 从 $-U_Z$ 跳变至 $+U_Z$，u_o 经电阻 R 对电容 C 再次充电，周而复始进入循环。对于 $t = 0$ 时的 $u_o(0_+) = +U_Z$ 电压获取，可利

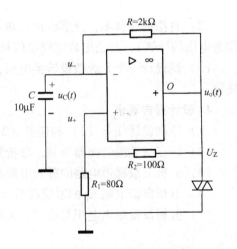

图 5.5.3　方波发生器电路图

用外加电源通过开关电路在 $t = 0$ 时对 O 点输入一个电压，使之 $u_o(0_+) = +U_Z$ 随后立即将外加电源断开。当把外加电源断开后，可利用示波器观察输出电压 u_o 和电容电压 $u_C(t)$ 的波形如图 5.5.4 所示。

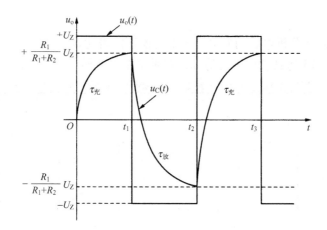

图 5.5.4　输出电压 $u_{\mathrm{o}}(t)$ 和电容电压 $u_{\mathrm{C}}(t)$ 的波形

结合图 5.5.3 及图 5.5.4，分别分析在充电状态以及放电状态下的电容电压 $u_{\mathrm{C}}(t)$ 的全响应，比较二者的关系可得到周期 T 和电路参数之间的关系。

在 $t_1 \sim t_2$ 放电期间，电容电压 $u_{\mathrm{C}}(t)$ 的表达式为

$$u_{\mathrm{C}}(t) = u_{\mathrm{C}}(\infty) + \left[u_{\mathrm{C}}(t_{1+}) - u_{\mathrm{C}}(\infty) \right] \mathrm{e}^{-\frac{t-t_1}{\tau_{放}}}$$
$$= (-U_Z) + \left[\frac{R_1}{R_1 + R_2} U_Z - (-U_Z) \right] \mathrm{e}^{-\frac{t-t_1}{\tau_{放}}}$$

当 $t = t_2$ 时，电容电压 $u_{\mathrm{C}}(t_2)$ 为 $u_{\mathrm{C}}(t_2) = -\dfrac{R_1}{R_1 + R_2} U_Z$。

在 $t_2 \sim t_3$ 充电期间，电容电压 $u_{\mathrm{C}}(t)$ 为

$$u_{\mathrm{C}}(t) = u_{\mathrm{C}}(\infty) + \left[u_{\mathrm{C}}(t_{2+}) - u_{\mathrm{C}}(\infty) \right] \mathrm{e}^{-\frac{t-t_2}{\tau_{充}}}$$
$$= U_Z + \left[\left(-\frac{R_1}{R_1 + R_2} U_Z \right) - U_Z \right] \mathrm{e}^{-\frac{t-t_2}{\tau_{充}}}$$

当 $t = t_3$ 时，电容电压 $u_{\mathrm{C}}(t_3)$ 为 $u_{\mathrm{C}}(t_3) = \dfrac{R_1}{R_1 + R_2} U_Z$。

由于在电容充放电时，电路的结构和参数不变，即电路的充放电时间常数相同。对以上两个表达式进行化简，可得

$$\left. \begin{aligned} t_2 - t_1 &= \tau_{放} \ln 2 \left(1 + \frac{R_1}{R_2} \right) \\ t_3 - t_2 &= \tau_{充} \ln 2 \left(1 + \frac{R_1}{R_2} \right) \end{aligned} \right\} \tau_{充} = \tau_{放} = RC$$

$$t_3 - t_2 = t_2 - t_1 = \frac{1}{2} T$$

所以

$$T = 2RC \ln 2 \left(1 + \frac{R_1}{R_2} \right)$$

3. 设计任务

（1）试用三要素法分析电容的充电、放电时电压的表达式。

（2）用 Multisim 13 仿真软件进行仿真，并画出结果波形。图5.5.5所示为参考波形图。

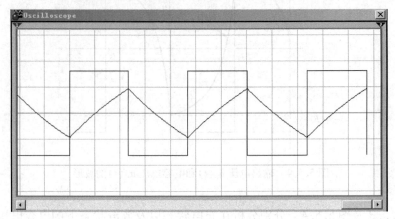

图5.5.5　方波发生器的输出电压和电容电压的仿真波形

（3）改变方波发生器中的电阻或电容的值，即改变时间常数，观察充放电的快慢情况，与理论分析进行比较。

（4）选择合适的参数，仿真图5.5.6所示的三角波发生器的输出波形（注意在观察输出电压 $u_o(t)$ 之前，在 A 点外加一个输入电压 u_S，使之运算放大器有输出电压，然后断开输入电压 u_S，通过示波器观察输出端波形的变化）。试设计一种或多种其他类型的三角波发生器。

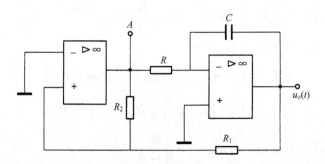

图5.5.6　三角波发生器电路

4. 设计报告要求

（1）通过设计任务（1）的结果推导方波发生器的周期 T 和频率 f 的数值表达式。

（2）改变电路参数，仿真出宽窄不同的方波输出信号。

（3）设计出三角波发生器电路，并进行 Multisim 13 仿真，说明三角波发生器的工作原理。

（4）改变三角波发生器的元件参数，观察波形的变化情况。

5.6　简易白炽灯调光器的设计

1. 设计目的

（1）了解 RC 低通滤波器抑制谐波的作用。

（2）理解电容 C 对幅频特性的影响。

（3）练习自拟实验方案和实验电路。

2. 设计原理

利用一个整流二极管和可变电容实现白炽灯的多级调光，其电路原理图如图5.6.1所示。电源 V_2 为图5.6.2所示的正弦波电压源，VD_8 为整流二极管，C 为可变电容，R_1 是灯泡的阻值。在电容 $C=0$ 情况下，电源 V_2 的正弦波经二极管整流后的波形如图5.6.3所示。从图中可以看出，半波整流波形是一个脉动很严重的信号，它含有丰富的谐波分量，而直流成分很小。从而使灯泡两端的电压很低，致使灯泡较暗。

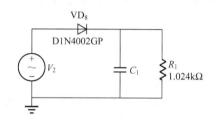

图5.6.1　简易调光灯的电路原理图

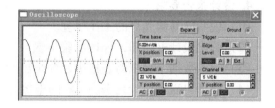

图5.6.2　电压源 V_2 的波形图

并联电容后，当电源波形上升时，电容 C 经二极管充电；当电源波形下降时，二极管反向截止，电容经灯泡放电；电源波形再次上升并大于电容电压时，电容又被充电。这样周而复始地充、放电，使灯泡上的脉动波形趋于平缓。直流成分占的比重增大，谐波被抑制。

电容越大波形越接近直流，滤波的效果越好，灯泡电压的直流成分越大，灯泡就越亮。选用不同的电容即可得到白炽灯不同的亮度，从而达到调光的目的。图5.6.4、图5.6.5和图5.6.6是电容取不同参数时的灯泡两端的电压波形。

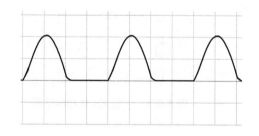

图5.6.3　经整流后的波形

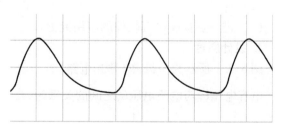

图5.6.4　$C=6.8\,\mu F$ 时灯泡两端的电压波形

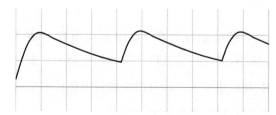

图5.6.5　$C=40\,\mu F$ 时灯泡两端的电压波形

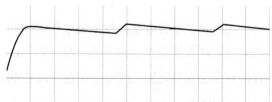

图5.6.6　$C=250\,\mu F$ 时灯泡两端的电压波形

3. 设计任务

（1）利用 Multisim 13 进行计算机辅助分析

① 选取 40 W 白炽灯的阻值作为 R_1 的参数，电源电压的参数为 31 V。取不同的电容参数使灯泡两端的电压分别为 10 V、13 V、18 V、22 V，计算满足设计要求的电容值和对应的波形图，画出不同电容参数时对应的幅频特性曲线。

② 分别选取 25 W 和 60 W 白炽灯的阻值作为 R_1 的参数，重复①步骤。

（2）实际测试

① 设计要求：灯泡上的电压依次为 100 V、130 V、180 V、220 V。

② 自拟实验电路。电源取 220 V 的市电，灯泡的瓦数可任选，电容参数的改变可利用开关来切换，电容的参数可参考计算机仿真的结果选取。

③ 自拟实验步骤和实验表格。在观察灯泡亮度的同时，测试并记录灯泡两端的电压。

4. 设计报告要求

（1）说明简易调光灯的工作原理。

（2）画出设计电路图，详述实验步骤。

（3）记录数据于自拟的表格中，并画出所观察到的波形图。

（4）设计出满足设计任务（1）的电容参数，比较不同灯泡情况下设计电容参数有何不同。

（5）选择 4 个不同的电容参数值，分别画出对应的幅频特性曲线。

（6）分析计算机设计的结果和实际测试的结果有何不同，并说明原因。

5.7 阻容移相装置的设计

1. 设计目的

（1）通过设计阻容移相装置电路，加深对正弦交流电路中阻抗、相位差等概念的理解。

（2）通过仿真实验，加深对交流梯形电路的理解。

（3）进一步提高仿真软件的应用能力。

2. 设计原理

图 5.7.1 所示为一级 RC 移相电路。

电容电压 $\dot{U}_C$ 与电源电压 $\dot{U}_S$ 之间的关系为

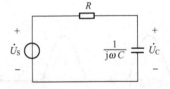

图 5.7.1 一级 RC 移相电路图

$$\frac{\dot{U}_C}{\dot{U}_S} = \frac{\dfrac{1}{j\omega C}}{R + \dfrac{1}{j\omega C}} = \frac{1}{1 + j\omega CR} = \frac{1}{\sqrt{1 + (\omega CR)^2}} \underline{/-\arctan(\omega CR)}$$

上式反映了电容电压 $\dot{U}_C$ 与电源电压 $\dot{U}_S$ 之间存在一定的相位关系。电阻 R 和电容 C 取不同的数值，该装置的相位会有所不同。例如，固定电阻 R，调节电容 C 取不同数值时，整个装置的相位也会随之发生改变。因此合理选取电阻 R 或电容 C，即可控制电容电压 $\dot{U}_C$ 和电源电压 $\dot{U}_S$ 的相位差，达到所需要的相位设计要求。阻容移相装置名称由此而来。

同理，图 5.7.2 所示为三级交流 RC 阻容移相装置电路。当电阻和电容取不同数值时，该电路亦呈现不同的相位特性。若分析电容电压 $\dot{U}_C$ 和电源电压 $\dot{U}_S$ 之间的相位关系，可根据该电路为交流梯形电路的特点，采用梯形电路的倒退法，利用齐性定理进行求解。

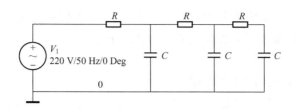

图 5.7.2　三级交流 RC 阻容移相装置电路

3. 设计任务

图 5.7.3 所示为三级阻容移相装置的仿真电路图。

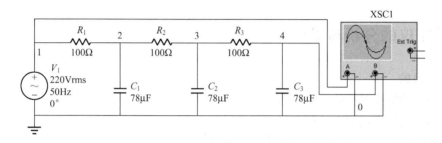

图 5.7.3　三级阻容移相装置的仿真电路图

在图 5.7.3 所示的仿真电路中的示波器 A、B 两个通道分别接到电源输入端和电容的输出端，当电阻取 $R = 100\ \Omega$，电容 $C = 78\ \mu F$ 时，示波器所显示出的输出波形与输入波形恰好反相（如图 5.7.4 所示）。

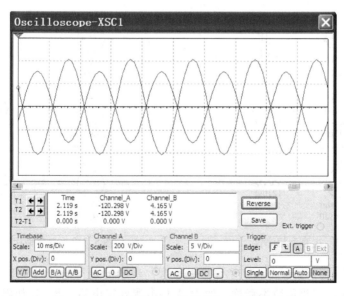

图 5.7.4　三级阻容移相装置的输入和输出波形

（1）说明三级阻容移相装置的工作原理。

（2）如果要求图 5.7.2 中电容电压 $\dot{U}_C$ 滞后电源电压 $\dot{U}_S$ 的相位角为 π（即反相），R、C 数值应如何选择？

（3）如果要求图5.7.2中R和C的位置互换，又如何选择R、C？

（4）如果电路为四级梯形阻容移相装置，重复任务（2）。

4. 设计报告要求

（1）说明阻容移相装置的工作原理。

（2）针对设计任务（2）的要求，确定R、C的参数，并画出电容电压$u_C(t)$和电源电压$u_S(t)$的波形图。

（3）绘出任务（3）中，R和C互换位置后的仿真波形，并给出具体参数。

（4）试用齐性定理分析三级阻容移相装置的电容电压$\dot{U}_C$和电源电压$\dot{U}_S$之间的关系。

5.8 相序仪的分析与设计

1. 设计目的

（1）深入理解相序仪的工作原理。

（2）学会用相序仪测定三相电路的相序。

（3）学习用计算机仿真的方法寻找最佳参数。

2. 设计原理

在供电系统中，经常采用相序仪测定三相电路的相序。实用的相序仪种类很多，最基本的是如图5.8.1所示的电容–灯泡指示型相序仪和图5.8.2所示的电感–灯泡指示型相序仪。

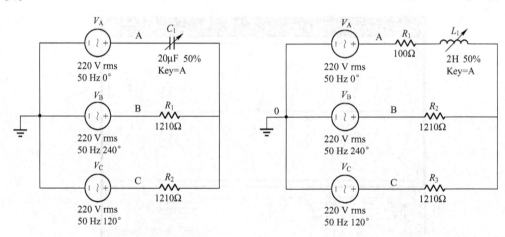

图5.8.1　电容型相序仪　　　　　　　图5.8.2　电感型相序仪

如图5.8.1所示的电容–灯泡指示型相序仪，采用的是三相三线制的不对称电路，其中，三相电源对称，三相负载不对称。假设A相电源连接电容，B、C相电源分别连接功率相同的灯泡（图中用电阻R来模拟）。此电路的工作原理为：根据灯泡的亮度来确定电源的相序，即在不对称三相电路中，当中性点发生位移时，三相负载电压不再对称，由此引起两只灯泡的亮度不同。假设是正相序的电源，设：$\dot{U}_A = U\underline{/0°}$ V，$\dot{U}_B = U\underline{/-120°}$ V，$\dot{U}_C = U\underline{/120°}$ V，可计算出中性点电压$\dot{U}_{n0}$为

$$\dot{U}_{n0} = \frac{j\omega C \dot{U}_A + \dfrac{\dot{U}_B + \dot{U}_C}{R}}{j\omega C + \dfrac{2}{R}} = U_{n0}\underline{/\theta_{n0}}$$

则 B、C 相负的载电压分别为

$$\dot{U}_{bn} = \dot{U}_B - \dot{U}_{n0} = U_{bn}\underline{/\theta_{bn}}$$

$$\dot{U}_{cn} = \dot{U}_C - \dot{U}_{n0} = U_{cn}\underline{/\theta_{cn}}$$

中性点电压 $\dot{U}_{n0}$ 位移越大，三相负载电压的不对称性越严重，从而灯泡的明暗程度越明显。当电容取不同参数时各相电压的相量图如图 5.8.3 所示。图 5.8.3a 为电容 $C=0$ 的情况，中性点电压 $\dot{U}_{n0}$ 的相位 $\theta_{n0}=180°$，两灯泡电压有效值相等，亮度相同。图 5.8.3b 为电容 $C=\infty$ 时的情况，$\theta_{n0}=0°$，两灯泡电压有效值相等，亮度相同。以上两种极端情况下电路均无法指示相序。当 C 取大于 0 的有限参数时，中性点电压 $\dot{U}_{n0}$ 的相位为 $180° > \theta_{n0} > 0°$，这种情况下，$U_{cn} \neq U_{bn}$，如图 5.8.3c、5.8.3d 所示，两灯泡有不同的亮度，可用电路的这一特性来指示相序。根据图 5.8.3c、5.8.3d，由此可以判断：当 A 相接电容时，则灯泡较亮的为 B 相，较暗的为 C 相。

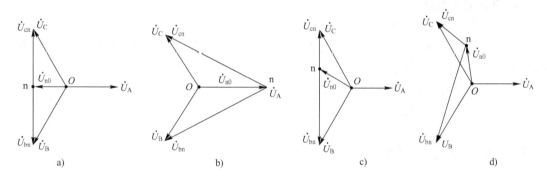

图 5.8.3 电容型相序仪在几种情况下的相量图

a) $C=0$, $\theta_{n0}=180°$　b) $C=0$, $\theta_{n0}=0°$

c) $C\neq0$, $\theta_{n0}>120°$　d) $C\neq0$, $\theta_{n0}<120°$

同理，可对电感型相序仪作类似分析。

3. 设计任务

（1）选择不同的参数，用 Multisim 进行仿真

图 5.8.1 和图 5.8.2 所示的仿真电路，对三相负载来说，当电阻 R 的参数不变时，电容 C（或电感 L）取不同参数均会对电阻上的电压产生影响。从以上对相序原理的分析可知，使两灯泡电压不同的关键是电容参数 C（或电感参数 L）的作用。

为了说明电路的元件参数对确定相序的作用，可分别固定电阻 R，改变电容 C（或电感 L），或固定电容 C（或电感 L），改变电阻 R 进行仿真。

① 固定电阻参数，调整电容参数。对图 5.8.1 所示电路，取 $R=1\,210\,\Omega$（一个 40 W 的灯泡），当可变电容 C 进行变化时，利用电压表和示波器分别测量各相负载的电压及中性点电压的有效值及其相位，绘制出相量图。

② 固定电容参数，调整电阻参数。对图 5.8.1 所示电路，取可变电容 C 为一定数值（取值范围可在负载电压有效值变化较快的区域内，即 1 nF ~ 20 μF 之间），分别取电阻为：$R = 1\,210\,\Omega$（一个 40 W 的灯泡）、$R = 1\,936\,\Omega$（一个 25 W 的灯泡）、$R = 3\,227\,\Omega$（一个 15 W 的灯泡）、$R = 806\,\Omega$（一个 60 W 的灯泡）、$R = 484\,\Omega$（一个 100 W 的灯泡）、$R = 2\,420\,\Omega$（两个 40 W 的灯泡串联）共 6 种情况，来观察 $u_C(t)$ 的变化曲线，并对曲线进行分析。

③ 固定电阻参数，改变电感参数。对图 5.8.2 所示电路，取 $R = 1\,210\,\Omega$（一个 40 W 的灯泡），当可变电感 L 变化时，利用电压表和示波器分别测量各相负载的电压及中性点电压的有效值及其相位，绘制出相量图。

（2）分析 Multisim 仿真结果

① 从理论上分析图 5.8.1 电容型相序仪和图 5.8.2 电感型相序仪两种电路的参数范围。

② 从工程实用的角度来看，由于灯泡的额定电压是 220 V，超出额定电压会减少灯泡的寿命，甚至会立即烧毁，因此分析并计算上述两种相序仪的工程实用的参数选取范围。

（3）对相序仪进行实验测试

① 测试灯泡发出可见光的最小电压。

② 根据上述仿真的分析结果，自拟实验方案，对图 5.8.1 和图 5.8.2 所示电路在不同参数下进行实验。

4. 设计报告要求

（1）分析相序仪的原理。

（2）绘出设计任务（1）的各相负载的电压及中性点电压波形图，计算并绘制其相量图。依次选出理论上和工程上合理的参数，并给出详细的说明。

（3）对设计任务详述自拟的方案，绘制表格，记录数据，分析结果。

（4）比较并分析仿真与设计结果的差别。

5.9 RC 低通滤波器频率特性设计

1. 设计目的

（1）研究 RC 电路在非正弦周期信号输入下的低通滤波特性。

（2）观测 RC 电路在周期脉冲信号输入下的幅频特性和相频特性。

（3）观察 RC 电路对周期脉冲序列的瞬态响应。

（4）了解电压跟随器的工作特性。

2. 设计原理

（1）网络函数

如图 5.9.1 所示 RC 电路，其网络函数为

$$H(j\omega) = \frac{\dot{U}_C}{\dot{U}_S} = \frac{\dfrac{1}{j\omega C}}{R + \dfrac{1}{j\omega C}} = \frac{1}{1 + j\omega RC}$$

$$= \frac{1}{\sqrt{1 + (\omega RC)^2}} \underline{/-\arctan(\omega RC)}$$

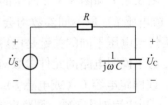

图 5.9.1 RC 电路

根据网络函数的幅频特性和相频特性可知，RC 电路的网络函数的幅值为

$$|H(j\omega)| = \frac{1}{\sqrt{1 + (\omega RC)^2}}$$

其相位为

$$\arg H(j\omega) = -\arctan(\omega RC)$$

二者都是频率的函数，会随频率发生变化。本设计即为研究在不同频率电源作用下 RC 电路的幅频响应和相频响应。

（2）电压跟随器

图 5.9.2 所示电路为电压跟随器。电压跟随器的输出电压 u_0 总是等于输入电压 u_n，同时，因为 $i_i = 0$，输入电阻 R_i 看作无穷大。此电路的输出电压完全"重复"输入电压，故称为电压跟随器。又由于输入电阻 R_i 为无穷大，所以它又能起到很好的"隔离作用"。

图 5.9.2　电压跟随器

3. 设计任务

研究如图 5.9.3 所示的 RC 仿真电路的低通滤波特性。在此图中包含了两组电压源输入，其中一组电压源为非正弦周期信号的输入，它是由两个不同频率的正弦交流电压源合成，其中一个为有效值为 5 V、频率为 60 Hz 的正弦交流电压源，另一个为有效值为 1 V、频率为 2 kHz 的正弦交流电压源，由两个不同频率的正弦量组合而形成一个非正弦周期信号的输入；另一组电压是幅度为 5 V、频率 50 Hz、占空比为 50% 的周期脉冲电压源（时钟源）。两组电压源用开关来回进行切换。通过两种输入分别研究 RC 电路的幅频特性和相频特性。

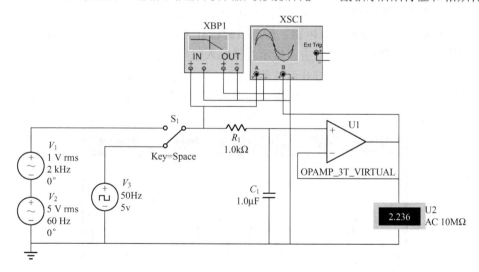

图 5.9.3　RC 电路的仿真电路图

（1）测试在周期脉冲信号输入下的 RC 电路的频率特性曲线

在进行周期脉冲信号输入下的 RC 电路的仿真实验时双击波特图仪图标打开其面板，然后单击电源启动开关，这时可在波特图仪的显示屏幕上观看到电路的幅度频率特性和相位频率特性曲线。对于图 5.9.3 所示的 RC 电路在周期脉冲信号输入下的幅度频率特性和相位频率特性曲线分别由图 5.9.4 和图 5.9.5 所示。

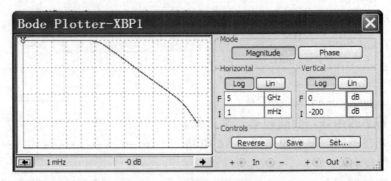

图 5.9.4　RC 电路的幅频响应曲线

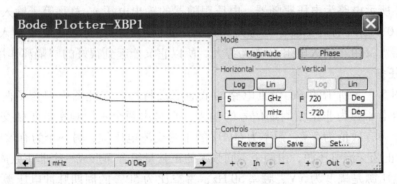

图 5.9.5　RC 电路的相频响应曲线

（2）观测在非正弦周期信号输入下的 RC 电路的滤波效果

对于图 5.9.3 所示的 RC 仿真电路，按空格键将开关连接到由两个正弦量组合形成的一个非正弦周期信号源的输入上。双击连接示波器输入的导线，将两个通道的输入导线设置成不同的颜色以便于波形的观察。打开示波器面板，启动电路电源开关，这时在示波器上可以看到如图 5.9.6 所示的两种波形。其中输入波形为 60 Hz 正弦波被叠加上 2 kHz 小幅度的正弦波而合成起来的波形。而在输出波形中，2 kHz 小幅度正弦波成分已经基本被滤除。

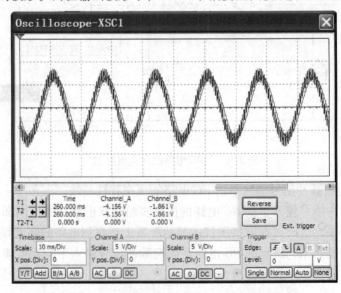

图 5.9.6　RC 电路在非正弦输入时的输出波形曲线

（3）观察 RC 电路对周期脉冲序列的瞬态响应

按空格键将开关连接到周期脉冲信号源上。启动电源仿真开关，这时在示波器上可以看到如图 5.9.7 所示的两种波形。其中输入波形为周期方波，输出波形为按指数规律上升、下降的脉冲序列。改变输入脉冲波的频率，可以看到输出波形的形状发生变化。

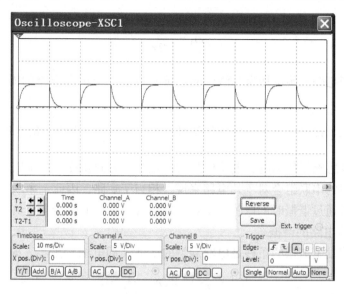

图 5.9.7　RC 电路在周期脉冲输入时的输出波形曲线

4. 设计报告要求

（1）说明电压跟随器的工作原理和作用。

（2）对图 5.9.3 所示的 RC 仿真电路，改变电容 C 或电阻 R 的参数，用 Multisim 的仿真仪器分别绘出在周期脉冲信号输入下的幅频曲线和相频曲线。

（3）在周期脉冲信号输入下，总结电容 C 在低通滤波电路中的作用。

（4）取电阻上的电压为输出，选择合适参数，用 Multisim 的仿真仪器绘出相应的幅频曲线和相频曲线，并说明该电路的滤波特点。

（5）选择合适的电阻、电容、电感元件，设计电路，绘出高阶电路的幅频曲线和相频曲线。

5.10　非正弦周期信号的滤波设计

1. 设计目的

（1）掌握非正弦周期信号组成特点。

（2）加深理解串联、并联、串并联谐振的概念。

（3）了解通过谐振的方法来达到滤波的目的。

2. 设计原理

滤波可分为无源滤波和有源滤波。单纯由电感电容元件组成的滤波器，称为无源滤波。简单的有 RLC 串联滤波、RLC 并联滤波或由 RLC 组成的串并联滤波。无源滤波的方法是利用电感、电容元件对不同频率信号的阻抗不同的特点，以及谐振的理论来达到滤波的目的。

（1）*RLC* 串联电路的谐振

RLC 串联电路发生谐振的条件是电路阻抗的虚部（即电抗）为零。即

$$\text{Im}\left[Z(j\omega)\right] = \omega L - \frac{1}{\omega C} = 0$$

则

$$\omega_0 = \frac{1}{\sqrt{LC}}$$

上式表明了当电路外施电压源 $\dot{U}_S$ 激励的角频率 ω_0，正好等于电路的固有角频率 $\frac{1}{\sqrt{LC}}$ 时，

电路就发生了谐振，此时，电路中的电流达到最大，$\dot{I}_0 = \frac{\dot{U}_S}{R}$，电阻上的电压 $\dot{U}_R$ 等于外加电压

源的电压 $\dot{U}_S$。而电感电压 $\dot{U}_L$ 和电容电压 $\dot{U}_C$ 的大小相等，方向相反，互相抵消，即 $\dot{U}_L + \dot{U}_C = 0$。此时，电感和电容的串联组合对于外电路来说，相当于短路，因此，串联谐振又称为短路谐振。外界输入信号通过谐振时的电感和电容串联组合将全部能量传送至负载。

（2）*RLC* 并联电路的谐振

RLC 并联电路发生谐振的条件是电路导纳的虚部（即电纳）为零。即

$$\text{Im}\left[Y(j\omega)\right] = \omega C - \frac{1}{\omega L} = 0$$

则

$$\omega_0 = \frac{1}{\sqrt{LC}}$$

上式表明了当电路外加电流源 $\dot{I}_S$ 激励的角频率 ω_0 正好等于电路的固有角频率 $\frac{1}{\sqrt{LC}}$ 时，

电路就发生了谐振，此时，电路的两端电压达到最大 $\dot{U}_0 = \frac{\dot{I}_S}{G}$，电阻中的电流 $\dot{I}_G$ 等于外加电流

源的电流 $\dot{I}_S$。而电感电流 $\dot{I}_L$ 和电容电流 $\dot{I}_C$ 的大小相等，方向相反，互相抵消，即 $\dot{I}_L + \dot{I}_C = 0$。此时，电感和电容的并联组合对于外电路来说，相当于断路，因此，并联谐振又称为断路谐振。外界输入信号无法通过谐振时的电感和电容并联组合将能量传送至负载。

（3）*RLC* 串并联电路的谐振

RLC 电路在串并联的情况下发生谐振的条件仍是等效阻抗或导纳的虚部为零。不同电路的固有谐振频率有所不同。此时，可根据具体连接特点来分析电路能量的传送过程。

要发生谐振可通过改变外加电源的频率或改变电路元件参数来实现。本设计主要研究在非正弦周期信号作用下的电路滤波，实际上就是在不同频率电源的作用下，让电路发生不同类型的谐振从而实现滤波的目的。

在非正弦周期电流电路中，电源由基波和高次谐波组成。可分别计算出每个频率下的阻抗，如果在某一频率下，电路的阻抗正好满足发生某种谐振的条件，电路即对应发生某种谐振，因此可根据谐振的特点来达到滤波的要求。例如，电路在某一频率下发生谐振，根据此时电路的结构、参数和谐振的特点，从而实现信号的通过或抑制。

3. 设计任务

（1）已知输入电压源电压含基波和三次谐波分量，试设计一个无源滤波器，使得电路将基波分量阻隔而三次谐波分量能全部到达负载。该滤波器由电感、电容和电阻组成。合理设计元件参数，电感和电容数量不限。

（2）设计一种无源滤波器使基波全部到达负载，而三次谐波分量被抑制，该无源滤波器元件参数又将如何选取？

（3）已知输入电压源电压是由基波、三次谐波和五次谐波分量组成，试设计一个无源滤波器，使得电路将三次谐波分量被阻隔而五次谐波分量能全部到达负载。该滤波器可由电感、电容和电阻组成。合理设计元件参数，电感和电容数量不限。

图 5.10.1 所示电路给出了一个可行的参考电路。由电路理论分析可知，LC 并联部分对基波频率发生了并联谐振，此时基波分量得到抑制，整个滤波器对三次谐波频率发生串联谐振，此时三次谐波的输入能量全部传送至负载。图 5.10.2 是该电路的电压仿真结果波形，该示波器显示的是电压源电压（A 通道）和负载上的电压（B 通道）两种波形。从图 5.10.2 中可见，负载上的电压波形基本上是电压源电压中的三次谐波分量，满足实验任务（1）的要求。

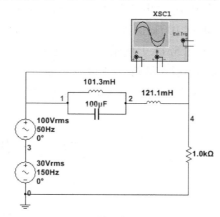

图 5.10.1　滤波器仿真电路图

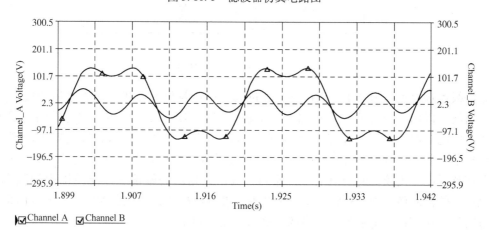

图 5.10.2　滤波器电源和负载的电压波形

4. 设计报告要求

（1）以设计任务（1）或（2）的滤波器为例，试说明工作原理。

（2）自拟电路，满足设计任务（1）要求，绘出仿真电路，并画出滤波后的波形。

（3）自拟电路，满足设计任务（2）要求，绘出仿真电路，并画出滤波后的波形。

（4）总结采用无源滤波方法的特点。

5.11　电压－频率及电流－电压转换电路的设计

1. 设计目的

（1）掌握电压－频率、电流－电压转换电路的工作原理及设计方法。

（2）掌握电路参数的调整方法。

2. 设计原理

（1）电压－频率转换电路

电压－频率转换电路的功能是将输入直流电压转换成频率与其数值成正比的输出电压，故称为电压控制震荡电路，简称压控震荡电路。可以认为电压－频率转换电路是一种模拟量到数字量的转换电路。压控震荡电路的用途较广。为了使用方便，一些厂商将压控震荡电路做成模块，有的压控震荡电路模块输出信号的频率与输入电压幅值的非线性误差小于0.02%，但振荡频率较低，一般在100 kHz以下。

典型电压－频率转换电路如图5.11.1所示，当输入信号 u_i 为直流电压时，输出电压 u_o 将出现与其有一定函数关系的频率震荡波形（三角波），u_{o1} 产生矩形波。通过改变输入电压 u_i 的大小来改变输出波形频率，从而实现将输入电压参量转换成输出频率参量。该电路的工作原理为

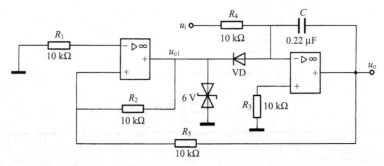

图5.11.1　电压－频率转换电路

第一级运算放大器为产生方波电路，经过第二级运算放大器积分运算之后变成三角波，所以三角波可以用一个方波发生器加上一个积分器来实现。其中，R_2、R_5 和限幅稳压管组成了零电压比较器（滞回比较器），用来产生方波，稳压管之后的运算放大器及外围电容、电阻组成了积分器。调整积分电路 R_4、C 的积分常数，即可调整输出三角波的频率；调整 R_5 即可调整零电压比较器的阈值电压，即调整输出三角波的幅值和一定范围内的频率；调整零电压比较器的稳压管的稳幅输出，可调整方波输出幅值，在积分时间常数不变时可以改变积分时间，从而在一定范围内适当调整输出三角波频率。

（2）电流－电压转换电路

电流－电压转换电路如图5.11.2所示。该电路输入几毫安至几十毫安的电流，经过一级比例放大器和一级加法器，可输出 ±10 V 的电压信号。

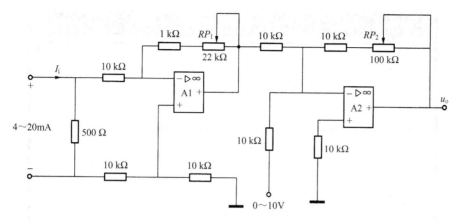

图 5.11.2　电流－电压转换电路

3. 设计任务

（1）电压－频率转换电路

① 按图 5.11.1 接线，注意输入电压 u_i 处要加入一个开关，仿真电路如图 5.11.3 所示，注意仿真电路中的运放必须用五端理想运放或实际运放（如 741 运放），且直流偏置电源不能接错方向。闭合开关，双击示波器，观察输出波形。

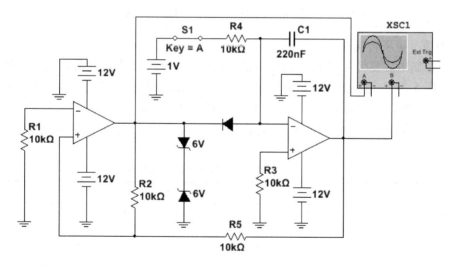

图 5.11.3　电压－频率仿真电路

输出波形的频率可用示波器测量，其计算公式为 $f = \dfrac{1}{t_2 - t_1}$，其中，t_1、t_2 为输出波形一个周期的起止时间。通过移动示波器的两个标尺，获得波形起止时间，如图 5.11.4 所示。计算对应的频率，按表 5.11.1 所示内容，测量电压－频率转换关系。

表 5.11.1　电压－频率转换电路测量数据

参　　　数	数　　据					
u_i/V	0	1	2	3	4	5
f/Hz						

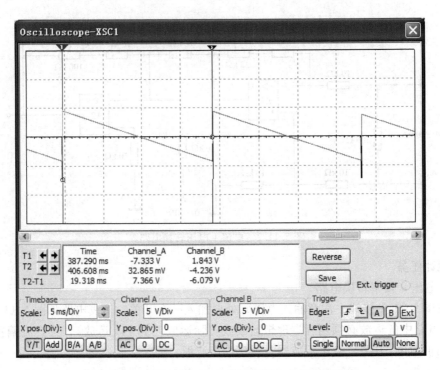

图 5.11.4　移动示波器标尺获得波形起止时间示意图

（2）电流 - 电压转换电路

在工业控制中需要将 4 ~ 20 mA 的电流信号转换成 ± 10 V 的电压信号，以便送到计算机进行处理。图 5.11.5 电路为该转换电路的仿真电路。调整滑动变阻器，以 4 mA 为满量程的 0%，对应"– 10 V"；12 mA 为满量程的 50%，对应"0 V"，20 mA 为满量程的 100%，对应"+ 10 V"。调整输入电流，测量输出电压，满足这一要求。将测量结果记入表 5.11.2 中。

表 5.11.2　电流 - 电压转换电路测量数据

参　　　数	数　　　据						
I_i/mA	0	2	4	8	12	16	20
u_{o1}/V							
u_o/V							

4. 设计报告要求

（1）指出图 5.11.1 所示电路中电容 C 的充电和放电回路。

（2）图 5.11.1 的电阻 R_4 和 R_5 的阻值如何确定？当要求输出信号幅值（峰 - 峰）为 12 V，输入电压为 3 V，输出频率为 3000 Hz 时，计算电阻 R_4 和 R_5 的值。

（3）做出电压（输入）- 频率（输出）关系曲线，分析实验原理。

（4）做出电流（输入）- 电压（输出）关系曲线。

（5）按本实验思路设计一个电压 - 电流转换电路，将 ± 10 V 电压转换成 4 ~ 20 mA 电流信号。试分析并画出电路图。

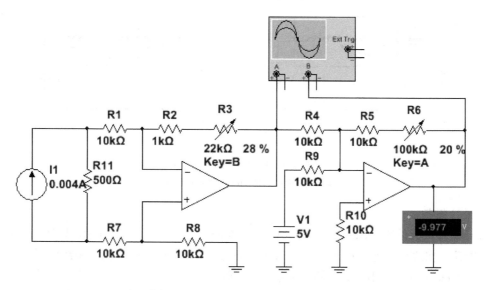

图 5.11.5　电流－电压转换仿真电路

5.12　用谐振法测量互感线圈参数的设计

1. 设计目的

（1）初步掌握设计性实验的设计思路和方法，能够正确自行设计电路，选择实验设备和元件参数。

（2）通过实验加深对 RLC 串联电路谐振的条件和特点的认识。

（3）掌握互感线圈的各种连接，理解互感系数与连接的关系。

（4）进一步熟悉示波器的使用方法。

2. 设计原理

（1）设线圈 L_1 和 L_2 的自感系数分别为 L_1 和 L_2，两个线圈之间有互感 M，测出其顺接串联与反接串联时的等效电感，即

$$L_e = L_1 + L_2 + 2M$$

$$L'_e = L_1 + L_2 - 2M$$

其中：L_e 为顺接串联时等效电感，L'_e 为反接串联时的等效电感，则可以计算互感为

$$M = (L_e - L'_e)/4$$

（2）利用电阻、电容和互感线圈可以构造 RLC 电路，如图 5.12.1 所示。根据 RLC 串联谐振电路的特点，当电路发生谐振时，参数 L、C 和谐振频率 f_0 的关系有

$$\omega_0 L = \frac{1}{\omega_0 C}, \quad L = \frac{1}{\omega^2 C} = \frac{1}{(2\pi f)^2 C}, \quad f_0 = \frac{1}{2\pi \sqrt{LC}}$$

综上，可以构建 RLC 串联电路，通过改变电源的频率，使电路发生谐振，从而求得顺接串联时等效电感 L_e 和反接串联时的等效电感 L'_e，再求出互感元件的自感系数 L_1 和 L_2 和互感 M。

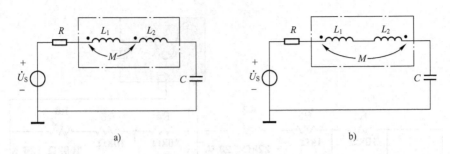

图 5.12.1 *RLC* 串联电路

a）互感顺接串联 b）互感反接串联

3. 设计任务

（1）在基本元件库 Basic 中选择 TRANSFORMER 类中的 COUPLED_INDUCTORS 互感线圈，设置其一次绕组电感（Primary coil inductance）为 $L_1 = 250\,\text{mH}$，二次绕组电感（Secondary coil inductance）$L_2 = 10\,\text{mH}$，耦合系数（Coefficient of coupling）$k = 0.8$，按图 5.12.1 接线，仿真电路如图 5.12.2 所示，取 $R = 1\,\text{k}\Omega$，$C = 4.7\,\mu\text{F}$，电压源电压有效值为 10 V，调节电源的频率，观察示波器两个波形，计算不同的电源频率时两个波形的相位差。相位差可以通过测量两个通道上波形的延时时间 Δt，则两个波形的相位差 $\varphi = \dfrac{\Delta t}{T} \times 360°$，记录数据，填入表 5.12.1 中。注意发生谐振时电压表读数应等于电压源电压的有效值。

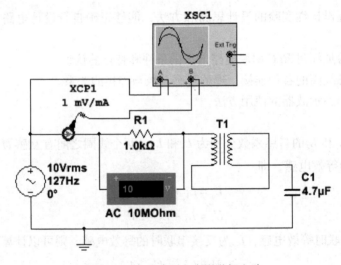

图 5.12.2 互感顺向串联谐振电路

表 5.12.1 顺向串联时不同频率波形的相位差记录表格

电源频率 f/Hz					
相位差 φ					

（2）把仿真电路图 5.12.2 的互感线圈反向串联，如图 5.12.3 所示。调节电源频率，观察示波器两个波形，计算不同的电源频率时，两个波形的相位差。记录数据，填入表 5.12.2 中。

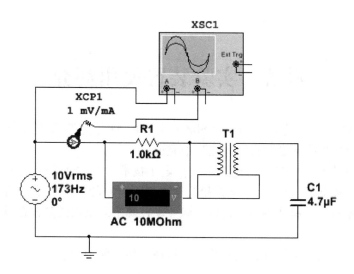

图 5.12.3 互感线圈反向串联谐振电路

表 5.12.2 反向串联时不同频率波形的相位差记录表格

电源频率 f/Hz				
相位差 φ				

4. 设计报告要求

（1）对测量数据进行分析计算，得出互感线圈的自感系数 L_1 和 L_2 互感 M。

（2）对计算出的自感系数 L_1 和 L_2、互感 M，与互感线圈的理论参数进行比较。

（3）对结果进行误差分析。

（4）书写设计总结。

附录　实验装置使用简介

本书中所有动手实验均可以在"MSDZ - 6 智能型直流综合实验箱"和"GDDS - 2C. NET 电工与 PLC 智能网络型实验系统"中完成。

该组合系统是依据"电路"、"电工学"、"电工技术"及"工厂电气控制技术"等课程的实验教学要求，面向 21 世纪人才培养和教学改革而研制的智能网络型的实验设备，适用于高等院校电类本科、专科及中专、技校、职业学校等不同层次的院校开设相应实验课程的需要。

该产品采用智能网络型设计，结构简单，接插方便，保护功能完善，可完成电路课程的全部实验内容。

产品的特点是充分发挥网络优势，系统采用全开放的管理模式，装有教师机和学生机程序，学生机可完成实验数据采集、实验报告下载和提交、自动评分、试题解答、成绩查询与教师相对话以及视频观看等。为学生提高了一个设计型、综合性的设计平台，可供学生自行设计、论证有关综合电路，以提高学生分析问题、解决问题的能力，为学生动手能力的提高在时间上提供保证。

附录 A　MSDZ - 6 智能型直流综合实验箱

MSDZ - 6 智能型直流综合实验箱面板如图 A.1 所示。

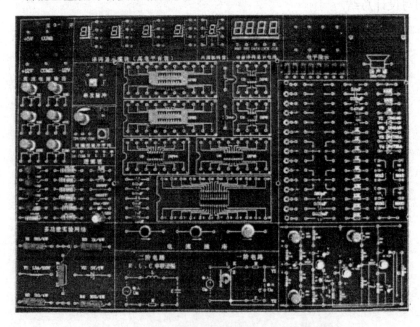

图 A.1　MSDZ - 6 智能型直流综合实验箱面板图

该实验箱用来完成电路课程弱电部分的实验。利用实验箱上的直流稳压电源、电阻器、电位器、集成运放电路、一阶电路、二阶电路、RLC 串联谐振电路和实验箱配置的仪表、仪器完成所需实验内容及任务。

该试验箱的构成如下：

（1）ZVA – 1 型直流电压表、直流电流表

该仪表具有精度高、量程多、双显示、读数锁定、仪表记忆和超限保护等功能，如图 A.2 所示。

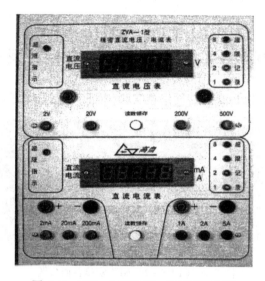

图 A.2　ZVA – 1 型电压、电流表面板图

（2）信号采集区

实验所用信号源和测取的数据，必须经过信号采集区输入和采集，它可以方便、牢靠的固定仪器、仪表的探头和表棒，如图 A.3 所示。

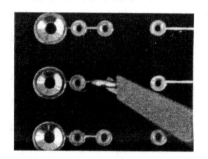

图 A.3　信号采集区面板图

MSDZ – 6 直流实验系统的使用须遵循以下说明：

① 电源引入电源插座中，按下实验箱左上角电源开关，实验箱通电。此时有稳压电源 ±12 V，5 V 电压输出，另一组（0～12）V 可调稳压电源通过调节电位器产生可调电压。

② 将直流电压表的正极（红色）、负极（黑色）分别接至可调稳压电源 0～12 V 的 +、– 入端，可测出各级电压值，电压表并联在电路中使用。

③ 直流电流表的测量范围为 2～200 mA、1～5 A，使用时将电流表通过电流插口串入电路中，电流表的正极（+）接电位高的一端，负极（–）电位低的一端，这样电流从电位高的一端流向电位低的一端，电流表正偏，反之电流表将反偏。

④ 实验箱面板上的电阻、电容、电感、电位器可根据实验要求选择连接，有的实验可直接采用实验箱上的电路，如一阶电路、二阶电路、运放电路、RLC 串并联谐振电路等，有

关操作步骤见实验教程。

⑤ 用电位器作为电阻负载时，注意在电路中所起的作用、电阻值从最大值开始，接通电源时，应注意各仪表读数或指针的位置。若有反偏，应切断电源，重新检查接线。

⑥ 集成运放 LM358 的电源需外接 ±15 V，使用时，根据实验教程的原理图进行。

⑦ 恒流源所用的电源 5 V、12 V 需外接，实验时需调整到面板上的数值。

⑧ 面板上的虚线符号是表示反面没有连线，需外接仪表或电源。

⑨ 信号采集区可帮助稳定信号电源的输入、多个参数的同步测量以及连接导线的可靠性。

附录 B　GDDS - 2C. NET 电工与 PLC 智能网络型实验系统

GDDS - 2C. NET 电工与 PLC 智能网络型实验台面板如图 B.1 所示。

图 B.1　GDDS - 2C. NET 实验台面板图

该实验台面板图包含了三相四线制电源、三相调压器、三相电源控制与保护、日光灯实验单元、交流电压表、电流表、功率表、仪表开关、计算机等部分。

该装置为交流实验单元提供必备的三相、单相交流电源，配有必需的保护、显示、操作功能，是实验室必备的设备。

（1）三相四线制交流电源（如图 B.2 所示）

三相电源仪表盘上显示的电压为相电压，即 $U_{线} = \sqrt{3} U_{相}$。

（2）三相调压器（如图 B.3 所示）

交流电路实验所用电源（三相、单相），均由调压器给出。

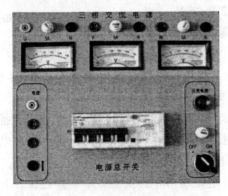

图 B.2　三相电源面板图

图 B.3　调压器面板图

（3）三相电源控制与保护，日光灯实验单元（如图 B.4 所示）

实验单元面板上所标序号为日光灯电路的接线图，钮子开关拨向实验位置，电源按钮的功能已正确标出。

（4）JDV－24 型电压表（如图 B.5 所示）

该仪表精度高、双显示、读数锁定、仪表记忆和超限记录与保护。

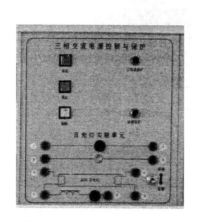

图 B.4　三相电源控制与保护、
日光灯实验单元面板图

图 B.5　JDV－24 型电压表面板图

（5）JDA－Ⅱ型电流表（如图 B.6 所示）

该仪表精度高、双显示、读数锁定、仪表记忆和超限记录与保护。

（6）JWφ－33 型功率表（如图 B.7 所示）

该仪表精度高，读数锁定、可同时测取功率和功率因数，仪表记忆和超限记录与保护。

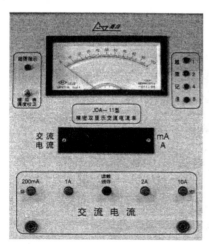

图 B.6　JDA－Ⅱ型电流表面板图

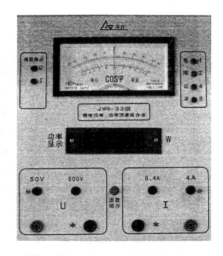

图 B.7　JWφ－33 型功率表面板图

该仪表的连接方法如下：将功率表的电压线圈、电流线圈的同名端（＊），用导线短接；用导线将从功率表的电流线圈的另一端和电流表的任意端连接，再将电流插笔的黑、红导线分别接在功率表的电压（电流）线圈的同名端"∗"和电流表的另一端，如图 B.8 所示。

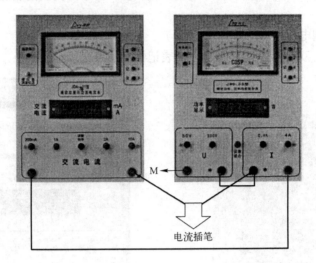

图 B.8　功率表的接法

GDDS－2C. NET 实验台的使用须遵循以下说明：

① 向上推上组合开关，按下三相四线电源按钮，调节调压器，通过电源仪表盘观察，电源调至 220 V，即相电压。此时 U、V、W 之间电压即线电压 380 V。

② 打开仪表开关，双显示仪表的读数或指针应在零位，根据被测实验的额定值，选择合适的量程。电压表和功率表电压线圈并联在电路中使用，电流表和功率表的电流线圈通过电流插口串入电路中使用。

附录 C　JDS 交流电路实验箱

JDS 交流电路实验箱面板如图 C.1 所示。

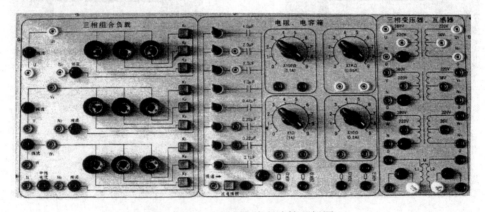

图 C.1　JDS 交流电路实验箱面板图

该实验箱可完成电路课程所有交流实验任务。装置采用台式结构，含有三相负载电路、电容箱、电阻箱、分电阻器、三相变压器、互感器等。

TDS 交流电流实验箱的使用须遵循以下说明：

① 本实验箱使用电压为 220 V 或 380 V，使用时注意安全，按插导线时应在断电情况下进行。

② 实验电路连接好后，应仔细检查，确保无误后再通电，通电后注意电源、仪器、仪表的工作状态，是否报警等。

③ 做星形（Y）负载实验时，负载端电压为 220 V；当做三角形（△）负载实验时，负载端电压应为 380 V，这时应将三只灯泡串联后再接到线电压下。

④ 电流插口状态为相通状态，当电流插头插入时，就将仪表串入电路。

⑤ 交流参数的测定、并联谐振及功率因数的提高均需在实验台日光灯实验单元和 JDS 交流电路实验箱上共同完成，所用元器件均已将其各端子引出并用符号和序号表示，实验时按实验原理图连接即可。

⑥ 实验箱右半边的四只变压器用来进行非正弦电路的实验、变压器实验。做非正弦电路实验时，产生的三次谐波变压器的一次侧与三相电源应做无中线的星形联结，如图 C.2 所示。

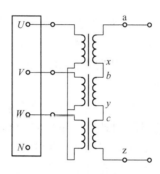

图 C.2　非正弦电路原理图

附录 D　智能网络型实验系统使用中的注意事项

智能网络型实验系统使用中的注意事项如下：

① 实验前，要认真预习实验教程及教材有关内容，通过预习，充分了解本次实验的目的、原理、步骤和有关仪器、仪表的使用，并将实验电路及实验数据表画好。

② 根据实验电路图，选择相应的长、短接插导线，连接导线尽可能少，力求简捷、清楚，尽量避免导线间的交叉。插头要插紧，保证接触可靠，在插头拔出时，因插头为自锁紧专利插件，在拔起的同时，顺时针稍加旋转，向上用力，方可将插件拔出，不能直接向上用力提拔导线，这样容易使导线断裂。

③ 进行强电实验时，接插、拆除导线均要在断电情况下进行。在实验过程中，如要改变电路连线，必须切断电源，各种仪器、仪表退出线路。等线路改接完后，再次进行检查后，方可接通电源继续进行实验。

④ 为了避免电路电流过度冲击电流表和功率表的电流线圈而损坏，一般情况下电流表和功率表电流线圈并不接死在电路中，而是经过电流测量插口来替代。这样既可以保持仪表

不受意外损坏，又可以提高仪表的利用率。电流插口采用"双声道"插座，它本身是导通的，当插头插入插口时，电流表串入电路中，如图 D.1 所示。

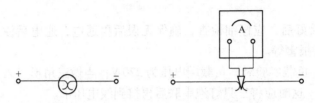

图 D.1 电流插头接线图

⑤ 线路接好后，认真仔细检查，确认无误后方可接通电源，实验中应严肃认真、细心。

⑥ 交流实验中的电源电压均为 220 V 或 380 V，所以实验前必须检查所用导线是否断裂、破损，避免用手触及裸露部分。

⑦ 闭合电源应果断，同时要用目光监视仪表和负载有无异常现象。例如仪表有无读数，指针是否反偏和量程超限，有无发热、冒烟、焦味等。如有这些现象应立即切断电源和仪表开关，停止实验并进行检查。

⑧ 实验结束时，要全面检查实验数据和记录的波形，确认已按实验要求完成实验任务后，在计算机上进行提交，退出实验系统，电源自行切断。

⑨ 实验结束后，调压器归零，拆除装置上的电路连线，并整理好工作台。

⑩ 学生使用计算机的操作步骤如下：

打开计算机，双击桌面实验图标进入实验系统。单击系统信息，查看个人信息，核对姓名、学号。在界面上单击课程，选择所用教材；单击实验类别，选择课程实验；单击实验编号，选择实验内容。启动实验，单击实验报告或数据表格，并下载，打开实验报告或数据表格，将实验数据通过界面右上角的虚拟仪表自动填入相应表格，也可以通过键盘键入。实验结束提交实验报告，单击提交，输入学号确定即可。若两人一组，需按不同学号分别提交；完毕退出实验系统电源自动关闭。如若需要再做下一个实验，则不需退出实验系统，单击实验操作，回到实验操作界面，再单击停止实验，重新选择实验内容，步骤同上。

使用计算机时还需要注意：

① 退出实验系统后计算机会自动关闭，不要强制关机。

② 严格按上述操作步骤提交实验报告，否则会影响实验数据和波形的完整性。

③ 实验测取的波形需进行复制、粘贴。

参 考 文 献

［1］陈晓平，李长杰．电路实验与仿真设计［M］.南京：东南大学出版社，2008.

［2］陈晓平，李长杰．电路原理［M］. 2 版．北京：机械工业出版社，2011.

［3］梁青，候传教，熊伟，孟涛．Multisim 11 电路仿真与实践［M］.北京：清华大学出版社，2012.

［4］从宏寿，李绍铭．电子设计自动化——Multisim 在电子电路与单片机中的应用［M］.北京：清华大学出版社，2008.